城市照明
技术与管理

北京市城市照明管理中心 **组 编**

主 编

李晓辉　刘伊生

参 编

张春贵　白 鹭　梁红柳　李之彧　赵天旺　李淑静

周秋君　温大吉　郗书堂　阎 欣　贾忱然　陈春光

陈壬贤　王 旭　刘雪松　宋云龙　张云鹏　李凌郁

宋晓龙　叶鹏宏　李欣桐　王 璐　李怡飞　于晓晨

曹志成　周 俏　吴恭钦　李明洋　蓝媛媛　刘 欢

杨宇航　吴佳莹　孙 颖

机械工业出版社
CHINA MACHINE PRESS

本书系统阐述了城市照明技术与管理。全书共分5篇12章，主要内容包括城市照明及其发展、城市照明相关法规政策及标准、城市照明的基本组成要素、城市照明规划、城市照明设计、城市照明工程招投标与合同管理、城市照明工程施工安装及监理、城市照明工程竣工验收、城市照明设施运行管理及维护、城市照明系统运行管理信息化、城市照明测量和城市照明节能。

本书内容覆盖城市照明规划设计、工程实施及运行管理全寿命期各个阶段，力求反映国内外城市照明最新技术和管理模式，并着重体现城市照明技术与管理的实际操作流程和方法，可供城市照明工程建设单位、规划设计单位、施工单位、咨询和监理单位、运营管理单位及政府相关部门有关人员学习参考。

图书在版编目（CIP）数据

城市照明技术与管理／李晓辉，刘伊生主编；北京市城市照明管理中心组编.
— 北京：机械工业出版社，2018.11
ISBN 978-7-111-61330-5

Ⅰ.①城…　Ⅱ.①李…　②刘…　③北…　Ⅲ.①城市公共设施—照明—研究　Ⅳ.①TU113.6

中国版本图书馆 CIP 数据核字（2018）第 258825 号

机械工业出版社（北京市百万庄大街22号　邮政编码100037）
策划编辑：陈玉芝　　　　　　　责任编辑：陈玉芝　王　博
责任校对：黄兴伟　　　　　　　责任印制：张　博
北京东方宝隆印刷有限公司印刷

2019 年 1 月第 1 版第 1 次印刷
184mm×260mm·20.75 印张·2 插页·504 千字
标准书号：ISBN 978-7-111-61330-5
定价：138.00 元

凡购本书，如有缺页、倒页、脱页，由本社发行部调换

电话服务　　　　　　　　　　网络服务
服务咨询热线：010-88361066　　机 工 官 网：www.cmpbook.com
读者购书热线：010-68326294　　机 工 官 博：weibo.com/cmp1952
　　　　　　　010-88379203　　金 书 网：www.golden-book.com
封面无防伪标均为盗版　　　教育服务网：www.cmpedu.com

前　言

我国城镇化的快速发展及城市人居环境的不断改善，对城市照明技术与管理提出了更高的要求。为系统梳理和总结城市照明技术与管理经验，并结合智慧城市发展趋势，指导城市照明行业在城市照明规划设计、工程实施及运行管理各阶段采用科学技术和实施科学管理，我们编写了《城市照明技术与管理》一书。

为使本书成为总结城市照明管理经验的教科书、涵盖城市照明技术与管理的百科书、规范城市照明实际操作流程的指导书、引领城市照明行业发展的参考书，我们遵循以下原则进行编写：

系统全面。系统阐述国内外城市照明技术，我国城市照明相关法规、政策、标准，以及管理流程、内容和手段。

与时俱进。力求反映国内外城市照明最新技术和管理模式，并与智慧城市发展相结合。

全寿命期。全面覆盖城市照明规划设计、工程实施及运行管理全寿命期各阶段技术与管理内容。

注重实践。在阐述城市照明基本知识及相关法规、政策、标准的基础上，着重体现城市照明技术与管理的实际操作流程和方法。

本书由北京市城市照明管理中心组编，李晓辉和刘伊生为主编，张春贵、白鹭、梁红柳、李之彧、赵天旺、李淑静、周秋君、温大吉、郗书堂、阎欣、贾忧然、陈春光、陈壬贤、王旭、刘雪松、宋云龙、张云鹏、李凌郁、宋晓龙、叶鹏宏、李欣桐、王璐、李怡飞、于晓晨、曹志成、周俏、吴恭钦、李明洋、蓝媛媛、刘欢、杨宇航、吴佳莹和孙颖为参编。本书正文后还附有常用术语索引，便于读者查阅。

由于编者水平及经验所限，书中缺点和不足在所难免，敬请各位读者批评指正。

编者

目　录

第三篇
工程实施篇
03/

第一篇
基础知识篇

　　城市照明是城市基础设施的重要组成部分，也是城市经济、文化、人居环境发展水平的重要标志。随着人们物质文化生活水平的不断提高，城市照明已发生巨大变化，在可持续发展和智慧城市建设背景下，城市照明必将达到新的发展高度。

　　本篇内容为城市照明的基础知识，主要阐述了城市照明的含义、形成及发展历程，城市照明的分类和特点，国内外城市照明发展趋势；系统梳理了城市照明相关法规、政策及标准；从光源、灯具和灯杆、电线电缆、配电变压器四个方面概括了城市照明的基本组成要素。

第1章
城市照明及其发展

01

近年来，随着我国城镇化进程的逐步加快，城市照明技术和管理水平快速提高，极大地改善了城市人居环境质量，提高了城市公共服务水平。随着人们物质文化生活水平的不断提高，城市照明将向着绿色、智慧、文化照明等方向发展。未来智慧城市的建设，将会使城市照明达到新的发展高度。

1.1 城市照明的形成及发展历程

1.1.1 城市照明的含义及形成

在人类漫长的发展历程中，人工取火是人类利用自然创造光明的开始。随着人类社会的发展，人类的聚居点逐渐形成城市，人们对夜间活动的时间及安全性要求不断提高，城市照明由此产生。

1. 城市照明的含义

最初的城市照明主要是为人们提供必要的光照条件，确保人们出行安全，这一阶段的照明大都被称为道路照明。随着城市的不断发展，现代化建设的不断推进，现阶段城市照明不仅为人们的夜间活动提供照明，还通过灯光、色彩、亮度等组合满足人们对更高层次美的追求与探索，城市照明所体现的内容也从原来仅有的道路照明扩展到满足人们审美需求，提升城市整体形象的景观照明。2010 年，中华人民共和国住房和城乡建设部（以下简称"住建部"）发布的《城市照明管理规定》（住建部令第 4 号）明确："城市照明是指在城市规划区内城市道路、隧道、广场、公园、公共绿地、名胜古迹以及其他建（构）筑物的功能照明或者景观照明。"其中，"功能照明是指通过人工光以保障人们出行和户外活动安全为目的的照明"，"景观照明是指在户外通过人工光以装饰和造景为目的的照明"。《城市照明管理规定》统一了相关术语，避免了业内关于城市照明称谓的混杂，并将城市照明管理范围拓宽至城市照明的规划、建设、维护和监督管理相关活动，不再仅局限于对道路照明设施的单一管理，而是对城市照明工作全方位、全过程的管理。

2. 城市照明的形成

城市照明在进入电气照明时代之前以油灯和蜡烛照明为主。灯烛时代传统的街道照明可追溯到古希腊和古罗马时期，当时使用火把照亮潜在的危险区域，来加强城防和保障安全。17 世纪，法国统治者路易十四颁布了城市道路照明法。随着石油工业的发展，煤油灯成为主要的照明方式。进入 19 世纪，煤气灯得到广泛应用。直到 19 世纪 70 年代末，白炽灯的发明开创了城市照明的新纪元，使大规模城市照明成为可能，是城市照明建设的一个里程碑。19 世纪下半叶，电磁理论的确立、发电机的发明、发电厂的建立、输电线路的架设及电力的广泛使用，给城市照明带来翻天覆地的变化。

随着经济的发展和人民生活水平的提高，人们的生活习惯发生了很大变化，不再过着"日出而作、日落而息"的生活，夜生活不断增多，对城市景观照明的需求也越来越强烈，让城市"亮起来"已成为人们普遍关注的社会热点。与此同时，城市夜景照明在一定程度上成为展示城市形象的窗口和衡量城市总体发展水平的标志之一。它作为城市规划和建设的一项重要内容，既反映了一座城市经济繁荣的程度，又折射出城市的文化气质和文明程度，已越来越受到政府部门的重视和社会各界的关注。

1.1.2　城市照明的发展历程

国外城市照明在发展过程中内涵不断丰富，外延逐步发展，城市照明的规模也越来越大。以欧洲为例，其城市照明发展经历了几个阶段：20 世纪 20 年代，欧洲城市照明的建设在美国纽约城市照明景象的影响下得到迅速发展；20 世纪 50 年代，道路照明中应增加视觉舒适性能，这一观点被首次提出；20 世纪 70 年代，城市照明依然是交通照明的衍生物；20 世纪 90 年代，城市美化运动开展起来，旨在通过城市照明提升城市形象；21 世纪初，城市照明在满足人们出行需求的同时，又重点关注城市照明对人情感的影响，与人们生活的联系得到加强。现阶段，在科技、经济、文化等各方面的综合作用下，城市照明成为城市建设中备受关注的焦点。国际上许多城市都采取了积极的行动，通过城市照明再塑和美化城市夜间形象，改善投资环境、居住环境，同时也促进了城市商业和旅游业的繁荣与发展，给城市带来了巨大的经济效益和社会效益。

我国城市照明的发展可以追溯到 1843 年上海街头出现的第一盏由煤油点燃的路灯，后来上海租界的路灯又改为煤气灯，亮度比煤油灯提高了数倍。直到 1879 年，上海十六铺码头亮起了我国第一盏电灯，随后，我国其他城市开始陆续使用电灯，城市照明范围也得到逐步扩大。1949 年以前，城市照明只是涉及简单的路灯照明，1949 年以后，城市照明建设逐步发展起来。近年来，随着我国城市现代化建设的不断深化，城市照明工程得到迅速发展。纵观中华人民共和国成立后我国城市照明工程建设发展历程，大体上可分为四个阶段。

1. 初始发展阶段（1949～1970 年）

初始发展阶段以道路照明为主。在这一阶段，我国部分城市开始在几条重要街道安装白炽灯光源搪瓷合杆灯，如北京的长安街、上海的南京路、天津的和平路和解放路以及广州的中山路等。虽然照度水平低，照明器材较简易，但对人们夜间出行、美化夜景均起到了较好的作用。这一阶段的城市夜景照明工程很少，除北京、上海、重庆等特大城市的一些标志性建筑（如北京的天安门和国庆十周年的十大建筑、上海中苏友好大厦和重庆的西南人民大礼堂等）夜景照明外，一般建筑均无夜景照明。当时，夜景照明的方式几乎均以轮廓灯照明为主，而且只在重大节日才使用。

2. 稳步推进阶段（1971～1980 年）

在此阶段，我国一些城市中心城区的主要道路逐步将白炽灯替换为高压汞灯，独立灯杆也逐渐增多，部分地区开始研制并使用高压钠灯。高杆照明开始在城市广场、港口和码头推广使用，如北京东长安街、建国门内路段、车公庄大街，上海延安路，天津南京路的道路照明改造工程，北京火车站和南京中央门广场的高杆照明工程等。

3. 快速发展阶段（1981～2004 年）

随着我国改革开放的实行，城市照明得到快速发展。照明光源和灯具的品种、质量和款式大幅度提高和增多，照明效果明显改善。不少城市路灯供电电缆入地，混凝土灯杆换成钢材灯杆，道路照明开始逐步推广高压钠灯，取代高压汞灯。道路照明的控制也由手工操作或时控、光控发展到集中遥控，并开始采用先进的通信技术进行管理。

在这一阶段，我国部分大城市出现了较大规模的城市景观照明建设，并从分散建设逐步过渡到全面建设阶段。在城市景观照明发展初期，重点工程放在了北京、上海、天津等特大城市的道路照明和重点建筑的夜景照明，如 1989 年上海外滩建筑景观照明、1996 年迎香港回归的深圳灯光环境建设等，是我国城市景观照明建设发展的标志性成果。1999 年，以迎接国庆 50 周年、澳门回归和新世纪的到来等重大庆祝活动为契机，结合长安街改造，北京对城市景观照明进行了大规模建设，并取得了显著成就。北京城市景观照明以"庄重、大方、恢弘、亮丽"的独特风格呈现出来，也使北京的节日之夜充满了隆重、热烈、祥和、喜庆的气氛。

在上海、深圳、北京等城市景观照明的带动下，珠海、大连、青岛、石家庄等城市在随后纷纷实施了"亮化工程""灯光工程""光彩工程"等城市景观照明工程。在短短

20 多年里，城市景观照明得到迅猛发展，并取得辉煌成果。20 世纪 90 年代末，一些城市编制了城市照明专项规划，如《深圳市灯光环境规划》《南宁市灯光景观系统规划》《重庆南山一棵树视线范围内景观照明规划》及《桂林市景观照明总体规划》等。

21 世纪初，我国城市照明规划理论形成。随着实践的逐步深入，城市照明规划在内容和模式上也有了较快的进步和发展，"以景观美化为导向、以亮度（或照度）为标准"是这个阶段城市照明规划的主要特征，但"环境保护意识"并未得到充分体现。

4. 可持续发展阶段（2005 年至今）

在城市照明迅速发展的今天，除了要考虑满足人们出行安全和审美需求外，还要考虑城市照明发展所带来的一系列问题。城市照明不能再一味地追求规模和亮度，而是要追求舒适、高效、节能和环保。融合绿色照明和低碳照明政策的贯彻实施，体现了现阶段对城市照明可持续发展的要求。城市照明中的节能降耗、光污染问题成为各地区新一轮城市照明发展关注的重点。我国城市照明规划的理论研究开始步入以"人与环境协调发展"为重点的阶段。近年来随着半导体照明技术的发展，LED 在城市景观照明中得到普遍推广和应用。而彩光污染、亮度失衡、眩光、建筑物外观照明屏幕化等又是随之出现的新问题。这一阶段的城市照明更加注重解决环境问题，切实实现城市照明的可持续发展。

2008 年北京奥运会的主题是"绿色奥运、科技奥运、人文奥运"，奥林匹克公园景观照明提出"绿色轴线、文化轴线、奥运轴线"三条轴线的概念，充分体现了绿色节能、科技和人文因素。奥林匹克公园中心区的国家体育场"鸟巢"、国家游泳中心"水立方"也将绿色、科技和文化理念融入到夜景照明之中，给人以视觉享受，彰显出中国文化的魅力。2010 年上海世博会的夜景照明以高效节能、生态环保为理念和标准，树立"以人为本"的光文化理念，创造为人服务的安全、舒适、美观的夜间景观，吸引了海内外众多游客，充分展现了城市风貌，提升了城市形象。上海世博会开启了中国城市照明低碳照明、绿色环保、高效节能的新纪元。2011 年中华人民共和国住房和城乡建设部发布的《"十二五"城市绿色照明规划纲要》提出，要紧紧围绕城市社会生活和经济发展的需要，把推进城市绿色照明、促进城市照明节能、提升城市照明品质作为城市照明工作的核心。2016 年，杭州市为迎接 G20 峰会，首次启动了以西湖、运河、钱塘江三大景区为核心的全城系统化亮化提升工作，展示了十里银湖墅、百瑞运河大饭店、西湖文化广场、工联大厦、钱塘江北岸江堤等具有代表性的夜景照明工程。此次展示通过树立样板工程、精品工程、节能环保工程和创新工程，引领了照明工程发展方向，促进了我国夜景照明事业不断升级。2017 年，中华人民共和国住房和城乡建设部发布的《"十三五"城市绿色照明规划纲要》以"创新、协调、绿色、开放、共享"五大发展理念为主题，对城市照明的可持续发展提出了新的更高要求。

1.2 城市照明的分类与特点

1.2.1 城市照明的分类与分级

按照《城市照明管理规定》，城市照明主要包括功能照明和景观照明两大类。其中，功能照明以保障人们出行和户外活动安全为目的，主要是指城市道路照明。景观照明也称为夜景照明，主要以装饰和造景为目的。根据 CJJ 45—2015《城市道路照明设计标准》及 JGJ/T 163—2008《城市夜景照明设计规范》相关规定，城市照明分类及等级划分详见表 1 - 1。

表 1 - 1 城市照明分类及等级划分

城市照明分类	功能细分	照明等级
道路照明 （功能照明）	机动车道照明	Ⅰ级　快速路与主干路
		Ⅱ级　次干路
		Ⅲ级　支路
		交会区照明
	人行道及 非机动车道照明	1 级　商业步行街；市中心或商业区行人流量高的道路；机动车与行人混合使用、与城市机动车道路连接的居住区出入道路
		2 级　流量较高的道路
		3 级　流量中等的道路
		4 级　流量较低的道路
景观照明	建筑物	
	构筑物和特殊景观元素	
	商业步行街	
	广场	
	公园	
	广告与标识	

1. 道路照明分类与分级

根据 CJJ 45—2015《城市道路照明设计标准》相关规定，按道路使用功能不同，城市道路照明可分为主要供机动车使用的机动车道照明、交会区照明及主要供行人使用的人行道照明三类。

1）机动车道照明应按快速路与主干路、次干路、支路分为三级。

2）人行道路照明应按交通流量分为四级。其中，1 级人行及非机动车道照明的道路类型包括：商业步行街、市中心或商业区行人流量高的道路、机动车与行人混合使用、与城市机动车道路连接的居住区出入道路。2、3、4 级分别为流量较高的道路、流量中等的道路以及流量较低的道路。

2. 景观照明分类

根据照明地点的不同，景观照明可分为建筑物、构筑物和特殊景观元素、商业步行街、广场、公园及广告与标识照明等。其中，建筑物照明是指供人们进行生产、生活、观赏、游玩以及其他活动的房屋夜景景观照明，主要是名胜古迹、标志性建筑的照明。建筑物照明应根据建筑的不同形式、风格、布局等充分体现建筑物的结构、材料、时代风貌、民族特色和地域特色等。构筑物和特殊景观元素主要包括桥梁、雕塑、塔、碑、城墙及市政公共设施等。商业步行街照明是指根据商业街的功能、性质等综合考虑街区的路、店铺、建筑、广告和公共设施，如公交站、报刊亭、绿化带等设计的照明。广场照明表示根据不同类型广场的功能要求，利用照明设施的特殊摆放和搭配，运用适合的灯光色彩及强度，营造出和广场功能及周围环境相协调的照明。公园照明是根据公园类型、功能、风格、周边环境和夜间使用状况，对园林的硬质景观和软质景观进行统一规划设计形成的照明。广告与标识照明是根据广告与标识的种类、结构、形式、表面材质、色彩、安装位置以及周边环境特点所设计的照明。

1.2.2　城市照明的特点

城市照明对城市交通安全、社会治安、人民生活和美化环境等具有重要作用。随着城市建设的快速发展，城市照明空间范围也日益扩大。城市照明与城市建设的各个方面息息相关，城市照明主要具有以下特点。

1. 兼顾城市功能与美观需求

城市照明最初的目的是增加夜晚能见度，为居民夜间出行提供方便；保证车辆和行人夜晚活动安全，减少夜间交通事故和犯罪、暴力事件的发生，同时，满足城市不同区域的功能需要。随着经济发展和社会进步，人们对城市夜景的美感要求日益强烈，城市照明在满足居民出行道路光亮需求的同时，照明的技术和艺术水平不断提高。城市夜间具有潜在视觉艺术价值的景物通过灯光、造型等艺术效果展现出来，使得城市照明的舒适度和观赏性不断增强。城市照明的艺术性从宏观层面讲，主要表现在清晰体现城市结构、实现城市重点的有机联系、展现城市特色和塑造宜人的夜间景观等方面；从微观层面讲，通过对城市中的建筑、广告、橱窗、小品和绿化等物质组成要素的形象再塑造，可体现城市的经济发展程度、文化底蕴、地域特色和整体审美层次。

2. 适应城市经济发展水平

城市照明（特别是城市景观照明）已成为城市的无形资源。随着城镇化进程的加快，城市照明也处于加速发展状态。城市照明给城市发展带来生机和活力的同时，也在不断适应城市经济发展水平。我国城市照明经历了一个从无到有、从少到多的快速增长过程。根据国家统计局 2004～2016 年数据，我国东、中、西部地区的路灯盏数与地区经济发展趋势相协调，如图 1-1 所示。经济发达地区的城市道路照明发展较快，经济欠发达地区的城市道路照明发展较慢如图 1-2 和图 1-3 所示。

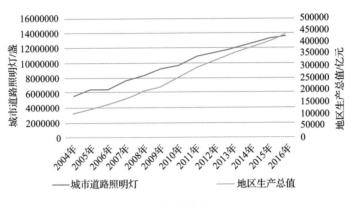

a）东部地区

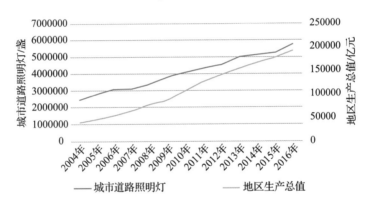

b）中部地区

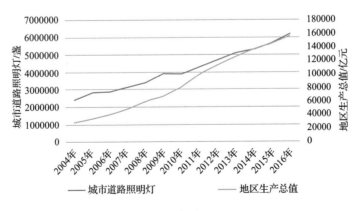

c）西部地区

图 1-1　2004～2016 年我国东、中、西部地区城市道路照明灯盏数与地区生产总值增长趋势关系

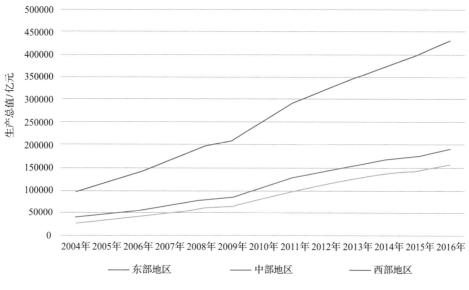

图 1-2　2004~2016 年我国东、中、西部地区生产总值增长情况

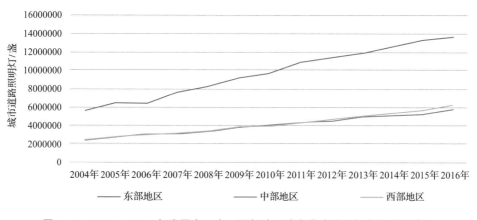

图 1-3　2004~2016 年我国东、中、西部地区城市道路照明灯盏数增长情况

3. 展现城市地域文化特色

　　城市照明在充分挖掘地域文化的同时，汲取地域文化基因，通过灯光加以刻画与表现，达到充分展现地域特色、形成独特城市夜景的目的。尽管目前我国部分城市照明存在千城一面、过度亮化等问题，但城市的地域特色也在一些城市照明中得以体现，如重庆、青岛等城市的照明结合当地山城、海滨特点，设计出了独具特色的照明景观，充分展现了当地文化。法国里昂也因其在城市照明方面的卓著成就而赢得国际盛誉，其每年一度的灯光节吸引了大量来自世界各地的游客，在推动城市旅游业发展上发挥了巨大作用。

600

1.3 国内外城市照明发展趋势

纵观国内外城市发展，城市照明呈现出绿色、智慧、文化的发展趋势。

1.3.1 绿色照明

"绿色照明"是美国环保署（EPA）于20世纪90年代初提出的概念。不同学者对绿色照明的定义不同。有学者认为，绿色照明是对节约电能、环境保护照明系统的形象说法，主要是指通过提高照明电器和系统的效率节约能源，通过减少发电排放的大气污染物和温室气体来保护环境，通过改善生活质量、提高工作效率，营造体现现代文明的光文化。也有学者认为，绿色照明是指通过科学的照明设计，采用效率高、寿命长、安全和性能稳定的照明电器产品，改善并提高人们工作、学习、生活的条件和质量，建成环保、舒适、安全、经济的照明系统，充分体现现代文明。GB 50034—2013《建筑照明设计标准》明确指出，绿色照明是指节约能源、保护环境，有益于提高人们生产、工作、学习效率和生活质量，保护身心健康的照明。综合而言，绿色照明的内涵主要围绕以下三个方面。

1. 节约能源

能源节约一直是当前世界各国普遍关注的问题，它不仅关系到国家经济的持续发展，也关系到人类社会的可持续发展。众所周知，电能是各国消耗量巨大的能源之一，根据国际能源署（IEA）资料，全球照明用电量约占总用电量的19%。根据《中国电力年鉴》相关统计数据，我国照明用电量大约占全社会用电总量的12%，而城市照明用电量则占30%左右的照明用电量。近年来，城市照明的快速发展也加大了能源需求和消耗。由此可见，照明领域担负着节能减排的重要任务，因此绿色照明对于节能减排意义重大。

（1）采用高能效照明产品 采用效率高、寿命长、安全和性能稳定的照明电器产品有利于节约能源，以紧凑型荧光灯替代白炽灯为例，可节电70%以上，高效电光源可在输出同等光的前提下，明显减少照明能耗。随着我国半导体照明技术的快速发展，采用性能良好的LED照明能够达到较好的节能效果。

根据中国市政工程协会城市照明专业委员会2016年对1065个城市照明管理单位普查统计数据显示，截至2015年年底，道路照明应用LED光源315万余盏，约占路灯总盏数的13%。由路灯管理部门管理的景观照明共计用灯1759万余盏，其中，LED光源1248万盏，约占景观照明总数的70.95%。在我国大多数城市，高耗低效的高压汞灯、白炽灯逐渐被新型光源所取代，城市绿色照明工程取得显著进展。在"十三五"时期，我国将继续全面推进绿色照明工程，以满足经济和社会发展对安全、舒适、节能和环保的照明系统的需求。

在全球范围内，为了推进节能照明产品的研发和使用，美国、韩国、日本以及欧洲各国纷纷出台了各自的固态照明计划。例如，美国公布 2016 年最新固态照明（SSL）计划，将发展固态照明技术提升到国家战略高度，由政府和产业界共同主导，目的是打造一个高效照明市场，通过半导体技术的进步，生产出节能、低成本、高质量的照明产品，由此来提升照明环境的质量，同时又可实现节能环保的目的。在"SSL 计划"推动下，美国能源部预测，到 2030 年美国 LED 固态照明市场占有率将达到 73.7%。届时每年将节省 297 万亿千瓦时的照明用电，约合 45.8% 的照明用电及 2.1 亿吨的碳排放。

（2）充分利用可再生能源 目前，国内外一些城市在尝试使用可再生能源的路灯，主要有太阳能和风光互补型路灯。使用可再生能源代替传统城市电网给道路照明系统供电，以此降低城市电网电能消耗，实现节能。我国政府非常重视可再生能源的利用，预计在 2020 年可再生能源的利用比例达 15%，而其中太阳能和风能则是不可或缺的能源。可再生能源照明因安全、无污染和应用方便的特点受到青睐，近年来在我国许多地方得到应用，如公园、科技及工业园区、校园、城市支路、居住小区等。但是在应用过程中，可再生能源照明暴露出光电转化率低、寿命短、成本高和受环境影响大等缺点。目前，该应用尚处于初始阶段，随着相关技术的进步，通过试点检验，总结经验、逐步推广，未来会有广阔的应用前景。

2. 保护环境

能源节约和环境保护一直以来都是两个分不开的话题，绿色照明要求降低照明能耗，减少污染物排放，同时要求控制光污染等。

（1）减少污染物排放 城市照明应科学合理地进行规划和设计，选用高光效、高能效的照明产品和设备，运用先进的信息技术进行监控，提高运行管理效率，实现全寿命期、全过程节能降耗，以减少发电和用电所带来的大气污染和温室气体排放。在全行业范围内，研发推广高效节能照明产品，减少生产、运输及使用过程中的污染物排放，提高废弃物回收利用率，最大程度地保护环境。

（2）控制光污染 光污染会对人体健康、动植物生存环境及交通安全等造成危害。为有效控制光污染，我国出台多项政策措施、标准规范，许多城市也在照明专项规划方案中提出控制光污染的手段及技术措施，如合理布置道路和景观照明，严格控制各区域的照度等级、亮度、均匀度、眩光、光色等。我国在未来的城市照明中仍将会进一步严格控制光污染，保护生态平衡，保障人们的出行安全，营造适宜的人居环境。

3. 以人为本

党的"十九大"报告指出，我国社会的主要矛盾已转化为人民日益增长的美好生活需要和不平衡不充分的发展之间的矛盾，在解决这些矛盾的过程中必须坚持以人民为中心的发展思想。人是城市照明的感知主体，人的生活方式和行为活动决定着照明发展的未来。城市照明作为城市建设的重要组成部分，其最根本目的就是满足人们生产、生活的需要，同时也在改善城市环境、建设宜居城市及提升城市整体功能方面有着重要作用。城市绿色照明的"以人为本"，是指在保证人们基本活动所需的功能照明的基础上，以高雅有趣的灯光丰富人文气息，营造出安全舒适、令人愉悦的高质量照明环境，提高人们生产、工作、学习效率和生活质量，保护身心健康。因此，城市道路照明和景观照明都应从人的生理和心理需求出发，选择适宜的光源、光色，确定合理的用光量和用光方式，使其既能充分满足夜间照明的功能要求，又可提高城市观赏度和宜居性。可以说，提高城市照明品质，创造安全、舒适、健康、经济的人居环境是城市照明发展的永恒主题。

1.3.2 智能照明

2007 年，欧盟首先提出智慧城市的设想。随后，IBM 公司在 2008 年 11 月年度论坛首次提出"智慧地球"的理念，智慧城市由此开始真正引起人们的关注。自 2012 年住建部发布《关于开展国家智慧城市试点工作的通知》（建办科〔2012〕42 号）以来，我国陆续公布了三批共 209 个智慧城市试点。我国《国民经济和社会发展"十三五"规划纲要》也提出，要加强现代信息基础设施建设，推进大数据和物联网发展，建设智慧城市。智慧城市建设对城市照明的智能化发展提出了更高要求，与此同时，城市照明智能化也将对智慧城市建设起到重要促进作用。

1. 智能化城市照明监控系统

目前，在原有"三遥""五遥"系统基础上进行提升和完善，以地理信息系统（GIS）平台为基础，融合大数据、云计算、物联网技术的动态智能化照明监控系统已开始进入城市照明领域。智能化城市照明监控系统是一个运用先进的通信手段、计算机网络技术、自动控制技术和自动检测技术等组建的综合系统，能够快速、准确地对城市道路照明进行管理和控制。智能化城市照明监控系统应具备遥测、遥信、遥控、遥调和遥视等基础功能，实现自动检测、反馈及报警，并具备数据采集、统计及分析功能。

（1）遥测、遥信功能 智能化城市照明监控系统应具有很强的感测功能，它是照明系统智能化程度得到提高的一个重要标志。感测系统由许多具有相应功能的传感器连接而成，它们彼此协作并不间断地工作。通过控制器对区域内路灯数据（如实时电压、电流、接触器状态、有功功率、无功功率、功率因数和用电量等）的检测和采集，再通过电力线载波通信技术、Zigbee 通信技术、超宽带（UWB）无载波通信技术等，将数据反馈给远程控制管理中心，进而分析各区域每盏路灯的工作情况，掌握路灯实际使用功率、开关次数、光照强度、亮灯率及节约电能资源等方面的信息。

（2）遥控功能　采用智能化城市照明监控系统，能实现对路灯开关、亮度调节、照明时间的远程遥控。根据不同的管理要求，采用不同的控制模式，如时控模式、光控模式、压控模式、声控模式或旁路模式等。例如，把开关灯时间存入时间数据库，根据经纬度、季节、节假日及不同的天气情况进行的"时控"，可实现路灯全夜灯和半夜灯自动定时控制，管理人员可针对具体情况对某一个或多个终端随时进行开关控制（单灯、分组、分区、全市开关等方式）。还可根据季节和天气变化进行"光控"和"压控"，通过分站集中控制器调节特殊天气和时段条件下的功率，从而改变路灯的光照强度，达到"光控"目的；或者通过调节电压和电流，改善电压波动导致线路负荷的额外功率消耗，达到"压控"节能目的，不仅可节约电能，还可延长路灯使用寿命。此外，还可根据路灯上的传感器感应公路上行车和行人的声音、速度，将这些信息反馈给远程控制管理中心，由控制管理中心决定是否开灯，以及开灯的数量和光照强度，从而实现智能化管理。

（3）遥调、遥视功能　对于现场检测到的数据和信息，通过网络传输给远程控制管理中心，配以地理信息系统（GIS）和全球定位系统的相关硬件和软件，实现对城市照明设备参数的远程调度。通过远程监控等相关通信手段实现对城市照明现场图像的实时观察，在技术支持的前提下展开更为深入的图像分析，为照明管理自动化提供更多数据支持。

（4）自动检测、反馈及报警功能　通过远程控制管理中心发送控制命令，集中控制中心对区域内各路灯进行实时监控和巡查，如果发现异常情况，就将数据通过通信手段反馈给远程控制管理中心，通过图形闪烁报警来引起注意，如果有地理信息系统（GIS），则能迅速显示出故障点区域信息，再由远程控制管理中心值班人员联系相关维修人员，这样不仅能提高检测、巡查工作效率，减少人员工作强度，而且可缩短整个路灯系统的反应时间并提高处理突发事件的能力。

（5）数据采集、统计及分析功能　在物联网、大数据与云平台的基础上建立起来的智慧城市，要求充分运用信息和通信技术手段感测、分析、整合城市运行核心系统的各项关键信息，而遍布于城市各个角落的照明系统，恰好可成为城市大数据的最便利采集器。从技术层面来说，通过每盏路灯上安装的检测和感应终端，可以收集此路灯监控范围内的信息，智能化路灯将会为城市管理提供第一手数据。通过对海量数据的分析和整合，可从中获得城市运行中某些并不显见的规律，从而为决策者提供科学、准确的数据分析结果，更好地为智慧城市管理服务。但是，由于收集到的数据具有多样性，涉及的管理部门较复杂，目前存在信息共享难度大等问题，这在一定程度上也需要城市管理者加快建立智慧城市的整体方案，促进各管理部门的协调发展。

目前，国内已有多座城市进行了智能照明控制系统的建设工作，如北京市城市照明管理中心的监控系统，可通过对全球太阳光线的追踪、气象条件监测、城区自然光照度远程监测、远程视频传输等手段，对城市照明供电状态、路灯设施物理状态进行监测，获取设备、设施运行状态、资产状态、环境状态、节能状态等动态数据，实现高效的城市照明管理。随着智慧城市建设的加速推进，我国城市照明的智能控制将进一步发展和完善，城市照明智能化监控系统的建设是重要发展趋势。

2. 智慧城市系统架构中的智能化照明

智慧城市系统包括感知层、网络层、云中心与平台层、应用层四个层次，如图1-4所示。其中，感知层包含无数个信息采集终端和传感器网络，如手机、计算机、摄像头等，新型的复合型灯杆由于集成了多个信息采集终端，也将成为感知层的重要组成部分；网络层通过城市通信网络和城市物联网收集终端数据信息；云中心与平台层通过云数据处理中心、公共信息服务平台、大数据支持平台等进行数据集成和分析；最后，智慧城市管理运营中心则应用数据进行智慧决策，并广泛应用于智慧政务、数字城管、平安城市、智慧医疗、智能交通及智慧照明等多个子系统。

图1-4　智慧城市系统

路灯作为城市照明系统的一个基础节点，具有分布广泛、密集且均匀的特点，在应用物联网进行智慧城市建设中得到较多关注。目前，各试点城市主要尝试在灯杆上安装附加设备，以帮助收集城市各类管理数据，为城市居民提供信息与服务等，包括交通监控、公安监控、污染物监控、气象、医疗救助、WiFi、广播、信息屏和充电桩等。例如，2016年北京市复合型灯杆项目、2017年杭州窄带物联网智慧路灯等，都是将多种技术进行了融合与集成。

以北京市复合型灯杆项目为例（见图 1 – 5），复合型灯杆主要包括智能照明、传感器、充电桩、无线网络、RFID、视频监控及信息发布等功能，如图 1 – 6 所示。2016 年 12 月，首批复合型灯杆项目在北京建成试点。

图 1 – 5　北京市复合型灯杆

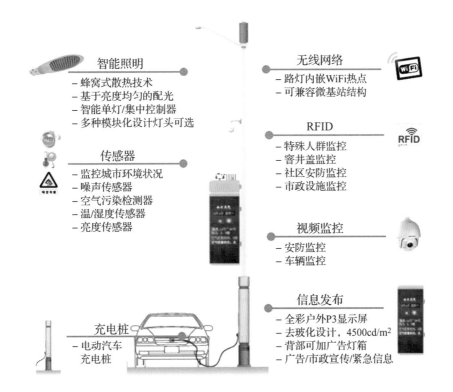

图 1 – 6　北京市复合型灯杆的功能

3. 照明智能化对智慧城市建设的重要作用

在智慧城市建设的起步阶段，照明智能化的重要作用主要体现在以下三方面。

1）照明智能化可为智慧城市建设提供基础数据。智慧城市建设中，无论是智慧政务、智慧交通还是其他子系统，最核心的内容是利用数据进行决策。由于照明智能化系统具有重要的终端信息收集和集成处理能力，能够为智慧城市的数据收集提供支持。在物联网感知层，照明智能化系统可对现场复杂多变的动态参数进行实时监测，集成光电、雷达、声学、电能、图像、气象等传感器和检测设备，实时监测交通流量、环境照度、光源光衰、气候条件、背景亮度、电压波动等动态参数的变化。然后通过网络层将数据传输到应用层，为管理者提供及时、有效的数据以进行科学决策。例如，通过 LED 路灯监控系统可以精确地采集路灯故障信息，传送给路灯管理部门，降低检修成本。还可利用数据与红绿灯系统联动，从而起到调节交通的作用，在繁忙时段实现交通分流，为智能交通的构建和完善提供支持。

2）照明智能化可为智慧城市建设带来环境、经济和社会等多方面效益。

① 环境效益。照明产品从生产、运输、使用到报废都会消耗大量能源，随着技术不断进步，照明产品更新换代速度加快。与此同时，城市照明的耗电量增长迅速，也间接造成了大量二氧化碳排放，直接影响人们的生活环境。城市照明智能化不仅可以促进新型照明产品的发展，使其寿命更长、光效更好、能效更高，还可以通过智能监控系统，实现对照明的节能控制，从而有效减少能源消耗、减少环境污染，产生可观的环境效益。

② 经济效益。照明智能化系统可实现城市照明的单灯节能控制和管理，节能效果明显。实践证明，通过照明智能化管理，平均节电率可达 30% 以上。按一般地市级城市 30000 盏路灯，平均功率 250W，年平均亮灯时间 4000h，平均节电率 30% 计算，每年可节约电能 $30000 \times 250 \times 4000 \times 0.3 = 900$ 万 kW·h，节省电费约 700 万元。此外，对于城市照明管理来说，人工巡检、管理维护费用也是一笔不小的开支。智能监控系统可使管理者清楚地了解每一街区的每一盏路灯的状态信息，及时发现故障并进行维修，从而降低照明设施维护成本，延长灯具使用寿命。

③ 社会效益。照明智能化能够实现城市照明的一体化精细管理，实时监测报警，预测可能发生的故障，及时消除安全隐患；事件处理流程化、协同化，能够提高处理效率，从而显著提升城市照明管理水平。还可有效保障城市照明的服务质量，做到合理照明、美化照明、安全照明，改善人居环境，提高交通安全和社会治安水平，充分体现城市公共服务水平，提升城市品牌形象。

3）照明智能化可促进智慧城市建设模式的创新发展。城市道路照明作为重要的市政工程，其建设资金主要来源于政府财政资金。城市照明的智能化改造工程可通过采用 PPP（Public-Private-Partnership）融资模式，加大与社会资本的合作。在工程建设时，有专利技术的公司可与政府工程实施部门签订能源管理合同，与金融机构签订融资协议并负责提供技术支持和工程设计、施工及运营服务。

1.3.3 文化照明

伴随着城镇化的推进及随之而来的道路交通改造升级和城市市容市貌的改造，城市道路照明及城市景观照明得到快速发展。城市作为传承和创造文化的载体，使城市照明也被赋予更多的文化属性，进而出现了文化照明的概念。所谓文化照明，是指充分应用现代科学技术，自觉地挖掘、消化并正确恰当地表现优良的地域文化和先进的现代文化，以及使两者实现巧妙结合的城市照明。文化照明的基本特点是能够凸显城市文化特色及构建和谐文化氛围。

1. 凸显城市文化特色

如今城市形象和建筑形象逐渐呈现趋同态势，而城市照明作为城市建设的一部分，已不再是简单照亮物体，而是越来越强调体现地域文化和现代人类进步文化，尤其要体现地域文化特色，从而使城市照明更有归属感和独特性。优秀的文化照明能够把握不同规模和不同性质的城市特征，借助照明的造型、色彩、肌理、材料及空间来表达某种特定的精神含义，渲染某种特定氛围，创造出明亮宜人的环境和令人愉悦的夜晚城市景观，展现城市文化与环境优美、统一的整体形象，推动城市文化发展，烘托出城市文化底蕴和内涵，如历史文化感、积极向上的精神、民俗文化的表现等。通过照明将艺术、技术与城市文化特征融为一体，使城市文化在夜晚得以重塑和再现，表现出城市夜晚特有的景色，已在越来越多的城市照明建设中得以体现。

2. 构建和谐文化氛围

文化照明强调功能和形态上的统一与和谐，使得个体与个体之间、个体与整体之间有很好的融合，以提高城市照明在经济、社会、人文方面的附加值。以往我国很多城市照明只拘泥于局部路段设计，缺少从城市整体层面考虑，缺少专项规划，导致路灯、景观灯风格各异、色彩杂乱等问题。为了塑造城市特色风貌，城市中不同的空间场所，应根据不同功能，使照明呈现不同的特点。如对于政治、历史文化古迹，应体现其庄严肃穆、历史悠久的文化特点；对于商业区，则应营造出动感时尚、繁华热闹的氛围；对于居住区域，应幽雅宁静、温馨宜居。目前，我国诸多城市陆续编制了城市照明专项规划，在强调功能和绿色的同时，注重城市总体照明框架，结合城市格局，形成层次清晰、明暗得当的城市照明系统，追求构建和谐统一的文化氛围。

第2章
城市照明相关法规政策及标准

02/

　　近年来，我国城市照明相关法规政策及标准在不断完善，基本满足了城市照明的发展需要，对城市照明全寿命期管理发挥着重要的指导和规范作用，为城市照明行业健康发展提供了良好的法律环境和行动指南。

2.1　相关法律法规及政策

2.1.1　相关法律法规

　　城市照明建设与发展需要严格遵守相关法律法规，这些法律法规涉及能源节约、环境保护、环境影响评价、城乡规划以及工程建设等相关内容。

1. 相关法律

城市照明相关法律见表2-1。

表2-1　城市照明相关法律

序号	法律名称	发文字号	实施日期	备注
1	《中华人民共和国环境保护法》	中华人民共和国主席令第22号	1989.12.26	2014.04.24修订 2015.01.01施行
2	《中华人民共和国电力法》	中华人民共和国主席令第60号	1996.04.01	2015.04.24修订、施行
3	《中华人民共和国节约能源法》	中华人民共和国主席令第90号	1998.01.01	2016.07.02修订 2016.07.02施行
4	《中华人民共和国建筑法》	中华人民共和国主席令第91号	1998.03.01	2011.04.22修订 2011.07.01施行
5	《中华人民共和国招标投标法》	中华人民共和国主席令第21号	2000.01.01	2017.12.27修订 2017.12.28施行

（续）

序号	法律名称	发文字号	实施日期	备注
6	《中华人民共和国环境影响评价法》	中华人民共和国主席令第 77 号	2003.09.01	2016.07.02 修订 2016.09.01 施行
7	《中华人民共和国城乡规划法》	中华人民共和国主席令第 74 号	2008.01.01	2015.04.24 修订

2. 相关法规

城市照明相关法规见表 2-2。

表 2-2　城市照明相关法规

序号	文件名称	发文字号	实施日期	备注
1	《城市道路管理条例》	国务院令第 198 号	1996.10.01	-
2	《建设项目环境保护管理条例》	国务院令第 253 号	1998.11.29	2017.06.21 修订 2017.10.01 施行
3	《建设工程质量管理条例》	国务院令第 279 号	2000.01.30	2017.10.07 修订、施行
4	《建设工程安全生产管理条例》	国务院令第 393 号	2004.02.01	
5	《建设工程勘察设计管理条例》	国务院令第 293 号	2000.09.25 修订实施	2015.6.12 修订、施行

3. 部门规章、地方性法规及规范性文件

为了加强城市照明管理，促进能源节约，改善城市照明环境，加快城市照明的规划、建设、维护和监督管理工作，2010 年发布的《城市照明管理规定》（中华人民共和国住房和城乡建设部令第 4 号），详细规定了城市照明的规划、建设、维护和监督管理。

此外，全国各地多数地区结合自身发展特点，先后颁布城市照明管理相关规定。如《北京市夜景照明管理办法》《天津市城市照明管理规定》《重庆市城市道路照明设施管理实施办法》《深圳经济特区城市道路照明管理规定》《西安市城市夜景照明管理办法》《大连市城市照明管理办法》等，在此不一一列举。

2.1.2　相关政策

城市照明的总体规划及具体政策措施对城市照明行业的持续健康发展有着重要影响。

1. 总体规划

城市照明是关系到我国节约资源、促进可持续发展的一项社会系统工程。我国政府对城市照明的关注一直处在世界前列。早在 1993 年，为推动全社会节约用电，促进经济与社会的可持续发展，中华人民共和国国家经济贸易委员会专门组织专家研究论证在我国开展"绿色照明计划"的可行性，并在历届五年规划中高度重视和支持照明产业的发展。

"九五"期间，我国根据照明行业和电力工业发展状况，发布《中国绿色照明工程实施方案》（国经贸资〔1996〕619 号），启动了"中国绿色照明工程"，旨在我国发展和推广高效照明器具，逐步替代传统的低效照明电光源，节约照明用电，建立优质高效、经济舒适、安全可靠、有益环境和改善人们生活质量、提高工作效率、保护身心健康的照明环境，以满足国民经济各部门和人民群众日益增长的对照明质量、照明环境和减少环境污染的需要。2000 年 3 月 16 日，我国发布《关于进一步推进"中国绿色照明工程"的意见》（国经贸资源〔2000〕223 号），进一步推动绿色照明工程的实施和发展。

"十五"期间，针对我国照明电器产品产量虽然很大，但是具有自主知识产权的产品和技术仍然不多的问题，提出今后的绿色照明工程还需要对技术开发应用中的市场障碍给予高度重视，以不断提高我国照明行业的技术水平，保持行业竞争力。在此期间，我国在绿色照明工程项目所取得成就的基础上，紧紧围绕创新机制、应用新技术和保护环境三个重点，增强绿色照明工程的可持续发展能力。绿色照明工程从启动伊始，就得到政府主管部门的精心组织和细致安排，该工程被纳入国家《能源节约与资源综合利用规划》（国经贸资源〔2001〕1018 号），并被列为我国"九五""十五"期间节能领域的重大示范工程，成为一项在我国影响面大，促进可持续发展的样板工程。

"十一五"期间，国家强调要落实节约资源和保护环境，建设低投入、高产出、低能耗、少排放、能循环、可持续的国民经济体系和资源节约型、环境友好型社会，并在我国《国民经济和社会发展"十一五"规划纲要》中将绿色照明列为十大节能重点工程之一。2006 年 7 月，《"十一五"城市绿色照明工程规划纲要》（建办城〔2006〕48 号）发布，旨在坚持以人为本，坚持节能优先，以高效、节能、环保、安全为核心，努力构建绿色、健康、人文的城市照明环境。2006 年 7 月，《"十一五"十大重点节能工程实施意见》（发改环资〔2006〕1457 号）发布，强调绿色照明应提高产品质量，降低生产成本，增强自主创新能力为主的节能灯生产线技术改造，推广应用高效照明产品。2006 年 8 月《国务院关于加强节能工作的决定》（国发〔2006〕28 号）发布，要求大力推进节能技术进步，全面实施绿色照明等十大重点节能工程。

"十二五"期间发布的《"十二五"城市绿色照明规划纲要》（建城〔2011〕178 号）提出新要求，要紧紧围绕城市社会生活和经济发展的需要，把推进城市绿色照明，促进城市照明节能，提升城市照明品质作为城市照明工作的核心。通过发展城市绿色照明，建立有利于城市照明节电，品质提升的管理体制和运营维护机制；完善城市照明法规、标准和规章制度；建立和落实城市照明能耗管理考核制度；积极使用节能产品和技术，提高城市照明系统的节能水平。

"十三五"期间编制的《"十三五"城市绿色照明规划纲要》，要求结合当前城市绿色照明行业所关心的智慧城市、照明＋互联网、大数据、公共设施融资模式、管理体制、城镇化发展和 LED 应用等新思路，进一步更新思想观念、创新发展路径、树立系统思维，从构成城市绿色照明诸多要素、结构、功能等方面入手，综合考虑多种因素进行编制。

2. 具体政策措施

（1）推动节能环保型灯具的应用　为适应节能环保需要，国家连续出台政策推动新型灯具的使用，先后发布《中国逐步淘汰白炽灯路线图》（发改委〔2011〕28 号）、《关于同意开展第二批十城万盏半导体照明应用工程试点示范工作的函》（国科函高〔2011〕69 号）、《半导体照明科技发展"十二五"专项规划》（科技部　国科发计〔2012〕772 号）等提出，要逐步用节能环保型灯具代替传统的高耗能灯具。

2008 年 8 月《国务院关于进一步加强节油节电工作的通知》（国发〔2008〕23 号）发布，提出要加快淘汰低效照明产品，要求制定实施淘汰低效照明产品、推广高效照明产品计划，加大利用财政补贴推广高效照明产品的力度。实现 2008 年年底前，东、中部地区和有条件的西部地区大中城市行政机关全部淘汰低效照明产品，2009 年年底前，东、中部地区和有条件的西部地区大中城市道路照明、公共场所全部淘汰低效照明产品。

2010 年 5 月《国务院关于进一步加大工作力度确保实现"十一五"节能减排目标的通知》（国发〔2010〕12 号）发布，要求大力推广节能技术和产品，推广节能灯 1.5 亿只以上，东、中部地区和有条件的西部地区城市道路照明、公共场所和机构全部淘汰低效照明产品。

2012 年 8 月《节能减排"十二五"规划》（国发〔2012〕40 号）发布，提出绿色照明是节能减排重点工程之一，要实施"中国逐步淘汰白炽灯路线图"，分阶段淘汰普通照明用白炽灯等低效照明产品；推动白炽灯生产企业转型改造，支持荧光灯生产企业实施低汞、固汞技术改造；积极发展半导体照明节能产业，加快半导体照明关键设备、核心材料和共性关键技术研发，支持技术成熟的半导体通用照明产品在宾馆、商厦、道路、隧道和机场等领域的应用。

2016 年 12 月《"十三五"节能减排综合工作方案》（国发〔2016〕74 号）发布，明确绿色照明仍是节能重点工程之一，提出要加快半导体照明等成熟适用技术的应用，推动照明系统优化升级。

（2）控制路灯和景观照明　2008 年，《国务院办公厅关于深入开展全民节能行动的通知》（国办发〔2008〕106 号）发布，要求控制路灯和景观照明，在保证车辆、行人安全的前提下，合理开启和关闭路灯，试行间隔开灯，推广使用可再生能源路灯，在用电高峰时段，城市景观照明、娱乐场所霓虹灯等要减少用电。各级行政机关、公共场所应关闭不必要的夜间照明，除重大庆祝活动外，一律关闭景观照明。2012 年 8 月发布的《节能减排"十二五"规划》提出，要推动标准检测平台建设，加快城市道路照明系统改造，控制过度装饰和亮化。

（3）鼓励运用合同能源管理模式　长期以来，降低城市照明能耗，提高城市照明管理水平是我国城市照明管理工作的重点。合同能源管理是一种运用市场手段促进节能服务机制完善的有效途径，在发达国家得到普及。近年来，我国政府出台一系列政策鼓励在城市照明中运用该模式。

2009 年 9 月发布的《半导体照明节能产业发展意见》（发改环资〔2009〕2441 号）指出，"鼓励开展节能诊断、咨询评价、产品推广和宣传培训等服务；推广合同能源管理、需求侧管理等节能服务新机制"。

2013 年 8 月发布的《关于加快发展节能环保产业的意见》（国发〔2013〕30 号）再次明确，合同能源管理是市场化新型节能环保服务业态的重要内容，要继续采取补贴方式，推广绿色照明等节能重点工程，整合现有资源，推动半导体照明产业化。

2013 年 12 月《关于落实节能服务企业合同能源管理项目企业所得税优惠政策有关征收管理问题的公告》（国家税务总局国家发展改革委公告〔2013〕77 号）发布，鼓励企业运用先进的合同能源管理机制，加大节能减排力度，切实将国家税收优惠政策落到实处，推动合同能源管理事业的健康发展。同时，明确绿色照明等类项目与《财政部国家税务总局国家发展改革委关于公布环境保护节能节水项目企业所得税优惠目录（试行）的通知》（财税〔2009〕166 号）中列举的节能减排技术改造项目是包含与被包含的关系，也可享受相关优惠政策。

在相关政策引导和支持下，我国一些城市的照明工程已开始逐步采用合同能源管理模式。但该模式的运行仍存在许多制约因素，如节能降耗意识较弱、管理流程不规范、节能效益较低和市场积极性弱等。不过，随着节能市场的进一步发展，节能政策的不断完善，合同能源管理模式将会在城市照明节能管理中得到更多应用。

2.2　相关标准

2.2.1　国家标准

我国城市照明相关国家标准见表 2 - 3。

表 2-3　我国城市照明相关国家标准

序号	标准名称	标准编号	实施时间
1	《灯具　第 1 部分：一般要求与试验》	GB 7000.1—2015	2017.1.1
2	《灯具　第 2-3 部分：特殊要求　道路与街路照明灯具》	GB 7000.203—2013	2015.7.1
3	《灯具分布光度测量的一般要求》	GB/T 9468—2008	2009.5.1
4	《普通照明用 LED 模块　安全要求》	GB 24819—2009	2010.11.1
5	《普通照明用双端荧光灯能效限定值及能效等级》	GB 19043—2013	2013.10.1
6	《普通照明用自镇流荧光灯能效限定值及能效等级》	GB 19044—2013	2013.10.1
7	《单端荧光灯能效限定值及节能评价值》	GB 19415—2013	2014.9.1
8	《高压钠灯能效限定值及能效等级》	GB 19573—2004	2004.12.2
9	《金属卤化物灯能效限定值及能效等级》	GB 20054—2015	2017.1.1
10	《管形荧光灯镇流器能效限定值及能效等级》	GB 17896—2012	2012.9.1
11	《高压钠灯用镇流器能效限定值及节能评价值》	GB 19574—2004	2004.12.2
12	《金属卤化物灯用镇流器能效限定值及能效等级》	GB 20053—2015	2017.1.1
13	《灯具性能　第一部分：一般要求》	GB/T 31897.1—2015	2016.4.1
14	《灯具性能　第 2-1 部分：LED 灯具特殊要求》	GB/T 31897.201—2016	2016.9.1
15	《隧道照明用 LED 灯具性能要求》	GB/T 32481—2016	2016.9.1
16	《灯控制装置的效率要求　第 3 部分：卤钨灯和 LED 模块 控制装置效率的测量方法》	GB/T 32483.3—2016	2016.9.1
17	《LED 分选　第 1 部分：一般要求和白光栅格》	GB/T 32482.1—2016	2016.9.1
18	《道路与街路照明灯具性能要求》	GB/T 24827—2015	2016.4.1
19	《LED 城市道路照明应用技术要求》	GB/T 31832—2015	2016.1.1
20	《城市轨道交通照明》	GB/T 16275—2008	2009.6.1
21	《交流电气装置的接地设计规范》	GB/T 50065—2011	2012.6.1
22	《照明测量方法》	GB/T 5700—2008	2009.1.1
23	《外壳防护等级（IP 代码）》	GB/T 4208—2017	2018.2.1
24	《油浸式电力变压器技术参数和要求》	GB/T 6451—2015	2016.4.1
25	《城市道路交通设施设计规范》	GB 50688—2011	2012.5.1
26	《供配电系统设计规范》	GB 50052—2009	2010.7.1
27	《低压配电设计规范》	GB 50054—2011	2012.6.1
28	《建筑物防雷设计规范》	GB 50057—2010	2011.10.1
29	《建筑物电子信息系统防雷技术规范》	GB 50343—2012	2012.12.1
30	《建筑物防雷装置检测技术规范》	GB/T 21431—2015	2016.4.1

（续）

序号	标准名称	标准编号	实施时间
31	《建筑设计防火规范》	GB 50016—2014	2015. 5. 1
32	《电力变压器　第1部分：总则》	GB 1094. 1—2013	2014. 12. 14
33	《高压/低压预装式变电站》	GB 17467—1010	2011. 8. 1
34	《电气装置安装工程　电气设备交接试验标准》	GB 50150—2016	2016. 12. 1
35	《20kV 及以下变电所设计规范》	GB 50053—2013	2014. 7. 1
36	《电气装置安装工程　接地装置施工及验收规范》	GB 50169—2016	2017. 4. 1
37	《电气装置安装工程电缆线路施工及验收规范》	GB 50168—2006	2006. 11. 1
38	《电气装置安装工程 66kV 及以下架空电力线路施工及验收规范》	GB 50173—2014	2015. 1. 1
39	《电气照明和类似设备的无线电骚扰特性的限制和测量方法》	GB/T 17743—2017	2018. 7. 1

2.2.2　行业标准

我国城市照明相关行业标准见表2−4。

表2−4　我国城市照明相关行业标准

序号	标准名称	标准编号	实施时间
1	《城市夜景照明设计规范》	JGJ/T 163—2008	2009. 5. 1
2	《城市道路照明设计标准》	CJJ 45—2015	2016. 6. 1
3	《城市照明节能评价标准》	JGJ/T 307—2013	2014. 2. 1
4	《城市照明自动控制系统技术规范》	CJJ/T 227—2014	2015. 5. 1
5	《城市道路照明工程施工及验收规程》	CJJ 89—2012	2012. 11. 1
6	《建筑照明术语标准》	JGJ/T 119—2008	2009. 6. 1
7	《变压器类产品型号编制方法》	JB/T 3837—2016	2017. 4. 1
8	《地下式变压器》	JB/T 10544—2006	2006. 10. 1
9	《LED 驱动电源　第1部分　通用规范》	SJ/T 11558. 1—2016	2016. 9. 1
10	《LED 驱动电源　第2−1部分：LED 路灯用驱动电源》	SJ/T 11558. 2. 1—2016	2016. 6. 1
11	《LED 驱动电源　第2−2部分：LED 隧道灯用驱动电源》	SJ/T 11558. 2. 2—2016	2016. 6. 1

2.2.3　地方标准

我国城市照明相关地方标准见表2−5。

表2-5　我国城市照明相关地方标准

序号	标准名称	标准编号	发布单位	实施时间
1	《城市景观照明技术规范 第1部分：总则》	DB11/T 388.1—2015	北京市质量技术监督局	2015.11.1
2	《城市景观照明技术规范 第2部分：设计要求》	DB11/T 388.2—2015	北京市质量技术监督局	2015.11.1
3	《城市景观照明技术规范 第3部分：干扰光限制》	DB11/T 388.3—2015	北京市质量技术监督局	2015.11.15
4	《城市景观照明技术规范 第4部分：节能要求》	DB11/T 388.4—2015	北京市质量技术监督局	2015.11.1
5	《城市景观照明技术规范 第5部分：安全要求》	DB11/T 388.5—2015	北京市质量技术监督局	2015.11.1
6	《城市景观照明技术规范 第6部分：供配电与控制》	DB11/T 388.6—2015	北京市质量技术监督局	2015.11.1
7	《城市景观照明技术规范 第7部分：施工与验收》	DB11/T 388.7—2015	北京市质量技术监督局	2015.11.1
8	《城市景观照明技术规范 第8部分：管理与维护》	DB11/T 388.8—2015	北京市质量技术监督局	2015.11.1
9	《天津市城市景观 照明工程技术规范》	DB 29/71—2004	天津市建设管理委员会	2004.10.1
10	《城市夜景照明运行、 维护与管理》	DB13/T 1311—2010	河北省质量技术监督局	2010.11.25
11	《LED道路照明工程技术规范》	DB44/T 1898—2016	广东省质量技术监督局	2016.12.29
12	《LED照明工程安装与 质量验收规程》	DB21/T 2205—2013	辽宁省质量技术监督局	2014.1.12
13	《环境照明工程技术规范》	DB33/1055—2008	浙江省建设厅	2009.1.1
14	《城市道路照明设施 维护技术规程》	DB45/T 120—2004	广西壮族自治区 质量技术监督局	2004.8.30
15	《LED道路照明工程 技术规范》	SJG22—2011	深圳市住房和 建设局、深圳市科技工 贸和信息化委员会	2011.8.1

第 3 章
城市照明的基本组成要素

城市照明的规划设计、工程实施、运行管理及节能等各项工作，都应从城市照明的基本组成要素入手，确保其完整性，推进城市照明技术的创新发展，并实现科学管理。城市照明的基本组成要素包括光源、灯具及灯杆、电线电缆和配电变压器等。

3.1 光源

城市照明广泛应用的是电光源。根据电能转化形式的不同，城市照明常用电光源可分为热辐射光源、气体发光光源和电致发光光源三大类，如图 3-1 所示。

除以上三种照明光源外，激光作为非照明光源，有时也会出现在城市景观照明中，主要用作外景舞台演出的美术光源、大型建筑物顶部束光表演和探照光源等。

不同的电光源有不同的应用特性，其性能指标通常包括：

（1）额定电压和额定电流　光源按预定要求进行工作所需要的电压和电流。在额定电压与电流下运行时，光源具有最佳效果。

（2）额定功率　光源在额定电压与电流下工作时所消耗的电功率。通常，光源按一定的功率等级制造。

```
                      ┌ 热辐射光源 ┬ 白炽灯
                      │           └ 卤钨灯
                      │                      ┌ 气体放电灯 ┬ 高压氙灯
                      │                      │           └ 霓虹灯
                      │                      │            ┌ 高频无极荧光灯
  电光源 ─────────────┤  气体发光光源 ───────┤            │ 荧光灯
                      │                      │            │ 低压钠灯
                      │                      └ 金属蒸气灯 ┤ 高压钠灯
                      │                                   │ 高压汞灯
                      │                                   └ 金属卤化物灯
                      └ 电致发光光源 ┬ 场致发光灯（EL灯）
                                     └ 半导体发光器件（LED灯）
```

图 3-1　城市照明常用电光源分类

（3）全功率　某种气体放电灯的额定功率与其附件的损耗功率之和。

（4）光通量输出　光源在工作时所发出的光通量。光通量输出与多种因素有关，特别是与使用时间有关，一般使用时间越长，其光通量输出就越低。

（5）发光效率　一个光源所发出的光通量与该光源所消耗的电功率之比，是表述光源经济性能的参数之一。

（6）寿命　灯泡从开始使用起至不能再正常工作止（光衰大或熄灭）的全部点燃时间。常用平均寿命和有效寿命定义光源寿命。

（7）光谱能量分布　说明光源辐射的光谱成分和相对强度，一般采用光源光谱相对能量分布曲线形式给出。

（8）光色　光源发光的颜色，即从外观上看到的光的颜色。

（9）显色性　在光源照明下限与其相同或相近色温的黑体或白光的照明相比，各种颜色在视觉上的失真程度。

（10）色温　当光源所发射的光的颜色与黑体在某一温度下辐射的颜色相同时，黑体的温度就是该光源的颜色温度。

以下分别介绍热辐射、气体发光和电致发光光源及其各自的应用特性。

3.1.1　热辐射光源

热辐射光源主要是指通电使发光物体升温，在热平衡状态下将热能转变为光能的光源。热辐射光源主要包括白炽灯和卤钨灯。

1. 白炽灯

白炽灯是最早出现的电光源，其工作原理是将灯丝加热到白炽程度，利用热辐射发出可见光。普通白炽灯主要由玻壳、灯丝、导丝、芯柱和灯头等组成，对于不同用途和要求的白炽灯，其结构和部件也有所不同。其中，玻壳用耐热性能好的钠钙玻璃制成，大功率白炽灯用耐热性能更好的硼硅酸盐玻璃，一些特殊用途的灯泡采用彩色玻璃。玻壳将灯丝与空气隔离，既能透光，又起保护作用。灯丝是灯泡的发光体，用熔点高和蒸发率低的钨丝制成，为提高灯丝的发光效率，一般绕成单螺旋丝或双螺旋丝。钨丝由芯柱上的钼丝支架支撑，两端与导丝连接。为安全起见，高电压充气白炽灯外导丝还接有熔丝。灯头根据外形和用途不同，主要分为螺口和插口两种结构。一般 40W 以上灯泡内部抽成真空，并充以惰性气体（氩气、氮气等），以减缓钨丝的气化。

白炽灯具有显色性好、结构简单、使用灵活、能瞬时点燃、无频闪现象、可调光、可在任意位置点燃且价格便宜等特点，曾是产量最大、应用最广泛的电光源。但在白炽灯所消耗的电能中，只有 12% ~18% 可转化为光能，极大部分电能辐射为红外线，以热能形式散失，故其效率较低。白炽灯的灯丝蒸发很快，用久的灯泡在开灯时，灯丝极易烧断，使用寿命通常不超过 1000h。2011 年，我国发布《中国逐步淘汰白炽灯路线图》，分五个阶段逐步淘汰用于家庭和类似场合，电源电压为 200 ~250V 的普通照明白炽灯。从 2016 年 10 月 1 日开始，已禁止进口和销售 15W 及以上普通照明白炽灯。

2. 卤钨灯

卤钨灯又称为卤素灯，分为溴钨灯和碘钨灯两类，溴钨灯使用寿命不如碘钨灯，但溴钨灯的发光效率比碘钨灯高5%。卤钨灯的玻壳是用石英玻璃制成，所以又称为石英灯。普通白炽灯中的惰性气体只能减弱灯丝的蒸发，而卤钨灯的特殊性就在于钨丝可以"自我再生"。在这种灯的玻壳中充有一些卤族元素（如碘和溴），当灯丝发热时，钨丝在高温下逐渐蒸发，逸出的钨原子向温度较低的玻璃管壁方向移动。当接近玻璃管时，钨蒸气被"冷却"到大约800℃并与卤素原子结合在一起，形成卤化钨（碘化钨、溴化钨）。卤化钨有向高温迁移的倾向，这样，卤化钨又向灯泡中央移动，最后落到被腐蚀的灯丝上。因为卤化钨很不稳定，遇热后就会分解成卤素蒸气和钨，这样钨又在灯丝上沉积下来，弥补了被蒸发的部分，此过程称为"卤钨循环"。这种灯不但可以消除钨粒附在玻壳内壁上发黑的现象和延长灯丝寿命，而且灯丝可以制作得相对较小，灯体也很小巧。

卤钨灯的灯丝色温可达3200K，显色性好，发光强度高，发光效率可高达17~33 lm/W，色温稳定，光衰低于5%，寿命长达3000~5000h。由于卤钨灯的工作温度较高，不适于多尘、易燃、易爆、腐蚀性环境以及有振动的场所等。宜用在照度要求较高、显色性较好或要求调光的场所，如体育馆、大会堂、宴会厅等，其色温尤其适用于彩色电视的演播室照明。

3.1.2 气体发光光源

气体发光光源是指利用电流通过气体（或蒸气）而发射光的光源。这类光源具有发光效率高、使用寿命长等特点。按不同角度划分，气体发光光源可分为不同类型。按放电介质分，气体发光光源可分为气体放电灯和金属蒸气灯。气体放电灯是电流流经气体，使之放电而发光的光源，如氙灯、霓虹灯等；金属蒸气灯是电流流经金属蒸气，使之放电而发光的光源，如高频无极荧光灯、荧光灯、钠灯、汞灯和金属卤化物灯等。按放电形式分，气体发光光源还可分为辉光放电灯和弧光放电灯。辉光放电灯由辉光放电柱产生光，放电特性是阴极的次级发射比热电子发射多（冷阴极），阴极位降较大，电流较小。这种灯也叫作冷阴极灯，霓虹灯属于辉光放电灯。弧光放电灯主要是利用弧光放电柱产生光，放电特点是阴极电位降较小（属热阴极灯）。这类灯需通过专门启动器件才能工作，如荧光灯、汞灯、钠灯等。

1. 高压氙灯

氙灯是一种填充氙气的光电管或闪光电灯，早期主要应用在工业及建筑照明上，其额定电压一般分为120V、240V和380V三种，额定功率从几十瓦到几千瓦不等。高压氙灯一般由灯头、电子镇流器和线组等组成，是在石英灯管内填充高压惰性气体氙气取代传统的灯丝，在两端电极上有水银和碳素化合物，接通电源后，通过变压器，在几微秒内升到20000V以上的高压脉冲电加在石英灯泡内的金属电极之间，激发灯泡内的物质（氙气、少量水银蒸气及金属卤化物）在电弧中电离产生亮光。高压氙灯的亮度高，是普通卤素灯的三倍以上，具有超长及超广角的宽广视野；寿命长，由于高压氙灯利用电子激发气体发光，不需要钨丝，因此不会产生因灯丝熔断而报废的问题，使用寿命比卤素灯长得多；同时还具有色温性好、稳定性好、节能的优点。

2. 霓虹灯

霓虹灯是一种冷阴极气体放电灯，灯管两端有电极，其中填充有稀薄氖气或其他气体。当外电源电路接通后，变压器输出端就会产生几千伏甚至上万伏的高压。当这一高压加到霓虹灯管两端电极上时，霓虹灯管内的带电粒子在高压电场中被加速并飞向电极，能激发产生大量电子。这些激发出来的电子，在高电压电场中被加速，并与灯管内的气体原子发生碰撞。当这些电子碰撞游离气体原子的能量足够大时，就能使气体原子发生电离而成为正离子和电子，这就是气体的电离现象。带电粒子与气体原子碰撞后多余的能量就以光子形式发射出来，这就完成了霓虹灯的发光点亮全过程。霓虹灯因其冷阴极特性，能在露天、日晒雨淋等环境或在水中工作。其穿透力强，在雨天或雾天仍能保持较好的视觉效果。霓虹灯耗电量低，新型电极、电子变压器的应用，使每米灯管功率从56W降到12W。霓虹灯的寿命长，在连续工作不断电的情况下，寿命达10000h以上。

除上述普通霓虹灯外，还有一些新型霓虹灯。

（1）辅料霓虹灯　在聚氯乙烯材料中注入特殊的荧光染料或颜料形成一种新型光致发光材料，在紫外线照射下，能发出各种颜色的光，将其制成片状、图案或文字用于装饰显示。

（2）可塑霓虹灯　这类霓虹灯又称为美耐灯，它将微型低压白炽灯按一定电压组合，压入彩色塑料管形成一种近似连续的白炽灯带，可直接接入多种网络电路而不需要任何附件。可根据文字、图案及光色要求，随意弯曲，并能多次反复使用，具有耐压、寿命长、价格低廉等优点。

（3）光导纤维霓虹灯　通过聚焦装置，将光照射入光导纤维的端部，光导纤维或将光导入另一端（端发光型）或使整个通道发光（通道发光型）。利用光导纤维能导光和随意弯曲的特点来制作的霓虹灯，寿命长，而且可反复使用。

3. 高频无极荧光灯

高频无极荧光灯，简称高频无极灯（HFED），是综合功率电子学、等离子体学、磁性材料学等理论开发出来的新一代照明产品。高频无极灯主要是由高频发生器、功率耦合器和玻壳三部分组成的，灯内没有一般照明灯必须具有的灯丝或电极。通过电磁感应原理将电能耦合到灯泡内，使灯泡内的气体受激发，发生雪崩电离，形成等离子体。等离子体受激原子返回基态时，辐射出紫外线，紫外线光子激发玻壳内壁的荧光粉，由此产生可见光。

高频无极灯寿命超长、高效节能、绿色环保、亮度高、可见度高、显色性好、无频闪且色调可选，几乎汇集了所有类型电光源的优点，体型与白炽灯相似的高频无极灯将取代只能制作成长细型的荧光灯。高频无极灯是工厂、机关、学校、场馆、车站、码头、机场、高速公路和隧道等首选的照明光源，尤其适合在照明可靠性要求较高，需要长期照明而维修、更换灯具困难的场所使用。但因其发光体较大，配光相对较难，不适宜用于一般市政道路照明。

4. 荧光灯

传统型荧光灯即低压汞灯，是利用低气压的汞蒸气在通电后释放紫外线，从而使荧光粉发出可见光，因此属于低气压弧光放电光源。荧光灯内装有两个灯丝，灯丝上涂有电子发射材料三元碳酸盐（碳酸钡、碳酸锶和碳酸钙），俗称电子粉。在交流电压作用下，灯丝交替作为阴极和阳极。灯管内壁涂有荧光粉。管内充有 400～500Pa 的氩气和少量的汞。通电后，液态汞蒸发成压力为 0.8Pa 的汞蒸气。在电场作用下，汞原子不断从原始状态被激发，继而自发跃迁到基态，并辐射出波长是 253.7nm 和 185nm 的紫外线（主峰值波长是 253.7nm，占全部辐射能的 70%～80%；次峰值波长是 185nm，约占全部辐射能的 10%），以释放多余的能量。荧光粉吸收紫外线的辐射能后发出可见光。荧光粉不同，发出的光线也不同，这就是荧光灯可做成白色和各种彩色的缘由。由于荧光灯所消耗的电能大部分用于产生紫外线，因此，荧光灯的发光效率远比白炽灯和卤钨灯高，是目前较为节能的电光源。但是，荧光灯功率一般较低，很少应用于城市道路的主路照明中，且其光衰较快，低功率荧光灯目前正在被一体化 LED 所替代。

按灯管形状和结构不同，荧光灯可分为直管、环形和紧凑型等。直管和环形荧光灯多适用于宾馆、办公室、商店、医院、图书馆、家庭及商场橱窗等场合，而紧凑型荧光灯不仅可用于商场、写字楼、饭店，也可用于许多公共场所的照明。紧凑型荧光灯就是人们常说的节能灯，全称是稀土三基色紧凑型荧光灯。荷兰飞利浦公司早在 1974 年就率先开始研制紧凑型荧光灯，1979 年试制成功。它是针对直管荧光灯结构复杂（需配套镇流器和辉光启动器）、灯管尺寸较大等缺点，研制开发出来的新一代电子节能灯，集白炽灯和荧光灯的优点于一身，外形独特、款式多样。紧凑型荧光灯将灯与镇流器、辉光启动器一体化，其外形类似普通照明白炽灯泡，体积略大，具有寿命长、光效高、节能、光色温暖、显色性好和使用方便等特点，可直接装在普通螺口或插口灯座中替代白炽灯。

5. 低压钠灯

低压钠灯是利用低压钠蒸气（工作蒸气压不超过几个帕斯卡）放电产生可见光的电光源。低压钠灯主要由放电管、外管和灯头组成。放电管多由抗腐蚀的玻璃管制成，管径 16mm 左右，常弯制成 U 形，封装在一个管状的外玻璃壳中。管内充入钠和氖氩混合气体。放电管的每一端都封接一个钨丝电极。当低压钠灯起动时，首先在主电极和辅助电极之间形成辉光放电，然后很快在两个主电极间形成弧光放电。当弧光放电使放电管加热到一定温度时，管壁上的薄层固体钠开始蒸发。随着钠蒸气压力的增大，放电的钠蒸气黄色电辉逐渐增强，当温度增加到正常运用温度 270℃ 时，钠蒸气达到额定压力。为了使放电管温度保持在 270℃ 左右，管内壁涂有氧化铟等透明物质，将红外线反射回放电管。低压钠灯发射波长为 589.0nm 和 589.6nm 的单色光，这两条黄色谱线的位置靠近人眼最灵敏的波长为 555.0nm 的绿色谱线，既具有高的发光效率（在实验室条件下可达 400 lm/W，成品一般在 150 lm/W 以上），又在人眼中不产生色差，因此视见分辨率高，对比度好。由于低压钠灯显色性差，一般不宜作为室内照明光源，但适用于道路、高架桥、隧道和交叉路口等高能见度和显色性要求不高的地方。

6. 高压钠灯

高压钠灯是利用钠放电时产生的高压（约 7000Pa）钠蒸气获得可见光的电光源。当灯泡起动后，电弧管两端电极之间产生电弧，由于电弧的高温作用使管内的液钠汞气受热蒸发成为汞蒸气和钠蒸气，阴极发射的电子在向阳极运动过程中，撞击放电物质的原子，使其获得能量产生电离或激发，然后由激发态回复到基态，或由电离态变为激发态，再回到基态。如此无限循环，多余能量以光辐射形式释放，便产生了光。高压钠灯中放电物质蒸气压很高，即钠原子密度高，电子与钠原子之间碰撞次数频繁，使共振辐射谱线加宽，出现其他可见光谱的辐射，因此，高压钠灯的光色优于低压钠灯。高压钠灯稳定工作时，光色为金白色，具有发光效率高（90～130 lm/W）、耗电少、寿命长、透雾能力强等优点。广泛应用于道路、高速公路、机场、码头、船坞、车站、广场、街道交汇处、工矿企业、公园、庭院照明及植物栽培。但高压钠灯也存在显色性差的缺点，不适用于商业、体育场馆、娱乐场所等需要高显色性场所的照明。

7. 高压汞灯

高压汞灯，全称为荧光高压汞灯，是利用汞放电产生的高压（0.2～1MPa）汞蒸气获得可见光的电光源。高压汞灯主要由灯头、放电管和玻璃外壳等组成。放电管由耐高温、高压的透明石英玻璃做成，管内抽去空气和杂质后，充有一定量的汞和少量氩气，里面封装有钨丝制成的主电极和辅助电极，涂有电子发射物质。高压汞灯通常用辅助电极起动，辅助电极通过一只 $40 \sim 60 k\Omega$ 的电阻与不相邻的电极相连接。当灯接入电网后，辅助电极与相邻的主电极之间加有 220V 的交流电压。这两个电极之间的距离很近，通常只有 $2 \sim 3mm$，所以在它们之间有很强的电场。在此强电场作用下，两电极之间的气体被击穿，发生辉光放电。主电极与相邻辅助电极之间的辉光放电产生大量的电子和离子，这些带电粒子向两主电极间扩散，使主电极之间产生放电，并很快过渡到两主电极之间的弧光放电。高压汞灯发光效率比较高，可达 $40 \sim 65lm/W$，由于有较高的光效，而且其发光体小、亮度高，适用于室外照明。但其光色偏蓝、绿，缺少红色成分，显色性较差，在室内照明应用较少。

此外，高压汞灯可能会造成汞蒸气泄漏，灯管报废后打碎形成的玻璃屑中含有一定量的汞，被称为"汞渣"，不加适当处理会污染土壤、水体，威胁人类健康。

8. 金属卤化物灯

金属卤化物灯是在汞和稀有金属的卤化物混合蒸气中产生电弧放电发光的蒸气灯。其外形和结构与高压汞灯相似，只是在放电管中除了充入汞和氩气外，还填充各种不同金属卤化物。当灯接入电路点亮后，首先工作在低气压弧光放电状态，灯两端电压很低，只有 $18 \sim 20V$，光的输出也很少，这时的能量多由热量释放。在此热量下，整个灯体被加热，放电管中的金属卤化物随着温度升高而不断被熔化蒸发，成为金属卤化物蒸气。在热对流的作用下，灯内金属卤化物蒸气不断向电弧中心流动，扩散到高温中心后分解成为金属原子和卤素原子，再在电场作用下，金属原子被激发发光。金属卤化物灯的最大优点是发光效率特别高，光效高达 $80 \sim 120lm/W$，正常发光时发热少，因此是一种冷光源。由于金属卤化物灯的光谱是在连续光谱的基础上迭加了密集的线状光谱，显色指数高，适用于各种场所的一般照明、特种照明和装饰照明。但是，金属卤化物灯仍存在起动设备复杂、寿命较短、不适宜频繁起动和价格昂贵等不足，目前主要用于机场、体育场的探照灯，公园、庭院照明，电影、电视拍摄光源和歌舞厅装饰照明等。另外在道路照明中也有所应用。

3.1.3 电致发光光源

电致发光光源是在电场作用下，使固体物质发光的光源。如场致发光灯（EL 灯）是通过两极之间的固体发光材料在电场激发下发光的电光源；发光二极管（LED）是利用半导体 PN 结或类似结构在通以正向电流时发出可见光的电光源。

1. 场致发光灯（EL 灯）

场致发光灯（EL 灯）的结构像一个平板电容，通常由玻璃板、透明导电膜、荧光粉发光层、高介电常数反射层、铝箔和最底层的玻璃板叠合而成。发光层与电极之间距离仅几十微米，电极之间施加工作电压为 $100 \sim 250V$ 时，就能达到足够高的电场强度（大

于 $10^4 \mathrm{V/cm}$）。

在外加电场作用下，荧光粉发光层晶体中的电子被加速，达到较高能量，从而激发荧光粉使之发光。场致发光灯发光方式和发光层结构可分为交流粉末、直流粉末、交流薄膜和直流薄膜等四种，后两种用得较多。薄膜场致发光层是真空薄膜和多电极间的一层绝缘薄膜，如 Y_2O_3、SiN_4、Al_2O_3、SiO_2 薄膜等。直流薄膜发光层与电极直接接触，工作电压只需超过 20V 就有良好发光。

场致发光灯的发光亮度随激发电压的增加迅速提高，随频率的提高呈线性增大，当频率为数千赫兹时，出现饱和趋势，甚至亮度下降。交流场致发光灯的发光效率已达到 $10 \sim 15 \mathrm{lm/W}$，寿命长达 1 万小时以上，其表面亮度已达每平方米数百坎德拉以上。

EL 灯作为一种低照度面光源，耗电少、发光条件要求不高，可以通过电极分割使光源分开做成色彩丰富的图案与文字，在城市夜景照明中的应用越来越广泛，如作为建筑物装饰、道路的夜间指示照明等。但与其他光源相比，其表面较暗，不适宜用于一般照明的场合。

2. 半导体发光器件（LED 灯）

发光二极管（Light Emitting Diode，LED）是 20 世纪 50 年代之后发展起来的一种新光源。其发光原理是对二极管 PN 结加正向电压时，N 区的电子越过 PN 结向 P 区注入，与 P 区的空穴复合，从而将能量以光子形式放出。PN 结的材料和掺入的杂质不同时，可以得到不同峰值的发光波长，如红光、绿光、黄光、橙红光和蓝光等。由于单只 LED 灯不能产生两种以上的高亮度单色光，白光 LED 灯是将几种单色光的 LED 灯芯片混装在一起，按红、绿、蓝混色原理合成的。为有效降低成本，蓝光激发黄色荧光粉发白光的单色 LED 灯是目前应用的主流。大面板均匀安装多颗光珠的"满天星"型，以及集成一体做出大颗光珠的 COB 型是目前常用的 LED 灯分布方式。

LED 灯具有诸多优点，在城市照明中的应用优势已经凸显。包括：①高效节能，耗能减少 40% ~70%，利于照明终端节电，对环境保护十分有利；②颜色多变，属于黄、橙、红、蓝、绿和白色系列发光，可以通过改变电流改变颜色；③供电电压低，一般为 6~24V，使用安全；④体积小，每个 LED 灯小片只有 3~5mm 正方形大；⑤无污染，光源内无汞等有害金属物；⑥无红外线和紫外线辐射，发热量低；⑦抗冲击和抗振性好，适合于在振动场所（环境）中使用；⑧寿命长，LED 灯照明在正确的电压和环境下连续使用时间长达 50000h 以上，是白炽灯寿命的 50 倍以上；⑨照明设施维护管理成本低。但也存在眩光大，不同厂家元件通用性差的不足。

以上概要介绍了城市照明中常见的热辐射、气体发光和电致发光光源。这些常见光源的主要特性比较见表 3 – 1。

表 3-1　城市照明中常见光源的主要特性比较

光源种类	功率范围 /W	光效 /（lm/W）	色温 /K	显色指数 （Ra）	平均寿命 /h	起动时间	再起动时间
白炽灯	10~1000	6.9~11	2800	95~99	1000	瞬时	瞬时
卤钨灯	500~2000	17~33	3200	95~99	1500	瞬时	瞬时
高压氙灯	30~6000	>120	3000~12000	90~95	2000~15000	瞬时	瞬时
霓虹灯	5~8W/m	—	—	—	20000~30000	—	—
高频无极灯	20~200	65~80	2700~5000	≥80	10000~60000	≤0.5s	≤0.5s
荧光灯	6~125	25~67	全系列	70~80	8000	1~3s	瞬时
紧凑型荧光灯	5~40	35~81.8	2700~6400	80	1000~5000	10s 或快速	10s 或快速
低压钠灯	18~180	100~200	1800	—	2000~16000	7~16min	>5min
高压钠灯	35~1000	90~130	1950~2500	20~25	12000~32000	4~8min	10~20min
高压汞灯	50~1000	40~65	3300/4300	30~40	2500~5000	4~8min	5~10min
金属卤化物灯	70~1000	80~120	3000~6000	70~95	12000	4~8min	10~15min
EL 灯	—	10~15	—	—	>10000	—	—
LED 灯	3~300	90~200	2000~7000	≥80	30000~80000	几乎瞬时	几乎瞬时

3.2　灯具及灯杆

　　照明灯具是指能透光、分配和改变光源光分布的器具，包括除光源外所有用于固定和保护光源所需的全部零部件，以及与电源连接所必需的线路附件。灯具不仅能够固定和保护光源，使光源与电源可靠连接，而且能够合理分配光输出，美化和装饰环境。灯杆的作用是支撑光源和灯具，杆体不仅影响照明，还可以起到美化市容的作用。

3.2.1　灯具

1. 灯具分类

灯具有多种分类方式,这里介绍几种常用分类方法。

(1) 按防触电保护形式分类　灯具可分为 0 类、Ⅰ类、Ⅱ类和Ⅲ类。

1) 0 类灯具。是指依靠基本绝缘作为防触电保护的灯具。

2) Ⅰ类灯具。灯具的防触电保护不仅依靠基本绝缘,而且包括附加的安全措施,即把易被触及的导电部件连接到设施的固定线路中保护接地导体上,使易被触及的导电部件在基本绝缘万一失效时不会带电。

3) Ⅱ类灯具。防触电保护不仅依靠基本绝缘,而且具有附加安全措施,例如双重绝缘或加强绝缘,但没有保护接地措施或依赖安装条件。

4) Ⅲ类灯具。防触电保护依靠电源电压为安全特低电压 (SELV),并且不会产生高于 SELV 的灯具。

(2) 按防尘、防固体异物和防水等级分类　根据 GB/T 4208—2017《外壳防护等级 (IP 代码)》规定的"IP 数字"分类法,灯具的防尘、防固体异物和防水等级以代码字母 IP 及两位特征数字来表示,第一位特征数字表示防止固体异物进入的等级,用数字 0~6 表示;第二位特征数字表示防止进水造成有害影响的等级,用数字 0~8 表示。不要求规定特征数字时,用字母"X"代替,如果两个字母都省略则用"XX"代替。

(3) 按安装方式分类　通常,道路与街路照明灯具适合下列一种或多种安装方式。

1) 安装在支架管或类似物上。

2) 安装在立柱悬臂上。

3) 安装在立杆顶部。

4) 安装在跨接线或悬挂线上。

5) 安装在墙上。

(4) 按灯具的用途分类　按用途不同,城市照明灯具可分为功能性灯具和装饰性灯具,还有结合以上两种用途的功能性装饰灯具如图 3-2 所示,灯具分类见表 3-2。在中心广场、公共停车场、大型立交或交叉路口等场所应采用半高 (中) 杆照明灯具和高杆照明灯具。

表 3-2　按用途分类的照明灯具

类型	说明	适用场所
功能性灯具	灯具内有控光部件 (反光器或折光器),以便重新分配光源光通量,使其配光符合道路及景观照明要求,光的利用率得以提高,眩光也受到限制。此类灯具也有一定的装饰效果	常用于一般道路、大型广场、机场停机坪、车站、码头及立交桥等场所照明

（续）

类型	说明	适用场所
装饰性灯具	一般采用装饰性部件围绕光源组合而成，以造型美观，美化环境为主，并适当估计效率和限制眩光等要求	一般多用于庭院、商业街道、广场、公园、小区及旅游景区的照明

城市照明中道路照明是被关注的主体，景观照明发展较晚。景观照明的灯具受路灯影响较大。

城市道路照明灯具造型设计是随着时代的进步、科学技术的发展及城市建设面貌的改观而不断改进和创新的。20世纪五六十年代，道路照明灯具设计以照明功能性为主，其造型以抽象的几何形（线、面、体）加以组合，特点是结构和制作工艺简单、制造成本低。目前仍有沿用，如扁铁型里弄灯，悬臂式单挑、双挑灯具等，如图3-3所示。

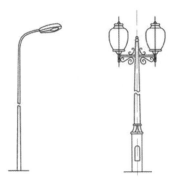

a）功能性灯具　b）装饰性灯具

图3-2　按用途分类的照明灯具

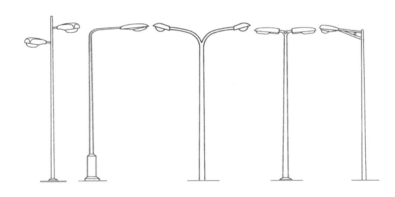

图3-3　功能性道路照明灯具

功能性景观照明灯具主要是指投照各种景观元素的投光灯及埋地灯，注重照明的视觉效果，通常隐藏在人们的视线以外。

20世纪70年代至今，道路照明灯具造型设计从具象手法（即模拟自然现象）发展到以装饰性灯具和功能性装饰灯具为主。装饰性照明灯具如图3-4所示，有：玉兰灯、莲花灯、玉坛灯等灯具；功能性装饰灯具如图3-5所示，有：海鸥灯、伞形灯、组合式广场灯等灯具。这些灯具的设计造型既保留了自然成分，又符合实用要求，而且容易引起人们联想，给人以活泼、亲切的感觉。既点缀美化了城市面貌，又达到了良好的照明效果。但这些灯具结构和制作工艺较为复杂，制造成本也高。

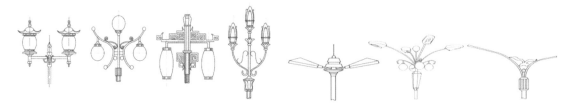

图 3-4　装饰性照明灯具（庭院灯具）　　　　　　　图 3-5　功能性装饰灯具

　　装饰性景观照明灯具在造型上与景观风格保持一致，以便于白天观赏。如石灯、灯笼、宫灯等，大部分作为装饰物用于公园、古建或仿古建筑群场所，如图 3-6 所示。

　　（5）按灯具的光学特性分类　城市照明灯具可按以下 5 种光学特性进行分类。

　　1）按截光类型不同，可分为全截光型灯具、截光型灯具、半截光型灯具和非截光型灯具。

　　①全截光型灯具。灯具的光强出射方向在与灯具向下垂直轴线夹角 90° 及以上时，灯具发出光强为 0；在 80° 时，灯具发出的光强不大于 100cd/1000 lm 或 10% 的最大光强/100 lm。

图 3-6　装饰性景观照明灯具

　　②截光型灯具。灯具的最大光强方向与灯具向下垂直轴线夹角在 0°~65° 之间，90° 和 80° 方向上的光强最大允许值分别为 10cd/1000 lm 和 30cd/1000 lm 的灯具。不管光源光通量的大小，其在 90° 方向上的光强最大值不得超过 1000cd。

　　③半截光型灯具。灯具的最大光强方向与灯具向下垂直轴线夹角在 0°~75° 之间，90° 和 80° 方向上的光强最大允许值分别为 50cd/1000 lm 和 100cd/1000 lm 的灯具。不管光源光通量的大小，其在 90° 方向上的光强最大值不得超过 1000cd。

　　④非截光型灯具。灯具的最大光强方向不受限制，90° 方向上的光强最大值不得超过 1000cd。

　　2）按纵向光分布类型不同，可分为短投射配光、中投射配光和长投射配光灯具，如图 3-7 所示。

　　①短投射配光。灯具配光的最大光强落在图 3-7 所示的 1.0 纵向距高比和 2.25 纵向距高比所组成的短投射配光区内，两灯具间的最大安装距离通常小于安装高度的 4.5 倍。

　　②中投射配光。灯具配光的最大光强落在图 3-7 所示的 2.25 纵向距高比和 3.75 纵向距高比所组成的中投射配光区内，两灯具间的最大安装距离小于安装高度

的 7.5 倍。

③长投射配光。灯具配光的最大光强落在图 3 - 7 所示的 3.75 纵向距高比和 6.0
纵向距高比所组成的长投射配光区内，两灯具间的最大安装距离小于安装高度的
12 倍。

3）按光分布类型不同，可分为Ⅰ类灯具、Ⅱ类灯具、Ⅲ类灯具、Ⅳ类灯具和Ⅴ类灯
具，如图 3 - 7 所示。

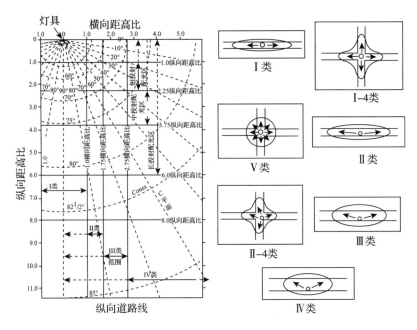

图 3 - 7　城市照明灯具的光学特性分类

①Ⅰ类灯具配光的 1/2 最大等光强曲线落在图 3 - 7 所示的纵向短投射配光区、中投
射配光区或长投射配光区以 1.0 屋边横向距高比和 1.0 路边横向距高比为边界的宽度范
围内，并且灯具配光的最大光强落在此范围内。

Ⅰ - 4 类灯具配光的 4 个光束宽度按照Ⅰ类定义。

②Ⅱ类灯具路边配光在最大光强落入的纵向短投射配光区、中投射配光区或长投射
配光区范围内的 1/2 最大等光强曲线与图 3 - 7 所示的 1.75 路边横向距高比线不能相交。

Ⅱ - 4 类灯具路边配光的 4 个光束宽度按照Ⅱ类定义。

③Ⅲ类灯具路边配光在最大光强落入的纵向短投射配光区、中投射配光区或长投射
配光区范围内 1/2 最大等光强曲线部分或全部超过图 3 - 7 所示的 1.75 路边横向距高比
线，但与 2.75 路边横向距高比线不能相交。

④Ⅳ类灯具路边配光在最大光强落入的纵向短投射配光区、中投射配光区或长投射配
光区范围内 1/2 最大等光强曲线部分或全部超过图 3 - 7 所示的 2.75 路边横向距高比线。

⑤Ⅴ类灯具配光曲线以灯具的光中心轴旋转对称。

4）按扩散程度进行分类。图 3 - 8 所示最大光强 γmax 在路面上有根轮廓线，与路轴平行的直线有 2 根与轮廓线相切，最远的那根与灯具光中心铅垂线的距离是 b，所形成的角度叫作 γ_{90}，γ_{90} 表示光线在道路横向的扩散程度，并作如下规定。

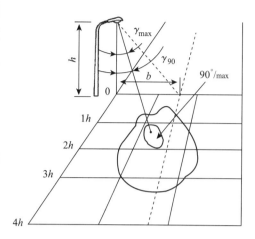

窄扩散：$\gamma_{90} < 45°$；中等扩散：$45° \leqslant \gamma_{90} \leqslant 55°$；宽扩散：$\gamma_{90} > 55°$。

5）按眩光的控制程度进行分类。由灯具的特征指数 SLI 决定，即 SLI < 2 为有限控制；$2 \leqslant$ SLI $\leqslant 4$ 为中等控制；SLI > 4 为严格控制。

2. 灯具的构造及材料

图 3 - 8　照明器扩散示意

灯具的作用是固定光源，把光源的光分配到需要的方向，控制眩光并保护光源、电器不受外力、潮湿及有害气体的影响。

下面介绍灯具构造主要部分：壳体、反射器、透光罩、灯座、折射器和遮光格栅。

（1）壳体　传统灯具由于电源发热量大，壳体一般采用耐热性较好的金属和玻璃材料。随着光源科技的发展，低发热光源日趋成熟，壳体适用的材料品种越来越多。由于聚合物材料具有透光性好、耐水性强、不易破碎、易成型、重量轻、价格低廉等优点，被广泛应用。外壳的主要作用有：防止眩光、保护视觉、防雨防水；固定光源、反射器和电器附件；与灯臂（架）的联接固定。

（2）反射器　反射器是利用反射现象来改变光源的光通量空间分布的装置，用镜面或非镜面高反射比材料制成，装于光源后方，以便最有效地利用光源光通量，使道路纵向得到符合要求的照度数值和光分布。不同的反射器形状有所不同，表面材料和表面处理方法也不尽相同，其种类繁多，最终目的都是适应不同形状的光源和受照面的照明需要。如柱面反射器，是指由一根母线沿某一轴线平移一段距离后再加两个侧面制成的反射器，柱面为主反射面，侧面为副反射面，这种反射器适用于发光体较长的光源，如直管荧光灯管型灯。除柱面型外，还有旋转对称型、双向组合曲线型等。

反射器是灯具的主要控光器件，其作用是把光源发射出的光线按要求分别分配到所需要的方向。为此，反射器必须由良好的材料制成，并要求加工精确且精度高。目前，生产商大多选用铝材（高纯铝或合金铝板）制作混光灯具反射器，少量选用不锈钢板等。为了防止反射器的镜面反射造成的不良后果，通常不直接使用抛光铝板，而对反射面进行喷砂氧化和涂膜保护等处理，或者将反射面设计成快板型、鱼鳞型、龟面型等，形成漫反射，以限制眩光，使出射光线更加均匀和柔和，从而使混光照明效果更佳。不锈钢反射器通常用于有水、腐蚀性等不利因素的特殊环境。

（3）透光罩　透光罩可以起到封闭光学系统、减少外界灰尘和水汽等有害气体对光源、反光器的污染和侵蚀，以保持灯具的利用效率等作用，同时与壳体构成完整的造型。透光罩常用的材料有钢化透明玻璃、磨砂或乳白玻璃等耐高温材料。壳体与透明光罩的接合面采用耐热、抗老化性能好的硅橡胶制成密封圈。

（4）灯座　灯座（或称为灯头）的功能是固定光源，并与电器联接。灯座的材料有金属、塑料、电木和陶瓷等，安装方式分为卡口、螺口和直插式等。道路照明主要采用E27和E40两种规格的瓷螺旋灯座。当采用高压钠灯时，为防止其起动时产生的高压脉冲，应采用中心伸缩式瓷螺旋灯座，以确保相地之间的安全放电距离。

（5）折射器　折射器是利用折射现象来改变光源的光通量空间分布的装置。其主要安装在光源前方的灯具出口面上，来控制光线方向和亮度，它用玻璃或塑料做成，表面有许多棱镜或透镜。

（6）遮光格栅　遮光格栅是由半透明或不透明组件构成的遮光体，组件的几何布置应能实现在给定的角度内看不见灯光。格栅同样也是灯具的主要控光部件，其形式、大小、材料及与光源的距离都直接影响灯具的配光和效率。设置格栅的目的是对光源进行必要的遮蔽，从而限制光源的亮度。格栅的形状有正方形、长方形、菱形和波浪形等，常用的是正方形、长方形和波浪形，而且多采用垂直形式。格栅网格的大小、高度等不仅与光源的亮度大小有关，而且也与使用场所的面积、高度等有关。因此，应根据不同使用场所，格栅网格的大小可以全部相同，也可以不同，特别在靠近墙壁处，它限制眩光的作用较小，网格可设计大些，否则在墙壁上可能产生网格的阴影。在满足一定限制亮度的前提下，为了提高灯具效率，可以适当调整格栅的间距。

3. 灯具的光学特性

城市照明灯具的光学特性主要是指光强的空间分布特性（配光特性）和效率，参数一般由制造厂或专业机构测试后提供，作为照明计算、选择和布置灯具的重要依据。

（1）光强的空间分布特性　该特性又称配光特性。光源在装入灯具之后，由于灯具的作用，光源原先的光强分布会发生变化，称为灯具的配光。配光用光强的空间分布特性来表示。光强的空间分布特性因光源（或灯具）的形状和尺寸不同而千差万别，在实际应用中，为便于了解不同灯具光强分布的概貌，通常采用曲线、表格和数学解析式等方法表示其空间分布情况，并把这些方法表示的光强分布统称为灯具的配光特性。

测出光强分布之后，若要直接输入计算机进行照明设计和计算，则光强值必须以表格的形式给出，即给出光强表（I 表）；若测得的光强分布用于非计算机的一般计算，通常以平面曲线图形式来表示灯具在空间各个方向上发光强度的分布情况，如极坐标配光曲线、直角坐标配光曲线和等光强曲线。

（2）效率　灯具效率是指灯具发出的光通量 Φ_1 与灯具内燃点的光源在相同工作条件下所发出的光通量 Φ_2 之比，它反映出灯具光学系统传输光源光通量的能力。光源的光通量一般是指光源在无约束条件情况下的光通量输出，当光源装入灯具后，光源辐射的光通量经过灯具光学器件的反射、投射和吸收，必然会损失掉一部分，因此，灯具的效率总是小于1。灯具的效率通常用小数或百分数表示，记作 η，即

$$\eta = \frac{\Phi_1}{\Phi_2} \times 100\%$$

效率是灯具的主要质量指标之一，它在很大程度上取决于灯具的形状、所用的材料和光源在灯具内的位置。灯具效率越高，可利用的光源光通量就越大。城市照明灯具常规效率不得低于70%，泛光灯效率不得低于65%，而装饰性灯具的效率大多超过70%。对常规道路照明灯具而言，还要求灯具发出的向下光通量即下射光通比越大越好。下射光通比越大，到达路面的光通量就越多；对景观照明灯具来说，灯具光束亦不宜垂直90°投向被照面，宜倾斜入射。

4. 灯具的其他性能要求

城市照明灯具由于长期在室外使用，环境条件比较恶劣，因此，除了光学性能要符合特定要求外，在机械强度、防尘防水和耐腐蚀性能、耐热性能、电气安全性能及灯具质量、安装、维护和造型等方面都要满足较高要求。

（1）机械强度　灯具的外壳和零部件必须由坚固的构件制成，以使其具有足够高的机械强度，从而达到能承受风荷载、积雪荷载、地震力等基本要求，也能确保灯具在运输、安装和使用过程中不易损坏和变形，保证灯具及其零部件的位置准确而稳固，确保灯具的光分布不变。

（2）防尘防水和耐腐蚀性能　灯具要有较好的防尘防水性能。防护性能好，就可以减少灰尘、昆虫及其他污物在灯具内外表面上沉积，从而提高灯具的维护系数，延长其维护周期，减少维护工作量。

灯具要有较好的防（抗）腐蚀性能。由于灯具常工作在带腐蚀性气体的环境之中，有潮湿蒸汽存在时，就会形成有强烈腐蚀性的混合物。因此，灯具壳体和零部件要用耐腐蚀的材料制成或涂保护涂层。只有这样，才能不致影响灯具的安全性，确保其具有合理的使用寿命。

（3）耐热性能　灯具应有较好的耐热性能。这要求灯具内各个部件、壳体以及透光罩所采用的材料应能经受住灯具内光源点燃时所产生的热量，即各个部分所达到的最高温度必须在各自允许温度之下。

对于全封闭灯具，通常应采取一些措施，尽量降低灯具内的温度。这样，既可使光源维持其正常的工作温度，处于最佳工作状态，也可延长透光罩等部件的使用寿命。采取的措施之一是加大灯具容积。光源瓦数越大，灯具容积就应越大。还可在壳体表面加上散热片，以利于灯具散热。

（4）电气安全性能　现代灯具设计中应用到大量金属材质，需要从安全角度充分考虑灯具的绝缘性能。应使操作人员可触及的各个部位，在电气上都达到安全可靠程度。等同采用 IEC（国际电工委员会）标准的 GB 7000.1—2005《灯具　第 1 部分：一般要求和实验》，根据灯具所提供的防触电保护程度将其分成四类，其中 0 类（无接地保护）灯具不得在道路照明中使用。灯具内所采用的导线最小尺寸（截面）应适合实际负荷；导线的绝缘应经受住灯具内的温度和很高的触发电压。

（5）灯具质量、安装、维护和造型　灯具要轻，安装维护要方便，造型要尽可能美观大方。灯具轻，则运输和施工方便，还可降低对灯杆强度的要求，因而可降低整个装置的造价。设计和制造灯具时，要充分考虑使用中的安装和维护，使工人安装、换灯和清扫方便，以降低工人劳动强度，提高工作效率。对安装在居住区和人行道等场所的装饰性灯具，要求其外表美观大方是不言而喻的。即使是常规路灯，也应在满足功能要求的前提下，尽可能做到美观。特别是越来越重视城市美化的今天，对灯具造型要求越来越高，这要求处理好灯具的功能性与装饰性之间的关系。任何时候都要尽可能做到灯具与周围环境相协调。

对于某些特定场所使用的灯具，还有特殊要求。如对于发生强烈振动的桥梁所安装的灯具，除满足上述要求外，还要具有较好的抗振性能。

以上对灯具的各项要求，除少数项目只能通过主观评价进行评定外，多数项目都可通过客观测试来评定。GB 7000.1《灯具　第 1 部分：一般要求和试验》详细规定了测试方法和标准，国家和地方已建立了若干灯具质检中心和质检站，只要看到经认证、授权的质检部门提供的灯具检测报告，其性能便一目了然。

5. 灯具布置及适用场所

（1）灯具布置　灯具布置包括灯具的安装高度、安装间距和布置方式。安装高度是灯具光中心至路面的垂直距离。安装间距是沿道路的中心线测得的相邻两个灯具之间的距离。布置方式可分为单侧布置、双侧交错布置、双侧对称布置、中心对称布置、横向悬索布置和双侧中心 - 对称布置等基本方式，如图 3 -9 所示。

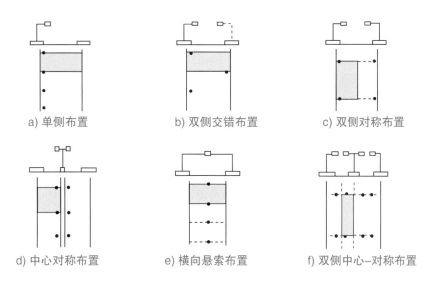

a) 单侧布置　　　　b) 双侧交错布置　　　　c) 双侧对称布置

d) 中心对称布置　　　e) 横向悬索布置　　　f) 双侧中心–对称布置

图3-9　灯具布置基本方式

（2）灯具布置的适用场所　道路照明灯具的设置方式和使用场所，一般按城市道路结构形式、宽度、车辆和行人的交通流量来确定。对于高架立体交路口、弯道、险道和大型广场，其布置要求比一般的直道连续照明复杂得多，照明要求也高得多。景观照明灯具的设置方式和使用场所，要综合考虑城市的自然、经济、历史、社会因素和区域发展。对于高大建筑物、古建筑、商业街区以及园林景观的照明，要体现夜间环境形态的合理组织和美学。

下面主要介绍几种典型的城市照明方式及灯具适用场所。

1）悬挑式照明。有杆顶式、单挑式和双挑式三种，灯杆布置在道路的绿化带或路肩上，沿道路的纵向延伸排列。采用的照明器为满足高效率、低眩光的要求，而采取一系列控光措施，其作用是重新分配光源的光通，以提高光的利用率和避免眩光。这种方式适用各种交通道路、广场、住宅区等户外开放空间。

2）装饰性照明。有分柱顶式、组合装饰型、树枝形式等。灯具一般采用装饰性材料围绕光源组合而成，以优美的造型美化环境，并适当顾及灯具效率和限制眩光等要求。由于装饰性灯具种类规格繁多，适用于步道、庭院、游览风景区的人行道，以及公园内照明。

3）组合式照明。有灯臂放射型、灯杆组合型、半高杆照明等多种形式。这种灯具除具有功能性灯具特性外，灯具的造型、结构根据不同的场所和使用功能、不同的地理环境与装饰艺术融为一体，既点缀美化市容，又达到了良好的照明效果，适用于广场及交叉路口中央绿岛，也可用于较宽阔道路的快慢车道的隔离带上。高杆照明灯具（杆高不小于20m）一般用于大面积广场、高架立体交叉路口、停车场和车站码头等场所的照明。

4）悬索式照明。有纵向和横向两种，如图3-10所示。

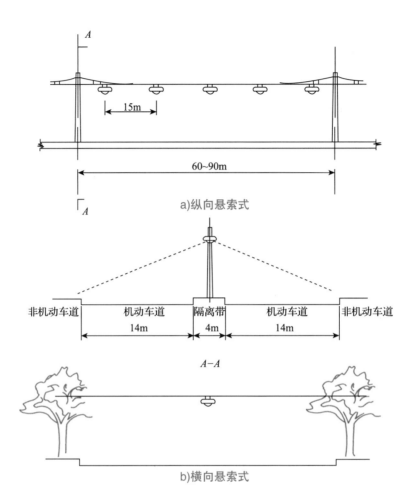

图 3-10　悬索式照明

　　悬索式照明与传统照明系统相比，其优点是容易获得良好的路灯照度（亮度）均匀度，尤其在潮湿路面更有利于纵向均匀度的提高，有利于限制眩光，易于显现路面上的标志和障碍物，具有良好的指示性。纵向悬索式照明适用于设在中间隔离带，路面较宽并要求照明水平高的道路，将灯杆设置在中间隔离带；横向悬索式照明有利于解决由于树木茂密而受遮光影响的街道照明问题，在道路两侧的建筑物上固定钢缆做悬索照明，与传统方式照明相比，结构简单、易于安装、免开挖管线且一次性投资费用较低。

3.2.2　灯杆

　　灯杆常见于道路照明，主要起支撑光源和灯具的作用。

1. 灯杆分类

　　（1）按材质分类　照明灯杆可分为木质、钢质、铁质、铝合金、玻璃钢和水泥等。不同材质灯杆的特点见表 3-3。

044

表 3 - 3　不同材质灯杆的特点

材质	优点	缺点
木质	质量轻；环保美观	易腐蚀、高度受限制，造型少
钢质	寿命长；强度大	上色易脱落，焊点易生锈；质量重、价格、运输成本高
铁质	强度好	易腐蚀生锈；重量是铝的三倍，运输、安装成本高；回收价值低；安装方式较复杂；表面要进行喷涂处理
铝合金	防腐性能好，免维护；质量轻，运输、安装方便；表面处理方式较多；使用寿命长；可 100% 回收，熔炼温度低，节能减排；安装方式简单；抗风性强、振幅小	材料成本较高
玻璃钢	质量轻；安装方式简单	使用寿命短，维护费用高；没有回收价值，处理非常困难和昂贵；紫外线对杆体的破坏非常严重；容易被外界器械损伤
水泥	安装方式简单	质量重，运输成本昂贵；无回收价值；安装设备昂贵，安装困难

（2）按灯杆高度分类　道路照明灯杆可分为常规灯杆、半高杆（或中杆）、高杆三大类。

1）常规灯杆的高度在 15m 以下，有木质、水泥、钢质和玻璃钢灯杆等。

2）半高杆高度在 15～20m 之间，材质以钢质为主，是道路照明中使用最为广泛的灯杆，具备美观、坚固、耐用等优点。

3）高杆高度在 20m 以上，材质以钢质为主。高杆照明是进行大面积照明的一种方式，适用于复杂的高架立体交叉路口、会合点、停车场、高速公路服务区等场所。具有照明范围广、光通利用率高、亮度均匀等优点。

（3）按杆顶上的灯臂（架）形式分类　可分为单挑、双挑和多挑臂架三类，如图 3 -11 所示。单挑臂架是指灯杆外形只有一个臂；双挑臂架是指灯杆外形有两个臂，可以向两边伸出，也可以向同侧伸出；依此类推到多挑臂架。臂架的直径根据灯臂悬挑的长度和照明器的安装口径确定，是安装照明器的主要部件。灯杆、灯臂一次成形的单挑臂架，配照明器的接口钢管可另行焊接。灯臂的仰角必须根据道路的宽度、灯的间距计算确定，角度值一般为 5°～15°。

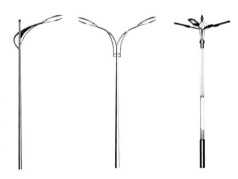

图 3 -11　灯臂形式

（4）按杆型分类　钢质灯杆常见的杆型包括圆锥杆、多边形锥形杆、等径杆等。常见型式如六角、八角、十二角、方管、螺纹和竹节灯杆等。通常为整块钢板经裁剪后一次折边成型,灯杆锥度比一般为 1% ~ 1.25%,采用 Q235 型等优质钢板,常规灯杆壁厚不小于 3.5mm 或 4.0mm。锥形灯杆的优点是结构合理,外形新颖美观,施工安装方便。

2. 钢质灯杆的安装方式

钢质灯杆的安装方式分为直埋式、法兰盘式和可倾式三种。直埋式安装简单,将整个灯杆直接埋入土坑内,回土夯实或现场浇筑混凝土固定,其缺点是灯杆维护更新必须重新浇筑。法兰盘式灯杆是由灯杆底部法兰盘与预制的钢筋混凝土基础底脚螺栓连接,安装极为简便,更换灯杆无需重做基础,这是目前使用最为广泛的安装方式。由于灯杆安装受环境限制或缺乏相应的维护设备,可选择可倾式灯杆。可倾式灯杆多采用机械、液压系统,操作简便、安全性好,但一次性投资较高。

3. 灯杆的维护门框

灯杆维护门内有电器件、电缆接线头和熔断器等,维护门框的尺寸大小、离地高度按经验选定,考虑灯杆的强度,门框要补强,既要保证安全,又要安装、维护方便,更要考虑维护门锁的防盗功能。

3.3 电线、电缆

根据 CJJ 45—2015《城市道路照明设计标准》,城市道路配电系统宜采用地下电缆线路供电,当采用架空线路时,宜采用架空绝缘配电线路。为了保障城市基础设施运行安全、营造整洁优美的市容环境,城市照明采用地下电缆线路供电已成为必然趋势。

3.3.1 电线、电缆分类及型号

电线、电缆是用于电力、通信及相关传输的介质。"电线"是指有或无外包绝缘的柔性圆柱形导体,其长度远大于其截面尺寸。"电缆"是指具有外保护层并且可能有填充、绝缘和保护材料的一个或多个导体的组合体。"电线"和"电缆"没有严格界限,电线与电缆相比,电线芯数少、产品直径小、结构简单。

1. 线缆分类

线缆主要由线芯与绝缘两个主要部分组成,可分别依据线芯与绝缘进行分类。

(1)根据线芯材料分类 根据线芯的材料不同,线缆分为铜芯、铝芯两种类型。铜芯线缆以其导电能力强、抗机械损伤的能力好等优点,在目前低压供电系统中得到广泛应用;但铝芯线缆以其重量轻、价格便宜等优势,在通过铜铝过渡处理后,也有着广阔

的市场。近几年，由于铜材价格的不断上涨，铜芯线缆的造价越来越高，在生产中又出现了合金芯线缆、铜包铝芯线缆。

（2）根据绝缘类型分类　根据绝缘类型不同，线缆可分为橡胶、塑料、纸绝缘等几种类型。塑料绝缘线缆以其价格便宜、绝缘效果好、施工工艺简单等优点，在线缆产品中占有重要地位。以电缆为例，根据材质不同，塑料绝缘电缆又分为聚氯乙烯绝缘护套电力电缆、高低压交联电缆两类，其主要用途和使用特性见表 3 - 4。

表 3 - 4　塑料绝缘电缆的分类

类型	用途	使用特性
聚氯乙烯绝缘护套电力电缆	适用于交流 50Hz，额定电压 0.6/1kV 的线路中，供输配电能	1）电缆导体的最高额定温度为 70℃ 2）短路时（最长持续时间≤5s）电缆导体的最高温度应≤160℃ 3）敷设电缆时的环境温度≥0℃，最小弯曲半径应不小于电缆外径的 10 倍
高低压交联电缆	用于额定电压 0.6/1、1.8/3、3.6/6、6/10、8.7/15、12/20、18/30、21/35、26/35kV 输配电系统	1）电缆的敷设温度：≥0℃，<0℃时必须预先加温 2）电缆导体的长期允许工作温度：≤90℃ 3）短路时（最长持续时间≤5s）电缆的最高工作温度 250℃ 4）电缆的允许弯曲半径（mm）：单芯电缆 $[20(D+d)+5\%]$；多芯电缆 $[15(D+d)+5\%]$（D 为电缆的实际外径；d 为电缆导体的实际外径） 5）敷设落差：电缆敷设不受水平落差限制

2. 线缆型号

不同类型的线缆有多种型号，每种型号的线缆具有不同用途以电缆为例。

（1）聚氯乙烯绝缘护套电力电缆　根据材质不同，聚氯乙烯绝缘护套电力电缆可分为 VV（VLV）、VY（VLY）、VV_{22}（VLV_{22}）、VV_{23}（VLV_{23}）、VV_{32}（VLV_{32}）、VV_{33}（VLV_{33}）、VV_{42}（VLV_{42}）、VV_{43}（VLV_{43}）等型号，不同型号线缆的主要型号及用途见表 3 - 5。

表 3 - 5　聚氯乙烯绝缘护套电力电缆的主要型号及用途

型号	名称	主要用途
VV（VLV）	铜芯（铝芯）聚氯乙烯绝缘聚氯乙烯护套电力电缆	敷设在室内、隧道及管道中，电缆不能承受压力和机械外力作用
VY（VLY）	铜芯（铝芯）聚氯乙烯绝缘聚乙烯护套电力电缆	
VV_{22}（VLV_{22}）	铜芯（铝芯）聚氯乙烯绝缘钢带铠装聚氯乙烯护套电力电缆	敷设在室内、隧道及管道中，电缆能承受压力和机械外力作用
VV_{23}（VLV_{23}）	铜芯（铝芯）聚氯乙烯绝缘钢带铠装聚乙烯护套电力电缆	

型号	名称	主要用途
VV₃₂（VLV₃₂）	铜芯（铝芯）聚氯乙烯绝缘细钢丝铠装聚氯乙烯护套电力电缆	敷设在室内、矿井、水中，电缆能承受相当大的拉力
VV₃₃（VLV₃₃）	铜芯（铝芯）聚氯乙烯绝缘细钢丝铠装聚乙烯护套电力电缆	
VV₄₂（VLV₄₂）	铜芯（铝芯）聚氯乙烯绝缘粗钢丝铠装聚氯乙烯护套电力电缆	敷设在室内、矿井、水中，电缆能承受相当的轴向拉力
VV₄₃（VLV₄₃）	铜芯（铝芯）聚氯乙烯绝缘粗钢丝铠装乙烯护套电力电缆	

（2）高低压交联电缆　高低压交联电缆在保持聚乙烯原有优良电气性能的前提下，将线性分子结构的聚乙烯（PE）材料通过特定加工方式，使其形成立体型网状分线结构的交联聚乙烯，使得长期允许工作温度由 70℃ 提高到 90℃（或更高），短路允许温度由 140℃ 提高到 250℃（或更高），显著提高了实际使用性能。这样在同材质、同截面且电流值相等时，交联电缆的寿命要长得多，但价格比全塑电缆要高。根据材质不同，高低压交联电缆可分为 YJV（YJLV）、YJY（YJLY）、YJV₂₂（YJLV₂₂）、YJV₂₃（YJLV₂₃）、YJV₃₂（YJLV₃₂）、YJV₃₃（YJLV₃₃）、YJV₄₂（YJLV₄₂）、YJV₄₃（YJLV₄₃）等型号，不同型号线缆的主要型号及用途见表 3-6。

表 3-6　高低压交联电缆的主要型号及用途

型号	名称	主要用途
YJV（YJLV）	铜芯（铝芯）交联聚乙烯绝缘聚氯乙烯护套电力电缆	敷设在室内、隧道及管道中，电缆不能承受压力和机械外力作用
YJY（YJLY）	铜芯（铝芯）交联聚乙烯绝缘聚乙烯护套电力电缆	
YJV₂₂（YJLV₂₂）	铜芯（铝芯）交联聚乙烯绝缘钢带铠装聚氯乙烯护套电力电缆	敷设在室内、隧道及管道中，电缆能承受压力和机械外力作用
YJV₂₃（YJLV₂₃）	铜芯（铝芯）交联聚乙烯绝缘钢带铠装聚乙烯护套电力电缆	
YJV₃₂（YJLV₃₂）	铜芯（铝芯）交联聚乙烯绝缘细钢丝铠装聚氯乙烯护套电力电缆	敷设水中或高落差地区，电缆能承受机械外力作用和相当大的拉力
YJV₃₃（YJLV₃₃）	铜芯（铝芯）交联聚乙烯绝缘细钢丝铠装聚乙烯护套电力电缆	
YJV₄₂（YJLV₄₂）	铜芯（铝芯）交联聚乙烯绝缘粗钢丝铠装聚氯乙烯护套电力电缆	敷设水中或高落差地区，电缆能承受机械外力作用和相当的轴向拉力
YJV₄₃（YJLV₄₃）	铜芯（铝芯）交联聚乙烯绝缘粗钢丝铠装聚乙烯护套电力电缆	

除以上通用型号外，各厂家根据实际需求，开发出阻燃、防水、防鼠和防白蚁等特殊型号的电缆。如阻燃聚氯乙烯绝缘聚氯乙烯护套电力电缆（ZR-VV）、阻燃交联聚乙烯绝缘聚氯乙烯护套电力电缆（ZR-YJV）等。

3.3.2　电线、电缆截面

截面是线缆的一个重要指标。由于城市照明负荷的特点是工作电流较小，输送距离相对比较远，因此，线缆截面主要取决于5s内切断末端短路故障所需的截面。城市照明中线路末端电压不低于198V。在表箱或照明灯具专用变压器附近的出线，工作电流集中，实际工作电流小于电缆芯线允许的长期工作电流。城市照明线缆无论是穿管还是直埋，都要配置电流保护设备，当线路由于某种原因，使实际工作电流大于允许的长期工作电流或发生短路故障时，都要能及时切断电源。为便于实际运行时可以灵活地调整线路，照明用干线一般从始端到末端截面要相同。

目前，我国380V～35kV电缆的导电部分截面积有：2.5、4、6、10、16、25、35、50、70、95、120、150、185、240、300、400、500、630和800mm^{2}等规格，其中16～400mm^{2}的12种是常用规格。芯数有单芯、2芯、3芯、4芯、5芯、3+1芯、3+2芯和4+1芯等规格，如图3-12所示。

单芯电缆

2芯电缆

3芯圆形电缆

3芯扇形电缆

3芯扇形电缆

4芯圆形电缆

4芯扇形电缆

3+1芯圆形电缆

3+1芯扇形电缆

5芯圆形电缆

3+2芯圆形电缆

4+1芯圆形电缆

图 3-12　电缆截面的主要类型

3.4 配电变压器

配电变压器是指用于配电系统中根据电磁感应定律变换交流电压和电流而传输交流电能的一种静止电器，是城市照明配电系统中的重要组成部分。过去，我国城市道路照明主要利用公用变压器供电。随着道路照明事业的发展，特别是经济发达地区对城市道路照明要求的提高，城市道路照明已逐步转变成由专用变压器供电。

3.4.1 变压器基本结构与分类

1. 变压器基本结构

变压器基本结构部件包括铁心、绕组和绝缘三部分。此外，为了安全可靠运行，还装设有油箱、冷却装置、保护装置等。变压器的基本结构，如图3-13所示。

现以电力系统中使用最为广泛的三相油浸式电力变压器为例，其外形如图3-14所示。

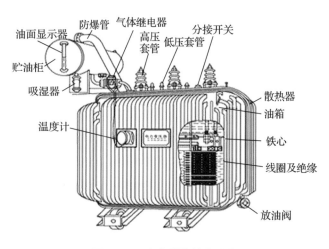

图3-13 变电器的基本结构

图3-14 三相油浸式电力变压器的外形

2. 变压器分类

按照不同的分类方式，电力变压器可分为不同类型，见表3-7。

表3-7 电力变压器分类

分类方式	类型
用途	升压变压器、降压变压器、配电变压器、联络变压器和厂用变压器
绕组型式	双绕组变压器、三绕组变压器、自耦变压器
相数	单相变压器、三相变压器

（续）

分类方式	类型
调压方式	无调压变压器、无励磁调压变压器、有载调压变压器
冷却方式	自冷变压器、风冷变压器、强迫油循环自冷变压器、强迫油循环风冷变压器、强迫油循环水冷变压器、强迫导向油循环风冷变压器和强迫导向油循环水冷变压器

3.4.2　变压器型号

根据 JB/T 3837－2016《变压器类产品型号编制方法》，电力变压器产品型号的组成形式如图 3－15 所示。

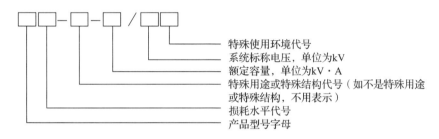

图 3－15　电力变压器产品型号的组成形式

产品型号通常由表示相数、冷却方式、调压方式、绕组线芯等材料符号，以及变压器容量、额定电压、绕组连接方式组成。产品型号采用汉语拼音大写字母来表示产品的主要特征，变压器型号及符号含义见表 3－8。变压器型号后边的数字部分，斜线左边表示额定容量（千伏安），斜线右边表示系统标称电压（千伏）。

表 3－8　变压器型号及符号含义

序号	分类	含义		代表字母
1	线圈耦合方式	独立		－
		自"耦"		O
2	相数	"单"相		D
		"三"相		S
3	绕组外绝缘介质	变压器油		－
		空气（"干"式）		G
		"气"体		Q
		"成"型固态	浇注式	C
			包"绕"式	CR
		高"燃"点绝缘液体		R
		植"物"油		W

（续）

序号	分类	含义		代表字母
4	绝缘系统温度①	油浸式	105℃	－
			120℃	E
			130℃	B
			155℃	F
			180℃	H
			200℃	D
			220℃	C
		干式	120℃	E
			130℃	B
			155℃	－
			180℃	H
			200℃	D
			220℃	C
5	冷却装置种类	自然循环冷却装置		－
		"风"冷却器		F
		"水"冷却器		S
6	油循环方式	自然循环		－
		强"迫"油循环		P
7	绕组数	双绕组		－
		"三"绕组		S
		"分"裂绕组		F
8	调压方式	无励磁调压		－
		有"载"调压		Z
9	线圈导线材质②	铜线		－
		铜"箔"		B
		"铝"线		L
		"铝箔"		LB
		"铜铝"组合③		TL
		"电缆"		DL
10	铁心材质	电工钢		－
		非晶"合"金		H

序号	分类	含义		代表字母
11	特殊用途或特殊结构④	"密"封式⑤		M
		无励磁"调"容用		T
		有载"调"容用		ZT
		发电"厂"和变电所用		CY
		全绝缘⑥		J
		同步电机"励磁"用		LC
		"地"下用		D
		"风"力发电用		F
		"海"上风力发电用		F（H）
		三相组"合"式⑦		H
		"解体"运输		JT
		内附串联电抗器		K
		光伏发电用		G
		智能电网用		ZN
		核岛用		1E
		电力"机车"用		JC
		"高过载"用		GZ
		卷（"绕"）铁心	一般结构	R
			"立"体结构	RL

① "绝缘系统温度"的字母表示，应用括号扩上（混合绝缘应用字母"M"和所采用的最高绝缘系统温度所对应的字母共同表示）。

② 当调压线圈或调压段的导线材质为铜、其他导线材质为铝时表示铝。

③ "铜铝"组合是指采用铜铝组合线圈（如：高压线圈采用铜线或铜箔、低压线圈采用铝线或铝箔，或低压线圈采用铜线或铜箔、高压线圈采用铝线或铝箔）的产品。

④ 对于同时具有两种及以上特殊用途或特殊结构的产品，其字母之间用"·"隔开。

⑤ "密"封式只适用于系统标称电压为 35kV 及以下的产品。

⑥ 全"绝"缘只适用于系统标称电压为 110kV 及以上的产品。

⑦ 三相组"合"式只适用于系统标称电压为 110kV 及以上的三相产品。

例如，一台三相、油浸、风冷、双绕组、无励磁调压、铜导线、200kV·A、10kV 级电力变压器产品，其产品损耗水平符合 GB/T 6451—2015《油浸式电力变压器技术参数和要求》的规定，该产品型号为：SF11－200/10。

目前，S11（D11）、S13（D13）及以上型号系列是城市照明所用配电变压器的主导产品。

3.4.3 变压器主要性能参数

变压器主要性能参数包括额定参数、联结组标号、总损耗与损耗比、空载电流及短路阻抗等。

1. 额定参数

变压器额定参数的数值能够表示其运行特征，具体包括额定容量、额定电压、额定电流、额定频率及额定温升等。

（1）额定容量　标注在绕组上的视在功率的指定值，与该绕组的额定电压一起决定其额定电流。

（2）额定电压　在三相变压器线路端子之间，或者在单相变压器端子之间，指定施加的或空载时感应出指定的电压。

（3）额定电流　流过绕组线路端子的电流，它等于绕组额定容量除以绕组额定电压和相应的相系数。

（4）额定频率　变压器类产品设计所依据的交流电源频率。

（5）额定温升　在设计规定的环境温度下，变压器类产品的最高允许温升（某一部位的温度与冷却介质温度之差）。

2. 联结组标号

联结组标号是指用一组字母及钟时序数来表示变压器高压、中压（如果有）和低压绕组的联结方式以及中压、低压绕组对高压绕组相对相位移的通用标号。三相绕变压器的三个相绕组或组成三相绕组的三台单相变压器同一电压的绕组联结成星形、三角形或曲折形时，对于高压绕组应用大写字母 Y、D 或 Z 表示；对于中压或低压绕组应用同一字母的小写字母 y、d 或 z 表示。对于有中性点引出的星形或曲折联结应用 YN（yn）或 ZN（zn）表示。这同样适用于每相绕组中性点端子分别引出，再联结在一起形成实际运行中的中性点的变压器。变压器高压、中压、低压绕组的字母标识应按额定电压递减的顺序标注，不考虑功率流向。在中压绕组及低压绕组的联结组字母后，紧接着标出其相位移钟时序数。

在城市照明配电系统中，变压器的联结组标号主要包括 Dyn11、Yyn0 和 Yzn0 三种，它们的二次侧运行方式都为三相四线制。但是，不同的联结组标号具有不同的使用条件，见表 3-9。

表 3-9 变压器联结组标号及使用条件

联结组标号	使用条件
Dyn11	以 220V 负荷为主，中性点偏移较小
Yyn0	以 220V 负荷为主，中性点偏移较大
Yzn0	以 220V 负荷为主，雷电活动频繁地区

Dyn11 三相配电变压器是指高压绕组为三角形、低压绕组为星形且有中性点和"11"的三相配电变压器，Dyn11 有利于抑制高次谐波，且比 Yyn0 的零序阻抗要小得多，有利于单相接地短路故障的切除。此外，Yyn0 变压器要求中性线电流不超过低压绕组额定电流的 25%，严重限制了接用路灯这类单相负荷的平衡度，影响了变压器设备能力的充分利用，因而在道路照明配电系统中，推荐采用 Dyn11 配电变压器。

3. 总损耗与损耗比

总损耗包括空载损耗和负载损耗两部分。

(1) 空载损耗 当以额定频率的额定电压（分接电压）施加于一个绕组的端子上，其余绕组开路时，变压器所吸取的有功功率。

(2) 负载损耗 对于双绕组变压器（对于主分接），是指在带分接的绕组接处于其主分接位置下，当额定电流流过一个绕组的线路端子且另一个绕组短路时，变压器在额定频率下所吸取的有功功率；对于多绕组变压器（指一对绕组的，且对于主分接），是指在带分接的绕组接处于其主分接位置下，当该对绕组中的一个额定容量较小的绕组的线路端子上流过额定电流时，另一个绕组短路且其余绕组开路时，变压器所吸取的有功功率。

(3) 损耗比 负载损耗与空载损耗之比。

4. 空载电流

当以额定频率的额定电压施加于一个绕组的端子上，其余绕组开路时，流过线路端子的电流。

5. 短路阻抗（一对绕组的）

一对绕组中某一绕组端子间的在额定频率及参考温度下的等值串联阻抗，单位为 Ω。此时，该对绕组中另一绕组的端子短路，其余绕组（如果有）开路。对于三相变压器，此阻抗是指每相的（等值星形联结）。对于带有分接绕组的变压器，短路阻抗是指某一分接位置上的。如无另外规定，则是指主分接上的。

第二篇

规划设计篇

　　城市照明规划设计是利用各种光源的不同发光特性、多种色彩分布和新颖的灯具造型，运用灯光的扬抑、隐现、动静及投光角度变化，结合城市文化及照明功能需求，规划设计光的造型、韵律和节奏等，达到亮化、美化城市的目的。城市照明规划设计是城市照明工程实施的重要前提和基础，同时也是城市照明和谐有序发展的根本保证。特别是在当今建设智慧城市，追求以人为本，实现可持续发展的大背景下，做好城市照明规划设计工作具有重要的现实意义和长远的历史意义。

　　本篇分两章分别阐述城市照明规划与设计。"城市照明规划"一章在明确城市照明规划原则、内容及方法的基础上，分别针对城市道路照明和景观照明概括了规划内容和方法。"城市照明设计"一章分别针对城市道路照明、景观照明和照明接地防雷与防火概括了设计内容和方法。

第4章
城市照明规划

04/

城市照明规划是在城市总体规划指导下的一个专项规划，它是城市规划的重要组成部分。城市照明主管部门应当会同有关部门，依据城市总体规划，组织编制城市照明专项规划，并报同级人民政府批准后组织实施。

4.1 城市照明规划的原则、 内容及方法

4.1.1 城市照明规划的作用和原则

城市照明规划必须符合城市总体规划对城市定位的要求，与城市的历史文化、景观特征、经济和资源状况、居民生活习惯与心理需求相协调，同时，也要遵循道路照明与景观照明协调发展的原则。其中，道路照明是满足人们生活、行动必不可少的公用设施；景观照明则是在经济、

图4-1 某城市广场景观照明

社会发展的基础上满足人们对更深层次美的追求。例如，广场上的景观灯饰和建筑立面照明等（见图4-1），其主要目的是满足人们的审美需求和构建城市整体形象。

1. 城市照明规划的作用

（1）城市照明规划是城市总体规划的完善和延伸 城市照明规划是城市规划中的一个专项规划，相互之间的关系如图4-2所示。在城市总体规划原则指导下，城市照明规划根据城市功能分区，结合城市自然地理环境、人文条件、景观特征、光环境表现要素及人类光视觉特性，综合考虑照明产生的各种影响，对不同区域的照明效果提出要求，使城市总体规划更具可实施性。

（2）城市照明规划是进行城市照明设计的前提和基础 城市照明规划对城市照明设计有重要的指导意义。城市照明规划强调以人为本，以人类利用为导向；城市照明规划

关注城市经济文化，强调对城市资源的合理配置和利用。系统、科学、可实施的城市照明规划是做好城市照明设计的前提，在城市照明规划指导下，不仅可以避免城市照明设计中可能存在的盲目性，而且为城市照明设计中兼顾经济效益、社会效益和环境效益奠定良好基础。

（3）城市照明规划是指导城市照明和谐有序发展的重要依据　城市照明规划综合研究城市性质、发展定位、地域文化及规模与空间形态，根

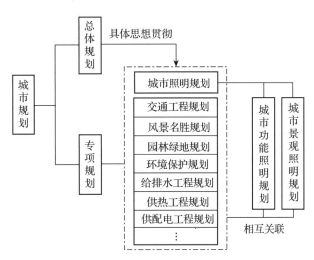

图 4-2　城市照明规划与城市规划的关系

据城市自然与人文景观分布特征，统筹安排城市照明的艺术风格和照明水平，从而使城市照明的远期发展与近期建设相协调。城市照明规划是城市照明工程建设和运行管理的重要依据，对于城市照明新建工程、照明设施日常维护及改造工程发挥着重要指导作用。

2. 城市照明规划的原则

为适应不同城市的发展需要，城市照明规划应充分考虑各个城市的自然环境、人文条件、经济发展等差异性，遵循加强协调发展、优先保障功能、强化城市定位、反映城市特色、注重与人和谐、关注经济发展和重视节能环保等原则。

（1）加强协调发展　城市照明规划应注重道路照明与景观照明的协调发展，道路照明作为城市夜景观的重要组成部分，应逐渐加强功能性与美观性的融合，结合标志性景观照明，共同组成和谐统一的城市夜景景观形态。

（2）优先保障功能　城市照明规划应优先保障道路照明的功能性，适应城市发展需要，科学控制照明范围和规模，为机动车驾驶人、行人和非机动车骑行者提供舒适安全的视觉环境，保障人民群众的生命和财产安全。

（3）强化城市定位　随着时代发展，城市自然条件、内部活动需求和生产要素结构等因素会发生变化，这些变化因素影响着城市的发展和定位，如某些城市定位为旅游城市、工业城市等。城市照明规划应紧密结合城市定位，以城市总体规划为依据，合理梳理城市空间要素，充分表现符合城市定位的照明氛围，进一步强化城市定位。

（4）反映城市特色　每个城市由于地理位置和历史发展轨迹不同，拥有独特的城市特色与文化。但目前有许多城市夜间景观面临"特色危机"，照明表现往往是"千城一面"，使城市失去自身的文脉和文化个性。城市照明规划应在充分了解城市自然环境和历

史文化脉络的基础上，提炼地域文化精髓，通过合理组织安排，使城市照明表现出城市的地域特色和时代精神。例如，可将城市的某些文化图腾安排到灯具造型设计中，有利于展现城市特色。

（5）注重与人和谐　城市发展建设应更好地满足人们的各种物质和精神需求。随着人们审美意识的提高和对环境品质的追求，城市人群不再仅仅满足于明亮的都市环境，而是倾向于从高水平的城市照明中得到艺术欣赏的乐趣。为此，城市照明规划应利用亮度分区、照度分级、不同光色等技术手段体现城市夜间景观照明的艺术性，通过灯具选型等方式展示城市夜间景观的多样性，满足人们的艺术欣赏要求，使之达到与人和谐。

（6）关注发展效益　随着人们夜间休闲、购物活动的增加，夜间景观作为城市资产的一部分，对城市商业活动的刺激和推动城市旅游业及相关产业发展的作用日益彰显。夜间景观建设的经济效益、社会效益等应纳入城市照明规划的考虑范畴。城市照明规划除需要强化已有繁华商业区段外，更应兼具培育有价值、有潜力的商业区段的作用，这样才能真正起到配合城市发展、推动城市经济繁荣的作用。同时，城市照明规划编制也应考虑城市经济发展水平与经济承受力，做到量入为出，否则，规划目标将难以实现，并带来较大经济负担，得不偿失。

（7）重视节能环保　城市照明规划应以功能照明为主，适度发展景观照明。要通过城市照明规划，严格控制景观照明的范围、照（亮）度和能耗密度指标，明确节电指标和措施，做到合理布局、主次兼顾、重点突出且特色鲜明。要深入挖掘城市照明节能潜力，预先做好节能规划，合理控制城市照明建设规模，杜绝高耗能、低能效的照明建设，从源头上实现节能。

4.1.2　城市照明规划的内容和方法

城市照明规划的编制对象是按国家行政建制设立的市和镇，规划期限应与城市总体规划期限保持一致。规划编制主要分为城市照明总体规划及城市照明详细规划两个阶段，编制内容和深度视具体情况而定，大城市或情况复杂的城市也可组织编制分区规划等。

城市照明总体规划是对一定时期内城市照明发展目标、发展规模、城市照明分区、城市景观照明架构及各项建设的综合部署和原则指导。城市照明总体规划需要协调处理道路照明与景观照明、近期建设与远期发展的关系，为城市照明的建设、管理，以及城市照明详细规划和设计提供指导和依据。城市照明详细规划是对一定时期内城市局部区域照明建设与发展所做的具体安排，包括详细确定建设用地照明的各项控制指标，对某些城市重点地段的照明建设提出规划方案设计等。

1. 城市照明规划内容

（1）城市照明总体规划内容　城市照明总体规划是城市照明建设的纲领，具体包括以下内容。

1）总则。包括规划编制依据、规划范围、规划期限、规划原则与目标等。其中，城市照明总体规划依据通常包括：城市总体规划，交通、旅游业或水系等专项规划，国家和地区相关法规政策、发展纲要，相关标准及规范等。规划范围通常界定规划用地面积，提出重点规划范围。还需要结合城市总体规划，制定规划期限、原则及目标。

2）城市照明现状分析。城市或区域范围内的现有照明状况会对城市照明未来规划产生影响。城市照明现状分析包括对已建照明工程的时间、规模、投资额等情况进行分析，从"点、线、面"等层面进行照明覆盖率的调研分析，以及对城市照明是否与城市发展相协调、能否反映城市特色、是否满足国家相关照明标准进行全面考查等。城市照明现状分析有利于发现城市现有照明存在的问题与不足，从而为有针对性地改善城市照明奠定基础。

3）城市照明规划定位与发展目标。城市照明规划定位与发展目标应与城市总体规划协调一致，充分结合城市特色风貌、城市形象、经济发展水平等确定城市照明发展目标。

4）城市照明空间结构体系与分级。城市照明空间结构是城市总体规划的核心内容，应根据城市空间结构，分析城市空间布局，提出照明分区定位，进而构建城市照明框架体系，并根据照明对象的功能、性质、地理位置、对城市夜间环境形象塑造的作用和重要程度，对城市照明框架体系中的道路、节点和区域进行分级。

5）城市道路照明总体规划。城市道路照明总体规划是保证城市照明总体规划效果的基础。城市道路照明总体规划应根据城市用地和道路交通规划，确定道路照明总体结构与布局。要根据城市道路类型、空间结构、景观价值及所处城市照明区域，提出道路照明分级，确定规划控制指标和技术要求，主要包括：道路平均照（亮）度、照（亮）度均匀度及功率密度；道路照明光源、灯杆、灯具选择及灯具布置原则要求，以及其他功能照明的规划和设置原则要求；道路照明用电负荷；照明光污染控制要求，节能目标和实施建议等。此外，还应根据城市供电网络规划和建设要求，确定道路照明供电系统规划方案等。

6）城市景观照明总体规划。城市景观照明总体规划是城市照明总体规划的重要组成内容。要根据城市照明发展目标、景观特征和公众夜间活动规律，对景观照明对象的种类、数量、特点、空间关系和夜间使用频率等进行综合分析，提出景观照明架构，确定景观照明标准，针对不同功能区的照明提出控制要求和指标，为下一步景观照明设计起到重要的指导作用。

7）夜间活动的组织与利用规划。夜间活动的组织与利用规划包括对夜景旅游的规划、传统节日庆典的夜间活动规划等。通过对夜间活动的组织和利用，有利于提高城市的经济效益和社会效益，如北京长安街夜景、上海浦东夜景、山城重庆夜景等。夜景旅游规划考虑的主要因素包括经济因素、旅游资源、人文需求和视觉特性等。

8）城市照明节能环保要求。城市照明总体规划对城市照明节能环保的作用十分关键。通过城市照明总体规划，可以对城市道路和景观照明的功率密度、亮度范围、安装功率等进行控制，从而在保证正常使用的前提下，达到节能目的。同时，可通过采用光污染分区防治标准规范照明方式，提高照明质量，减少光污染影响等。有关城市照明节能的相关要求详见本书第12章。

9）城市照明工程分期建设与管理的建议。城市照明工程建设是一个可持续发展过程，应充分考虑城市总体经济发展水平及各期建设的衔接和照明的均衡性，制定建设实施规划。主要包括近期和远期建设规划，并结合城市照明建设的现存问题，从技术、管理等角度提出实施建议。

（2）城市照明详细规划内容　城市照明详细规划针对一定区域或范围内相对确定的对象进行编制，是在城市照明总体规划的基础上，更加深化和细化的实施性规划，应达到指导下一步方案设计阶段工作的深度。城市照明详细规划包括详细确定建设用地照明的各项控制指标，并对某些城市重点地段的照明建设提出规划设计方案。城市照明详细规划主要包括以下内容。

1）规划范围及制定详细规划的依据和原则。

2）照明现状分析。详细规划应进一步对城市道路和景观照明的基本特征和现状进行详细调查分析，总结目前存在的问题。

3）道路照明详细规划。应根据城市详细规划中的道路交通规划、空间布局及城市设计要求，确定道路照明分级，提出各级道路及与其相连的特殊场所照明控制指标与技术要求。主要包括：路面照明平均照（亮）度、照（亮）度均匀度、眩光限制阈值增量、环境比及功率密度值；照明光源类型、色温值范围、一般显色指数范围等技术要求；提出灯杆与灯具的尺寸、形式、材质、色彩等要求；确定道路照明光源功率、灯具布置方式、灯具安装高度及布置间距等要求；估计道路照明负荷，确定供配电电压等级，变配电站的类型、容量及布局，供配电线路铺设方式、路径等。

4）景观照明详细规划。综合考虑人群活动规律、环境氛围、照明对象的景观价值等，确定夜间景观视轴、视点、重要节点及地标性建（构）筑物。应提出规划区域内照明对象的照（亮）度水平、光源颜色、动态效果等具体要求，并对重点景观照明对象进行照明概念设计。

5）照明工程近期建设项目计划、整改对策、投资与能耗概算等。

2. 城市照明规划方法

针对城市照明规划中的照明现状分析、照明空间组织、夜景旅游规划等方面的内容，均有相应的规划方法。除基本的访谈、实地考察、案例研究外，还可综合运用城市意向分析、SWOT 分析、"点线面体"结合和综合评价等方法，研究制定城市照明规划中的不同内容。

（1）城市意向分析法　城市意向分析是一种通过研究人对城市环境的感知状况来研究城市物质形态与文化意义的方法。对城市意向的认知主要通过认知地图法进行。认知地图法是综合认知心理学的空间分析技术与社会调查方法的一种研究城市景观、场所等意向的有效途径。城市意向是一种复合感受，这种感受可以借助于一些简单的点、线、面等图形语言和标注进行描述，而这些简单的图形及其组合便构成认知地图。认知地图主要通过实地踏勘和市民访谈获得，观察者对所确定的区域进行系统的现场踏勘，或通过访谈引导城市居民表达出对特定城市或其部分区域的意向，运用特定的符号语言将所出现的各种成分记录下来，标明其可见性，形象强弱程度、连续或中断状况等。

（2）SWOT 分析法　SWOT 分析是指通过调查，将与研究对象密切相关的各种主要优势因素（Strengths）、弱势因素（Weaknesses）、机会因素（Opportunities）和威胁因素（Threats）罗列出来，并依照一定次序按矩阵形式排列组合，运用系统分析思想，将各种因素相互匹配起来加以分析，从中得出结论。城市照明总体规划中通过运用 SWOT 分析法，可以系统剖析城市照明发展态势，帮助相关人员选择和制定照明发展战略。SWOT分析法可应用于规划目标的建立和对规划实施过程的动态反馈调整等环节。

（3）照明空间组织法　具体包括以下几种方法。

1）点、线、面、体结合。平原地区的城市照明规划通常采用点、线、面结合的规划方法，地处山区的城市照明规划则需要考虑特殊地形地貌，采用点、线、面、体结合的规划方法。点就是景点，即城市的各个广场、公园、重点照明的建（构）筑物；线就是城市道路系统和桥梁等；面由点组合而成，又通过线将这些点联系起来。从城市照明的宏观效果看，不同景深的景物和建筑群体的照明立体综合效果称为体。采用点、线、面、体结合的规划方法，才能使城市照明呈现出多层次、立体化、高低错落的夜间景观。

2）纵向分层。纵向分层是指将城区从上到下、由远及近划分为多个层次。第一层次是主城区，主要由现代化的多、高层建筑物组成，多为商业区，较为繁华，宜用橙黄色光作为主色调，其中一些建筑物还可采用其他色光进行点缀，可采用颜色退晕推移处理手法，使照明颜色变化自然、协调。第二层次主要由住宅建筑组成，宜用白色光，采用居家照明的内透光照明方式和部分建筑的轮廓灯照明方式。第三层次是沿河、沿江、沿路的建筑，这些建筑简单处理即可。第四层次是水际线，城市的水际线是一道亮丽的风景。第五层次考虑少量古建筑的夜景照明。

3）横向分区。横向分区是指根据城市用地性质和地理状况，按行政办公、商业、居住、文化娱乐和风景等不同功能进行分区。对于不同功能分区，采用不同的视亮度水平、

063

光色、照明方式，使之符合功能分区特点。如行政办公区域，光色与光量应均匀统一，减少彩色照明灯的使用。商业区域则适当变化光色与光量，使区域气氛热烈繁华。需要注意的是，城市照明需要有一个照明标志物，其亮度应最大，成为视觉中心。繁华商业区的亮度应次于视觉中心，要高于办公、住宅等区域的亮度。

（4）综合评价法　综合评价法可广泛应用于规划方案的选择。通过设置不同维度的评价指标，设立相应权重并根据实际情况赋值，对各方案进行综合评判。以城市夜景旅游规划为例，可运用综合敏感度判定方法，设立相对视角敏感度、距离敏感度、视域内出现的概率敏感度和醒目程度敏感度四个维度，对旅游路线方案进行综合判定，确定最佳旅游线路。

4.2　城市道路照明规划

城市道路照明规划以城市总体规划为基础，以城市规划中所确定的道路等级为依据，结合城市道路不同功能特点和照明需求进行编制。城市道路照明要达到安全舒适、光污染少、节约能源、美化环境等要求。城市道路照明规划需要在调研城市道路照明现状的基础上，明确道路照明总体结构与分级体系，并提出规划控制标准和技术要求等。

4.2.1　城市道路照明现状调研

调研城市道路照明现状应分白天、夜晚两个时段进行。对灯杆、灯具材质、布置方式、外观和色彩等的调研，用于评估照明设施对白天城市景观的影响。对平均照（亮）度、照（亮）度均匀度、光源、色温、灯具布置方式和安装高度等的调研，用于评价现有照明水平。对标志和指引标识照明的调研，用于评价其设置是否恰当，照明是否合理。根据现状调研情况，分析总结现状照明存在的问题，为提出整改措施和规划编制提供依据。城市道路照明现状调研统计见表4-1。

表4-1　城市道路照明现状调研统计

道路及与其相连的特殊场所	基本特征	道路等级、断面形式、道路宽度、车道数和路面材质等
	照明现状	平均照（亮）度、照（亮）度均匀度、光源、功率、色温、灯具布置方式、安装高度、材质、外观和色彩等
标志和指引标识	照明现状	光源、功率、灯具布置方式和安装位置等

4.2.2　城市道路照明总体结构与分级

城市道路照明规划首先需要根据城市用地和道路交通规划，综合考虑人群活动规律、环境氛围等因素，确定道路照明总体结构与分级体系，以适应城市发展需求，充分体现城市特色。

1. 城市道路照明总体结构

道路照明是构成城市夜晚空间结构的主要载体，因此，其总体结构要以城市总体规划中对城市空间发展与结构布局的规定为基础。城市道路照明总体结构没有固定范式，一般可由点、线、面等要素有机组成。例如：可将城市中心、公园景区等作为点状要素，将交通路线作为线状要素，将城市分区作为面状要素等。

以《深圳市城市照明专项规划（2013—2020）》为例，道路照明总体结构作为城市照明总体结构的一个组成部分，与景观照明总体结构共同构成了城市照明总体结构。深圳市城市照明总体结构是立足于深圳一体化发展的城市道路网络、拥山滨海的带状空间形态和多样的城市文化而形成的，其道路照明总体结构是一个由"五横、八纵"线状要素构成的网架结构，如图 4-3 所示。

图 4-3　深圳市城市道路照明总体结构规划

2. 城市道路照明分级体系

各城市应在道路照明总体结构的基础上，依据城市详细规划中的道路交通规划、空间布局及城市设计要求，确定道路照明体系。CJJ 45—2015《城市道路照明设计标准》根据道路使用功能不同，对道路照明进行了分类与分级（详见表 1-1）。

在城市照明规划中，可进一步根据道路等级划分照明水平，建立城市整体的照明分级体系。例如，《北京市"十三五"时期城市照明专项规划》将道路照明水平划分为四个等级：特殊照明、一级照明、二级照明和三级照明。特殊照明道路包括特殊景观重要性道路；一级照明道路包括北京市各城区间、京津冀地区间重要高速公路及快速路联络线、城市快速路及城市主干道；二级照明道路包括城市次干道；三级照明包括城市支路。北京市中心城区道路照明等级规划如图4-4所示。

图4-4　北京市中心城区道路照明等级规划图

4.2.3　城市道路照明规划控制指标

为实现城市照明资源的合理配置，城市道路照明规划应在道路照明分级的基础上，根据 CJJ 45—2015《城市道路照明设计标准》，提出各级道路及与其相连的特殊场所的道路照明平均照（亮）度、照（亮）度均匀度、眩光限制阈值增量、环境比及功率密度值等，各项指标值的具体要求详见本书第5章和第12章。

4.2.4　城市道路照明规划技术要求

城市道路照明规划技术要求主要包括：光源类型；灯杆、灯具选择（尺寸、形式、材质和色彩等要求）；光源功率、灯具布置方式、灯具安装高度、布置间距；道路照明用电负荷，供配电电压等级，变配电站类型、容量及布局，供配电线路敷设方式、路径；功能照明光污染控制要求、节能目标和实施建议等。具体指标值的确定应符合 CJJ 45—2015《城市道路照明设计标准》的要求，详见本书第5章和第12章。

1. 照明方式及要求

城市道路照明通常包括常规照明、半高杆照明和高杆照明三种方式，应根据道路和场所特点及照明要求，选择适宜的照明方式。

（1）一般道路照明方式及要求　在设置一般道路灯杆、灯具时，应根据道路照明标准、道路宽度等级选择统一的灯具尺寸，有助于形成统一协调的道路景观，同时，与信号灯、交通标志的一体化处理可减少路口立杆，也可节省后期管理、维护成本，实现城市功能照明的节约与环保。

（2）特殊道路照明方式及要求　包括平面交叉路口、曲线路段与坡道、立体交叉路口、公共停车场和城市隧道等的照明技术要求。

（3）景观道路照明方式及要求　根据 CJJ 45—2015《城市道路照明设计标准》，当道路两侧的建（构）筑物、行道树、绿化带、人行天桥、桥梁和高架立体交叉路口等处设置装饰照明时，不应与道路上的功能照明相冲突，不得降低功能照明效果；宜将装饰照明与功能照明结合进行设计。应合理选择装饰照明的光源、灯具及照明方式。装饰照明亮度应与路面及环境亮度协调，不应采用多种光色或灯光图案频繁变换的动态照明，装饰照明的光色、图案和阴影等不应干扰机动车驾驶人的视觉。设置在灯杆上及道路两侧的广告灯光不得干扰驾驶人的视觉或妨碍其对交通信号及标识的辨认。

2. 光源与灯具要求

（1）光源　光源选择应符合 CJJ 45—2015《城市道路照明设计标准》规定，需要考虑类型、色温值范围、一般显色指数范围等技术要求。

1）光源类型。按照各级道路照明要求，选择高压钠灯、发光二极管或金属卤化物灯等。各类道路照明不应采用高压汞灯和白炽灯。

2）色温值范围。不同色温的光源对环境氛围的营造影响很大，色温低的暖色调灯光呈红色或橙黄色，给人以温暖感觉；色温高的冷色调灯光会呈现出蓝白色，给人以寒冷、清凉感觉。道路照明色温不宜高于 4000K，并宜优先选择中或低色温光源。尤其在严寒地区，宜采用低色温光源，从而在冬季营造相对温暖的城市光环境，给人以更加舒适的感觉。

3）一般显色指数范围。一般认为，显色指数（Ra）为 80～100 的光源显色性较好，50～79 的光源显色性一般，小于 50 的光源显色性较差。值得注意的是，色温与显色指数没有必然联系，各种色温的光源显色性也会有所差异。例如，荧光高压汞灯发出的光又白又亮，色温较高，但其光谱中青、蓝、绿光多而红光少，照在人脸上，脸色显得发青，显色性差（$Ra = 30～40$）；钨丝白炽灯光谱能量分布偏重于长波的连续曲线，色温偏黄红色，但照射物体时显色性好。道路照明应选择高显色性高压钠灯、金属卤化物灯、LED 灯等。

（2）灯具及附属装置　道路照明规划应提出灯具及附属装置的类型、基本性能、防护性能等技术要求。

3. 照明供电要求

城市道路照明规划应以照明负荷估算为依据，同时结合城市建设及经济发展情况，考虑沿道路设置的交通信号及监控系统、交通信息屏、公安交警值班用房、公交站台和绿化喷淋系统等市政设施用电，编制道路照明供电系统变配电站布局规划方案，确定变配电站容量、供配电电压、线路敷设方式等。

（1）照明负荷　照明负荷可根据道路长度、灯具布置方式、光源及其他电器功率等进行估算，考虑沿道路设置的其他市政公用设施用电负荷，应在照明负荷的基础上适当增加一定余量。城市道路照明负荷应为三级负荷，城市中重要道路、交通枢纽及人流集中的广场等区段照明可为二级负荷。不同等级负荷的供电要求应符合 GB 50052—2009《供配电系统设计规范》规定。

（2）供配电电压　正常运行情况下，照明灯具端电压应为额定电压的 90% ~ 105%。

（3）供配电线路敷设　道路照明配电系统宜采用地下电缆线路供电。当采用架空线路时，宜采用架空绝缘配电线路。中性线的截面不应小于相线的导线截面，且应满足不平衡电流及谐波电流要求。

4.3　城市景观照明规划

城市景观照明涉及的公共空间通常面积较大，内部功能较多、功能分区多样，要实现良好的整体照明效果，就需要全面考虑区域与景观的多重要素，进行整体规划。城市景观照明规划的主要内容是在对现状调研的基础上，进行景观照明整体架构与分区、照明对象及分级控制，以及确定相应的规划控制指标和技术要求。

4.3.1　城市景观照明现状调研

通过调研城市景观照明现状，了解照明对象的基础特征，筛选重要照明对象。城市景观照明对象调研统计见表 4-2。

表 4-2　城市景观照明对象调研统计

建（构）筑物	基础特征	建筑性质、高度、体量、色彩及形式、夜间使用方式
	照明现状	光源颜色、动态效果、平均照（亮）度、灯具外观
广场、园林绿地、水景等	基础特征	功能定位、景物和景观的种类、数量、特点、空间关系、游人规模、结构、游赏方式等
	照明现状	游人夜间活动时间、空间分布、照明设施分布、光源颜色、动态效果、平均亮（照）度、灯具外观

根据调研结果，需要梳理照明对象的主次关系，提炼重要景观，为构建城市景观照

明架构提供依据。在分析照明对象的特征，评估景观价值时，应重点考虑照明对象的功能属性、所处位置、周边环境、造型特征、视觉吸引力及对区域轮廓线的影响等因素。

4.3.2　城市景观照明架构与分区

城市景观照明架构是由重要个体照明对象、景观节点、景观视廊和景区等有机组成的照明系统。进行城市景观照明规划，应首先建立景观照明架构，进行照明分区。

1. 照明架构

应根据城市照明发展目标、景观特征和公众夜间活动规律，对照明对象的种类、数量、特点、空间关系和夜间使用频率进行综合分析，提出照明架构。

《北京市"十三五"时期城市照明专项规划》将北京市照明架构分为中心城区城市景观照明架构（见图4-5）和中心城区外城市景观照明架构（见图4-6）两部分，体现了北京的"国际形象""传统内涵""首都情怀"等特点。

图4-5　北京市中心城区城市景观照明架构

中心城区城市景观照明架构包括"两轴""三环""十五线""十九区""滨水界面"五部分。其中，"两轴"即南北轴线、长安街及延长线；"三环"即二环、三环、四环；"十五线"包括崇雍大街及延长线、平安大街及其延长线、京沪高速和京藏高速等十五条重要道路；"十九区"包括中关村科技园区、金融街、西单、王府井和奥林匹克文化区等十九处重点区域；"滨水界面"即昆玉河、木樨地 – 滨河路、龙形水系、龙潭湖、玉渊潭和二环护城河水系。中心城区外城市景观照明架构包括中心城区以外一批具有标志性及规模化的区域及节点。

图例
● 国际形象—区县市级景观架构
—— 国际形象—永定河百里生态带

图4-6 北京市中心城区外城市景观照明架构

又如深圳市城市景观照明总体结构规划，充分利用拥山滨海的带状空间形态和多样的城市文化，维护和强化优美的自然山体、滨海岸线，优化提高建成环境的整体可识别性和视觉和谐程度。深圳市城市景观照明在空间上形成"三轴、四核、五湾、六点"的总体结构，如图4-7所示。根据深圳城市空间结构演变过程，三轴是深圳城市生长的核心轴线，串联起深圳城市发展的各个核心地区，涵盖了城市政治、经济、文化和商业中心。

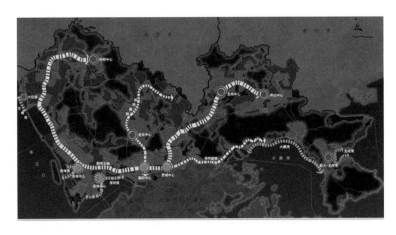

图4-7 深圳市城市景观照明总体结构规划

2. 城市照明分区

城市照明依据城市功能定位、空间结构、经济条件、环境亮度，以及城市历史风貌、文物保护和节能环保等方面的要求进行分区。针对不同照明分区，可提出分区内景观照明的总体规划控制要求，包括照明目标、视觉效果、照（亮）度水平、光源颜色、照明控制密度和照明控制方式等，不同的区域属性被赋予不同类型的光环境，是形成多样化夜景环境的重要手段。

《北京市"十三五"时期城市照明专项规划》根据城市区域属性不同，将城市照明分为四类，即：一类照明区、二类照明区、三类照明区和四类照明区。其中，一类照明区以商业金融用地、市政公共设施用地、体育用地为主；二类照明区以居住用地、教育科研设计用地、广场停车场用地为主；三类照明区以文物、公共服务设施用地、混合用地和绿地为主；四类照明区由工业用地、农业用地、仓储用地、特殊用地、机场用地、铁路用地、生产防护绿地、林地和自然保护区构成。在照明分区基础上，针对各照明区域的物质或社会特征不同，分别进行照明风格确立和夜间形象定位，形成多种类型的区域光环境。北京市中心城区城市景观照明分区建（构）筑物照明等级规划如图 4－8 所示。

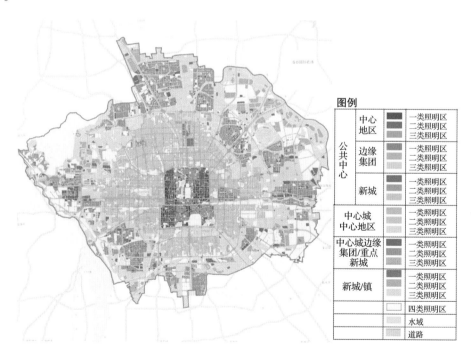

图 4－8　北京市中心城区城市景观照明分区建（构）筑物照明等级规划

又如深圳市城市道路分区参考城市总体规划中土地功能的分类，在建设用地布局规划（见图 4－9）的基础上，针对城市照明将城市区域属性划分为八类照明区（见图

4-10），包括商业照明区、商务办公照明区、城市公共设施照明区、工业及仓储照明区、居住照明区、城市开放空间照明区、生态照明区及其他照明区。规划针对这八类照明区域分别进行照明风格的确立与夜间形象的定位，抓住每个照明区域不同的物质特征或社会特征，通过指引保留和发展，形成多种类型的区域光环境。

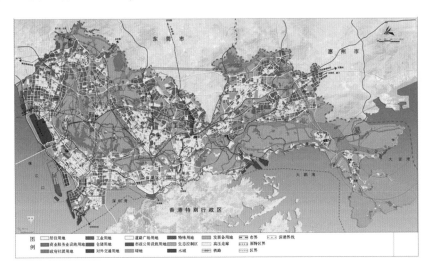

图4-9　深圳市建设用地布局规划

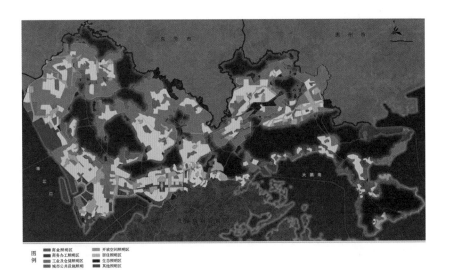

图4-10　深圳市照明政策分区规划

4.3.3　城市景观照明对象与分级控制

　　城市景观照明应根据照明对象区域划分及功能实行分级控制，不同区域和不同照明等级应符合相应规划控制标准。

1. 照明对象

城市景观照明对象大体可分为三类：区域系统照明、园林景观系统照明、节点及建（构）筑物系统照明。分析照明对象的主要目的是确定照明灯具、照明方式、灯光运用和色彩搭配等。

（1）区域系统照明　一般来说，区域的主要划分标准是区域功能。依据功能不同，城市可划分为教育科研区、行政办公区、商务金融区、商业娱乐区、历史文化区、休闲旅游区、工业区、居住区和医疗卫生区等。由于不同区域的功能不尽相同，因此为了更好地衬托其功能，不同区域需要营造的灯光氛围、体现的风格均需要有针对性地进行规划。

1）教育科研区。教育科研区的景观照明应以开阔而具有灵性的内外部夜景照明表现城市的现代化气息，展现现代化都市景观。在了解被照明建筑的性质、特征及文化内涵的基础上，确定照明的方法和应突出的内容。应以暖白色、中性白为主要色调，严格控制使用彩色光。教育科研区照明应采用简洁的照明方式，通过单一光色凸显教育科研区的严谨性。

2）行政办公区。行政办公区的景观照明应注重庄重、简明的基调，表现被照建筑雄伟、庄严的特性。可采用泛光、内透和轮廓照明方式，以暖白色为主色调，严格控制使用彩色光，可以在局部运用低彩度光照。政府机关大楼的国徽、楼名等标志性部分可使用重点光照射，以达到突出、醒目的目的。

3）商务金融区。作为城市建设的标志性区域，商务金融区的人流高度集聚。为显示商务金融区的现代化和大气，该区域景观照明应选用高科技照明手法，以暖白色、中性白为主色调，慎用彩色光，突出地标性建筑。楼层高的商务金融建筑必须运用整体泛光照明，以自然内透为主，对建筑标志进行重点照明。

4）商业娱乐区。商业娱乐区是城市夜生活最丰富、时间最长的区域。该区的景观照明应选用灵活多变的方式，以暖黄色为主色调，不限制使用彩色光。通过对城市生活、文化氛围的渲染，表现出商业区现代、热闹、繁华、时尚、丰富而又有序的商业环境。商业区两侧建筑的照明既要显示商业特点，满足娱乐需要，还要有个性化的风格，反映出该区域的特点和社会特色。对于商业娱乐区的照明应该重点突出橱窗、广告和富有特色的商业大厦。

5）历史文化区。历史文化区的独特之处在于聚集了大量历史建筑和现代文化博览建筑。该区域景观照明应以暖黄色、暖白色为主色调，严格控制使用彩色光，以表现出庄重、简洁和历史的厚重感。对于历史建筑照明，应展现其造型、特征、材料、结构及历史性和纪念性，同时结合周围环境体现历史文化底蕴。对于现代文化博览建筑照明，则

073

应通过其结构、色彩等重点展示现代艺术气息。历史文化区照明可采用动态和静态相结合的方式，对于历史建筑的照明采用暖色系灯光，现代文化博览建筑则可根据需要运用适当的彩色光和特殊照明方式。

6）休闲旅游区。休闲旅游区的景观照明注重品味和雅致效果，以暖黄色、暖白色为主色调，慎用彩色光。在人流量大的区域，照明手法可以多样化，同时应注意与环境相协调。在相对静谧的区域，照明效果应强调沉稳、柔和、温馨，以达到使游客放松心情的目的。在生态环境保护要求高的区域，只需在主道路上满足基本照明需要即可，不应有过多照明渲染。

7）工业区。工业区对功能照明的要求高于景观照明。因此，对于工业区的照明主要是在满足功能照明和通行安全的情况下，根据需要对景观区域的建筑、设施等进行照明，以暖黄色为主色调，严格控制使用彩色光。

8）居住区。居住区景观照明的目的是在满足功能照明和安全的前提下，营造出温馨的生活气息。该区域的照明主要以暖黄色、暖白色为主色调，严格控制使用彩色光，同时应避免光照面积过大或过强而造成干扰。居住区景观照明主要集中在公共空间上，在进行照明设计时，应对公共空间和半公共空间采用不同的照明方式。

9）医疗卫生区。医疗卫生区的景观照明应表现出洁净、卫生的特点，主要采用自然内透的灯光照明，以暖白色为主色调，严格控制使用彩色光，同时突出医疗卫生区标志，如红十字、医院名称等。

（2）园林景观系统照明 园林景观系统照明要在保证功能照明的前提下，使用效率高、寿命长、环保且节能的照明工具实现合理照明，以减少照明对人和生态环境的损害，创造安全、经济、环保、舒适及和谐的照明环境。由于园林景观是植物、动物、建筑、雕塑、水体和草地等的有机结合，因此，园林景观系统照明规划涉及景观设计、植物学、动物学和建筑学等多个领域。在不同领域，照明方式各有不同。园林景观系统照明规划应遵循"保证功能照明、避免光污染、追求与环境相协调"等原则，具体内容包括植物、水体及绿地照明等。

1）植物照明。园林中的植物包括树木、灌木丛林、花和草等。植物照明应展现其别致、新颖的特点，突出特殊树种的轮廓和植物组合的造型。在实际照明时，应尽量使用与植物几何图形相协调的灯具。可选择近景、远景和整体照明三种方式。其中，近景照明的主要目的是突出植物轮廓，对于浅色和高大的植物，可用强光照明；照明时尽量不改变树叶原有颜色，但可用其他颜色突出植物外形；远景照明是用灯光照亮树木顶部，同时按照树木和灌木丛的不同高度进行不同层次的照明；整体照明主要是将树木视为一个整体，不考虑个体树木的特殊性，而表现树林的整体外型。在光源色彩方面，由于不同植物在不同季节的颜色不同，且植物之间的颜色也不尽相同，因此，照明色彩应随着季节变化而变化，根据植物不同而不同。

2）水体照明。水体包括喷泉、瀑布、池塘等人工水景，以及江、河、湖、海等自然水景。根据水体的动、静和用途不同，可将园林景观中的水体分为静水和动水两种。

①静水照明。包括静止的水面照明和流速缓慢的水面照明，这两种水面都能够映射出岸边物体。当岸上的物体有良好的泛光照明时，水面照射可相对减弱，这样，岸上的物体就可在水中完整地映射出来。当水体流速缓慢且有流水波纹时，可采用探照光照射，凸显水面波光粼粼的效果。

②动水照明。动水照明主要包括水幕和喷泉等。水幕照明一般是将灯具安放在水流落下区域的底部，灯具的光通量输出取决于水幕的高度、厚度和散开程度等。光的方向可以根据环境特点选择横向或者纵向照明。当水幕的流速慢、落差小时，可在每个台阶上放置管状灯具，同时通过改变灯光的颜色增强整个照明效果的动态感。喷泉的形式多种多样，对其进行照明设计时，必须先明确需要照明的是喷泉的水还是构筑物，同时要了解清楚喷泉周围整体照明的视觉形状和照明类型，确保喷泉照明与周围环境的协调统一。喷泉照明灯具一般可放在喷出的水柱旁边或者水流落下区域或者两处都可以放置。在水柱喷出的地方，水流密度较大，但由于水和空气的不同折射率，照明光线可将水流路线照射出来；在水流落下区域，水下灯具射出的光可通过水滴的折射，呈现出透明、灵动效果。如果喷泉照明的光为彩色光，喷泉周围的照明就不能过亮且色彩效果应弱于喷泉色彩。

3）绿地照明。绿地是园林的重要组成部分，其主要构成物是观赏性草坪。尽管草也是植物的一部分，但对草和树木、灌木丛等照明方式存在差异。绿地可分为有规则形状的草坪和不规则形状的草坪两种。有规则形状的草坪照明可以考虑在其周边通道上等距安装草坪灯，通过有序的灯光展现节奏感和韵律感。对于不规则形状的草坪照明，可根据实际情况安装草坪灯，如根据草坪形状应用多盏草坪灯或只用一盏照射范围大的草坪灯。

（3）节点及建（构）筑物系统照明

1）节点照明。节点主要是依据该区域在城市结构中的位置、对其所在大区域的控制力、周围建（构）筑物的重要性以及人们的活动行为模式而定，包括重要的城市道路交叉口、城市重要出入口、城市重要广场和公园绿地等部位。为突出道路交叉口节点的形状、特征，其周边建（构）筑物应结合节点性质、功能、环境进行景观照明处理；城市重要出入口的照明则应在原有功能照明的基础上，加强绿化和景观照明，这样既能保证夜间行人和车辆的活动要求，也增强了标志性和景观性；其余节点可通过布置景观灯的方式突出节点位置的重要性，提高节点的可观赏性。

2）建（构）筑物系统照明。建（构）筑物是夜景照明中最具表现力的景观，建

（构）筑物照明通过建（构）筑物本身的形态、材质、颜色及光线的强弱和颜色变化共同勾勒出美感。不同时代和用途的建（构）筑物有不同特点，需要创造出的照明氛围也不尽相同。因此，在对单体建（构）筑物进行照明设计时，应明确其所表现的时代、用途、材质、色彩和风格等。在对一个建（构）筑物群体设计景观照明时，应注意建（构）筑物间的主次关系。对于体量大、位置显著、造型突出的建（构）筑物，应在照明时通过明暗对比等方式强化建筑的体量、造型、结构，突出建筑功能。

一般来说，需要夜间照明的建（构）筑物包括商业、文化博览、交通、历史保护和行政办公建筑等；可以适当进行美化照明但面积不宜过大的建（构）筑物有居住、旅馆、科教、体育和工业建筑等；只需对重点部分进行照明，不适合大面积泛光照明的建（构）筑物有医疗建筑。

①商业建筑。商业建筑主要是指购物中心、商业大厦、百货大楼和游乐园等营利性建筑，可使用彩色光和动态照明，以营造热闹、活跃的购物、娱乐氛围。对商业建筑进行照明时，应充分考虑建筑外立面材质、地域特征和当地居民喜好等，以此确定光源光色。通过光色和灯光亮度的配合，可以创造出层次丰富的照明效果。对商业建筑的主要照明方式是：在大面积光色基调上使用彩色光点缀，营造繁华、热闹的气氛，以吸引更多顾客，激发其购物欲望。

②文化博览建筑。这一类建筑照明应突出建筑个性和强烈的时代感。可采用动静结合的照明方式，必要时可适当加入彩色光，营造轻松气氛。此外，可根据建筑功能，结合一些先进的照明技术，体现一个现代感的照明效果。

③交通建筑。交通建筑一般为汽车站、火车站、机场和地铁站等。这类建筑人流量大，是一个城市景观焦点。这类建筑照明设计不但是为集散广场提供辅助性照明，而且可作为城市的夜间景观焦点。交通建筑宜采用以暖白色光为主的光源，这样能给人亲切感，又能便于人们识别交通信息。可采用泛光照明与局部重点照明结合的照明方式。

④历史保护建筑。这一类建筑的照明要体现庄重、典雅的照明主题，突出历史建筑的纪念性和对建筑造型特点的保护。照明时应力求简洁鲜明；灯具注意隐藏，不影响白天建筑的外观；灯具造型特点与建筑特点相吻合；灯具的安装方式得当，不破坏建筑的外墙和结构；光色柔和的暖光为宜。

⑤行政办公建筑。行政办公类建筑照明以朴素、简洁、庄重为主调，表现建筑的雄伟、大气。一般不使用动态彩色，以暖黄色和白色光为主，根据需要局部使用彩色度低的彩色光。照明方式以泛光照明为主，必要时考虑轮廓照明和内透照明。在照明时还应主次分明，对机关的标志性字符可进行重点照明，以达到醒目的目的。

⑥居住、旅馆建筑。居住建筑主要分为低层住宅、高层住宅和别墅住宅三类。居住建筑原则上不宜采用过多的照明，以免影响居民生活和休息。对于底层住宅，可在不影

响居民生活的前提下，结合建筑特点进行照明。例如，有斜坡屋顶的，可以对屋顶进行适当照明，创造温馨氛围。对高层住宅照明，应将重点放在顶部。对大型高档住宅区及别墅区，可根据景观需要，结合景观照明，对重点区域（如入口、大型广场等）进行照明，这样对邻居间交往、居住区的安全性和趣味性提升都有积极作用。宾馆酒店虽然具有营利性质，但作为人们的休息场所，应营造出宾至如归的感觉。应注意建筑外立面的灯光对室内住客的影响，以不影响内部休息为佳。因此，照明基本采用泛光照明方式，在入口处可采用少量动态彩色光以吸引住客。此外，应强调对标识的照明。

⑦科教建筑。科教建筑不同于商业建筑的热闹，应结合建筑功能和使用情况，选择单一光色，采用简洁的照明方式，体现建筑的文化性氛围和现代感。

⑧体育建筑。体育建筑照明应加入一些高新技术，在有赛事时不仅可在外部有效地展示科技发展和有关赛事视频，同时要满足电视转播需要。在无赛事时，可采用局部泛光，在夜间展示建筑外形。

⑨工业建筑。工业建筑也逐渐成为一类照明对象，不仅是厂房，大型的工业设备通过精心的照明设计，也具有独特韵味，成为工业化的艺术品。

⑩医疗建筑。医疗建筑的照明作用主要在于便于夜间急诊，如对大门、医院名称和红十字标记进行重点照明。对外墙面的照明不应采用彩色光和动态光，照明也不宜过多，防止光照进入室内影响病人夜间休息。

2. 景观照明分级

考虑照明时间、节假日等因素，景观照明可分为平日、一般节假日和重大节日（包括重大庆典活动）三个等级。

（1）平日景观照明　平日景观照明是指重点地区、重点大街、建（构）筑物的泛光照明设施，路灯、步道灯、广告和牌匾、商业及市政设施的照明设施，每周一至周四、周日开放的照明。

（2）一般节假日夜景照明　一般节假日夜景照明是指除重大节日增加的夜景照明设施外的所有夜景照明设施，包括：平日夜景照明设施，建（构）筑物及其附属设施的节日照明（含轮廓灯、泛光灯等）、路灯节日灯照明、营造景观照明（含礼花灯）、广场照明、绿化照明、桥梁照明、住宅楼照明、雕塑照明和喷泉照明等设施，每周五、周六以及在元旦、"六一""七一""八一"等节日开放的照明设施。

（3）重大节日（包括重大庆典活动）夜景照明　重大节日夜景照明是指所有永久性夜景照明设施以及在重点地区、重点大街、重点景区景点和有条件的单位门前建设和设置的一些临时性营造景观照明设施，重点大街两侧临街建（构）筑物的室内灯，在每年春节、"五一""十一"等法定节假日的前一天和放假期间开放的照明。

4.3.4 城市景观照明规划控制指标

根据 JGJ/T 163—2008《城市夜景照明设计规范》，应根据不同城市规模、环境区域对景观照明对象进行规划控制。在城市照明分区基础上，对各区域内的照明载体提出控制要求，控制要点包括照（亮）度、动态、光色等。此外，为了打造夜间城市特色形象，需要筛选体现城市形象的重要载体，保证视觉界面照明品质。在确定控制指标的基础上，还可提出引导性指标，包括主题氛围、景观结构、照明图示等。

1. 城市规模和环境区域划分

（1）城市规模划分　城市规模根据人口数量进行划分。中心城区非农业人口在 50 万以上的城市为大城市；中心城区非农业人口为 20 万 ~ 50 万的城市为中等城市；中心城区非农业人口在 20 万以下的城市为小城市。

（2）环境区域划分　环境区域根据环境亮度和活动内容划分。E1 区为天然暗环境区，如国家公园、自然保护区、天文台所在地区等；E2 区为低亮度环境区，如乡村工业或居住区等；E3 区为中等亮度环境区，如城郊工业或居住区等；E4 区为高亮度环境区，如市中心和商业区等。

2. 规划控制指标

景观照明规划应根据照明对象的重要性，结合自身特征，提出照（亮）度水平、光源颜色等规划控制指标。

（1）照度和亮度　建筑物、构筑物和其他景观元素照明评价指标应采取亮度或与照度相结合的方式。步道和广场等室外公共空间照明评价指标宜采用地面水平照度（简称地面照度 E_h）和距地面 1.5m 处半柱面照度（E_{sc}）。广告与标识照明应规定平均亮度最大允许值。具体规划指标值应符合 JGJ/T 163—2008《城市夜景照明设计规范》的规定，详见本书第 5 章。

（2）光源颜色　根据城市特点及所需塑造的环境氛围确定主色调，考虑城市的地域文化和特征，提出城市的特征色，如滨海城市的蓝色或文化古城的橙黄色等。规划时应先对构成城市景观照明框架体系的道路和水系进行环境色温规划，位于景观核心区的道路色温应与景观核心区的环境色温规划基本保持一致。通常，城市照明的环境色温在 2000 ~ 5500K，分 3 ~ 5 个级别加以控制。夜景照明光源色表可按其相关色温分为三组，光源色表分组应按表 4 - 3 确定。夜景照明光源显色性应以一般显色指数 R_a 作为评价指标，光源显色性分级应按表 4 - 4 确定。光源颜色控制指标可分为：禁止彩光（色温不限）、局部彩光及光色不限三类。

表 4 - 3　夜景照明的光源色表分组

色表分组	色温/相关色温/K
暖色表	<3300
中间色表	3300 ~ 5300
冷色表	>5300

表 4 - 4　夜景照明光源的显色性分级

显色性分级	一般显色指数 R_a
高显色性	>80
中显色性	60 ~ 80
低显色性	<60

4.3.5　城市景观照明规划技术要求

应依据 JGJ/T 163—2008《城市夜景照明设计规范》提出照明方式、光源及其电器附件、灯具、照明供配电与控制、节能与环保等技术要求，具体指标值详见本书第 5 章和第 12 章。

1. 照明方式

照明方式包括泛光照明、轮廓照明、内透光照明和建筑媒体立面照明等。应根据景观照明对象的特征及 JGJ/T 163—2008《城市夜景照明设计规范》确定照明方式。

（1）泛光照明　应通过明暗对比、光影变化等方法，展现被照物的层次感与立体感。不应采用大面积投光方式将被照物均匀照亮。被照物表面材料具有镜面反射或以镜面反射为主的混合反射特性，或反射比低于 20% 时（文物建筑和保护类建筑除外），不应选用泛光照明方式。

（2）轮廓照明　对于需表现其丰富轮廓特征的建筑物或构筑物，可选用轮廓照明。轮廓照明使用点光源时，光源之间的距离应根据建筑物或构筑物尺度和视点的远近确定；使用线光源时，其形状、亮度应根据建筑物或构筑物特征和视点的远近确定。

（3）内透光照明　建筑物或构筑物的造型、功能、性质和外墙材料不宜采用泛光照明时，可采用内透光照明。采用室内灯光形成自然内透光照明时，宜保持光色的一致性。内透光照明应控制亮度，避免光污染；宜与景观照明系统一起控制。

（4）建筑媒体立面照明　应根据建筑立面条件确定其体量、尺寸，控制其亮度、变化频率以及可能产生的光污染。

2. 光源、电器附件与灯具

应根据照明方式的特点进行光源及其电器附件的选择，并根据被照物照明效果的需要选择配置适宜和效率高的灯具。灯具的外观造型、颜色宜与环境相协调。当采用光纤、激光、太空灯球、投影灯、3D投影机和火焰光等特种照明器材时，应对其进行必要性、可行性论证或现场试验。

3. 照明供配电与控制

应根据照明负荷中断供电可能造成的影响及损失，考虑照明负荷，增加适当余量，合理确定负荷等级，并正确选择供电方案。对照明控制的方式、不同开灯控制模式等提出原则要求。

4. 照明节能与环保

景观照明应避免片面追求高亮度，滥用大功率气体放电灯而产生光干扰和光污染。城市景观照明亮度范围较大，应在不造成能源浪费、不造成光污染、不超过 LPD 值的情况下适当提高亮度。避免使用大功率泛光灯、强力探照灯等高亮度高耗能灯具。

（1）照明节能　夜景照明应根据照明场所的功能、性质、环境区域亮度、表面装饰材料及所在城市规模等，确定照度或亮度标准值，并合理选择夜景照明方式。采用功率密度值作为照明节能评价指标，在规划中对照明功率密度值作出限制。

（2）限制光污染　在编制城市夜景照明规划时，应对限制光污染提出相应要求和措施，对光污染的限制做出规定，避免出现先污染后治理的现象。在达到照明效果的同时，防止夜景照明产生光污染。对已出现光污染的城市，应同时做好防止和治理光污染工作；做好夜景照明设施的运行与管理工作，防止设施在运行过程中产生光污染。

第 5 章
城市照明设计

05／

城市照明设计对照明工程建设、运营和管理有着至关重要的影响。城市照明设计应本着以人为本的思想，在满足城市照明规划要求及相关设计标准的基础上，根据周围环境因素，对城市道路与景观照明的器材选择、灯具布置、供电方式和控制方式等进行优化设计，必要时还需进行照明方案的技术经济分析，以选取最优照明方案。

5.1 城市道路照明设计

5.1.1 道路照明设计阶段及要求

城市道路照明设计应以道路的规划等级和相应的照明标准为依据，以安全、节能、适用、美观、经济合理为前提，按不同设计深度分阶段进行，并以设计文件——图样和说明的形式予以表达。

1. 道路照明设计阶段

城市道路照明设计通常会分为设计前期准备、初步设计和施工图设计三个阶段。

（1）设计前期准备阶段 设计前期准备阶段主要是对所设计的道路照明及其周围环境进行调研。主要包括：

1）道路结构特征。包括：机动车道、非机动车道、人行道和分车带等道路横断面结构及其宽度、坡道宽度、曲线路段曲率半径、道路出入口、平面交叉与立体交叉布局等。

2）道路物理特征。包括路面材料及其反光特性等。

3）道路周围环境。包括路旁建筑物及其设置夜景照明概况、分车带和道路两旁绿化概况等。

4）道路运行情况。包括车辆及行人流量、交通事故率及道路附近治安情况等。

5）电源分布情况。包括设计道路周边的照明电源、电网分布情况等。

（2）初步设计阶段 对于道路照明工程而言，独立的方案设计并不常见。大多数方案设计依附于可行性研究报告，因此，主要是进行初步设计，工作步骤如下。

1）收集道路设计平面图，根据道路规划批复文件，结合有关照明节能和评价标准，初步确定道路等级标准和照明标准。

2）收集规划部门提供的道路地上、地下各种管道和线路综合断面排列位置图，以及城市规划部门批复的道路平面综合管网设计图。

3）选择道路照明灯具形式，并收集灯具有关技术资料。

4）确定光源、电器种类和照明光源的主要供电方式、控制方式及地点。

5）计算道路照明装置容量和道路照明工程建设费用。

在初步设计阶段，需要对照明工程设计多个方案，并进行综合技术经济分析。根据工程具体要求，选择技术先进可靠、经济合理的方案，编制初步设计文件。对于一般道路照明工程，是否进行初步设计需要视情况而定。初步设计有时会与施工图设计合并在一起，或以方案设计代替初步设计。在只需初设方案的情况下，工程设计一般只编制方案说明，可不绘制设计图样。其目的主要是确定设计方案，据此估算工程投资。

（3）施工图设计阶段　由于道路照明工程设计大多按照国家、地方或行业标准的上限制定方案，因此，一般只有一个设计方案，很少进行方案比选，然后直接根据初步设计进行施工图设计。在进行道路照明工程施工图设计时，有些已在初步设计阶段确定的项目还需在施工图设计阶段进一步确认和细化。施工图设计阶段具体工作步骤如下。

1）根据道路等级选定道路照明水平，包括路面平均照（亮）度、路面照（亮）总均匀度和纵向均匀度、眩光限制、环境比、诱导性和照明功率密度等指标。

2）确定道路照明器具的布局种类，包括连续照明、特殊区域（段）照明、缓冲照明和高架路照明等方式。

3）确定道路照明方式，包括单侧悬挑布置、双侧交错（或对称）布置、中心对称布置、多灯组合、庭院照明和横向悬索布置等方式。灯型设计方案确定后，制成彩色效果图。

4）选择光源电器和照明器具，然后进行初步布灯设计，包括确定灯杆布置方式、灯杆高度、仰角、悬挑长度以及灯间距等。

5）进行照明计算，验算是否达到照明及节能评价标准，设计是否合理，一般设计和计算要重复多次，直至找到最佳方案。

6）确定电源具体位置，进行线路、负荷、电压损失、功率因数补偿和接地故障保护等计算，根据计算确定导线型号、规格和电源容量等。

7）绘制道路照明线路、灯具、配电控制设施平面布置图及照明线路与地下各种管线排列的断面图等。

8）绘制道路照明供配电控制系统图（一次、二次回路图；负荷分配图），绘制道路照明灯杆、灯臂（架）、混凝土基础、电缆沟槽、手（人）孔井、配电箱（柜）和箱式变电站基础等设计图。

9）编制道路照明工程设计说明、各种设计计算、工程概预算等。

城市道路照明设计文件中的图样，应按国家有关建筑、机械制图统一标准图例绘制，电气设计图、图形符号和文字应按标准、规范绘制；套用通用图时，应在设计文件的图样目录中注明采用的图集名称和页次；重复使用其他工程图样时，也应详细说明图样出处。

2. 道路照明设计要求

城市道路照明设计应遵循安全可靠、技术先进、经济合理、节能环保和维修方便的原则进行。

（1）安全可靠　为了满足基本功能要求，城市道路照明的质量，包括路面照度（或亮度）水平、照度（或亮度）均匀度和眩光限制等均须满足相关技术指标。保证城市道路照明的安全可靠性是保障行车和行人安全的基本条件，也是城市道路照明设计的最基本要求。

（2）技术先进　城市道路照明设计应采用科学的照明设计方法，大力推广绿色、高效和环保的技术与产品，优先选择通过认证的高效节能照明电器产品和节能控制技术，在达到较好照明效果的同时，降低照明能耗。同时，积极带动产业发展，提高照明行业的创新能力，提升照明工程的经济、社会和环境综合效益。

（3）经济合理　经济合理包含两方面含义：一方面要尽可能以较小的工程投资来获得较好的照明效果；另一方面在满足夜间行驶车辆和行人视觉条件的前提下，尽量减少不合理照明所带来的经济与能源浪费。

（4）节能环保　城市道路照明应优先满足照明功能，多余的照明或不科学的照明并不能给行人带来更舒适的环境，反而会造成能源浪费，带来光污染，因此，节能环保要求应引起设计师的足够重视。

（5）维修方便　遵循维修方便原则进行城市道路照明设计，能有效改善目前部分城市重建设、轻维护的照明管理问题。维修方便程度影响着维修方案的选择，定期维修能确保照明设施长期处于最佳运行状态，提高运行效率，保障地区亮灯率。维修方便也关系到维修工人日常运行维护管理的工作效率问题，结构复杂、难以安装维护的产品会降低管理部门的经济效益和工作效率。

此外，由于城市道路照明还具有完善城市功能、美化城市环境的作用，因此，既要考虑道路照明设施的美观，又不能因一味追求灯具造型美观而影响照明效果，或浪费过多的电能和工程投资。城市道路照明设计应贯彻落实"创新、协调、绿色、开放、共享"的发展理念，以建设智慧城市为契机，积极转变城市照明发展方式，着力提升城市照明质量，塑造城市夜间风貌，实现有序建设、高效运行、宜居宜行和各具特色的现代化城市照明目标。

5.1.2 道路照明设计标准

根据 CJJ 45—2015《城市道路照明设计标准》，机动车道路、交会区、人行及非机动车道路照明标准值如下。

1. 机动车道路照明标准值

设置连续照明的机动车道路照明标准值应符合表 5-1 的规定。

表 5-1　机动车道路照明标准值

级别	道路类型	路面亮度			路面照度		眩光限制阈值增量 TI（%）最大初始值	环境比 SR 最小值
		平均亮度 $L_{av}/(cd/m^2)$ 维持值	总均匀度 U_0 最小值	纵向均匀度 U_L 最小值	平均照度 $E_{h,av}/lx$ 维持值	均匀度 U_E 最小值		
I	快速路、主干路	1.50/2.00	0.4	0.7	20/30	0.4	10	0.5
II	次干路	1.00/1.50	0.4	0.5	15/20	0.4	10	0.5
III	支路	0.50/0.75	0.4	–	8/10	0.3	15	–

注：1. 表中所列的平均照度仅适用于沥青路面。若系水泥混凝土路面，其平均照度值可相应降低约 30%。
　　2. 表中各项数值仅适用于干燥路面。
　　3. 表中对每一级道路的平均亮度和平均照度给出了两档标准值，"/"左侧为低档值，右侧为高档值。
　　4. 迎宾路、通向大型公共建筑的主要道路、位于市中心和商业中心的道路，执行 I 级照明。
　　5. 仅供机动车行驶或机动车与非机动车混合行驶的快速路和主干路的辅路，其照明等级应与相邻主路相同。

对同一级道路照明，应考虑城市性质和规模，根据交通流量大小和车速高低，以及交通控制系统和交通分隔设施完善程度选择适宜的照明标准值。例如：当交通流量大或车速高时，可选择表中高档值；对于交通控制系统和道路分隔设施完善的道路，宜选择表中低档值。

2. 交会区照明标准值

交会区内的车辆、行人较为密集，通行情况较复杂，驾驶人及行人视线均易受到干扰，作为交通节点的照明，应有较高指示性及识别性。该类路段涉及车辆交会，行驶难度较大，具有一定危险性，因此应格外注意控制照明标准，保障安全性。交会区照明水平和交会的主要道路照明水平成正比，而且宜比平常路段高出 50% ~ 100%。交会区照明标准值详见表 5 - 2。当相交会道路为低档照度值时，相应的交会区应选择低档照度值，否则应选择高档照度值。

表 5 - 2　交会区照明标准值

交会区类型	路面平均照度 $E_{h,av}$/lx，维持值	照度均匀度 U_E	眩光限制
主干路与主干路交会	30/50	0.4	在驾驶人观看灯具的方位角上，灯具在 80° 和 90° 高度角方向上的光强分别不得超过 30cd/1000lm 和 10cd/1000lm
主干路与次干路交会			
主干路与支路交会			
次干路与次干路交会	20/30		
次干路与支路交会			
支路与支路交会	15/20		

注：1. 灯具的高度角是在现场安装使用姿态下度量。
　　2. 表中对每一类道路交会区的路面平均照度分别给出了两档标准值，"/"左侧为低档照度值，右侧为高档照度值。

3. 人行及非机动车道路照明标准值

主要供行人及非机动车道路使用的照明标准值应符合表 5 - 3 规定，眩光限值应符合表 5 - 4 规定。

表 5 - 3　人行及非机动车道路照明标准值

级别	道路类型	路面平均照度 $E_{h,av}$/lx 维持值	路面最小照度 $E_{h,min}$/lx 维持值	最小垂直照度 $E_{v,min}$/lx 维持值	最小半柱面照度 $E_{sc,min}$/lx 维持值
1	商业步行街；市中心或商业区人行流量高的道路；机动车与行人混合使用，与城市机动车道路连接的居住区出入道路	15	3	5	3
2	流量较高的道路	10	2	3	2
3	流量中等的道路	7.5	1.5	2.5	1.5
4	流量较低的道路	5	1	1.5	1

注：最小垂直照度和半柱面照度的计算点或测量点均位于道路中心线上距路面 1.5m 高度处。最小垂直照度需计算或测量通过该点垂直于路轴的平面上两个方向上的最小照度。

表 5 –4 人行及非机动车道路照明眩光限值

级别	最大光强 I_{max}/(cd/1000lm)			
	≥70°	≥80°	≥90°	>95°
1	500	100	10	<1
2	–	100	20	–
3	–	150	30	–
4	–	200	50	–

注：表中给出的是灯具在安装就位后与其向下垂直轴形成的指定角度上任何方向上的发光强度。

对于机动车道路一侧或两侧设置，与机动车道路无实体分隔的非机动车道路照明，应执行机动车道路照明标准；对于与机动车道路有实体分隔的非机动车道路的平均照度，宜为相邻机动车道路照度值的1/2，但不宜小于相邻人行道路（如有）的照度。

对于机动车道路一侧或两侧设置的人行道路照明，当人行道路与非机动车道路混用时，宜采用人行道路照明标准，并满足机动车道路照明的环境比要求。当人行道路与非机动车道路分设时，人行道路平均照度宜为相邻非机动车道路的1/2。同时，人行道路照明标准值和眩光限值还应执行表 5 – 3 及表 5 – 4 的规定。当按两种要求分别确定的标准值不一致时，应选择高标准值。

4. 照明功率密度限值

机动车道路照明以照明功率密度（LPD）作为照明节能的评价指标。CJJ 45—2015《城市道路照明设计标准》规定了三类城市道路的 LPD 值，并作为强制性条文发布，各级道路照明的实际能耗不得超过标准限值。功率密度限值的介绍详见 12. 2. 2 节能标准相关内容。

5.1.3 道路照明设计需考虑的视觉因素

道路照明设计的核心是保障交通安全，而交通安全与视觉质量密切相关，一定程度的光线照射环境是人的眼睛区分外界事物特征——大小、形状和颜色等的必要条件。随着光照条件的变化，人的视物能力有很大不同，尤其在夜间，优质的照明环境可为道路畅通和人员安全提供重要保障。因此，道路照明设计应主要考虑人的夜间视觉因素。

1. 车速影响

驾驶人通过感觉器官接受信息驾驶车辆，其中80% ～90%的信息通过视觉获得，因此，驾驶人的视觉机能对行车交通安全影响最大，而人在夜间的视觉特性随光照环境的不同而变化。在正常情况下，人眼的视界为 200°，对在左右 100°范围内的物体都能感觉到其存在，但实践证明，人眼能分辨颜色的区域只有 70°。随着速度的增加，眼睛的视界会越来越窄，如同通过管子看东西一样，近处和两侧的东西都看不见，仅能看到较远处的东西，这就是"运动效应"。这种效应大约在车速为 40km/h 时开始出现，当速度为 75km/h 时，视界为 130°；当速度为 100km/h 时，视界只有 80°。然而，大量不安全因素有可能来自路旁的运动物体，如行人、动物等，它们有可能进入行车路径，驾驶人必须要提前看到它们，并识别其行进方向。因此，道路照明设计中必须考虑道路周边的照明，使得人眼的周边视网膜起到作用，及时发现运动物体。此外，随着速度的变化，人的视力也会发生变化。行车速度与视力对照见表5-5。

表 5-5　行车速度与视力对照表

行车速度/（km/h）	00	30	70
视力（五分记录法）	5.1	4.9	4.8

2. 暗适应影响

当人从明亮环境走到黑暗处（或相反）时，就会产生一个原来看得清，突然看不清，经过一段时间才逐渐又看得清的变化过程，这叫作"适应"，过程如图 5-1 所示。对驾驶人夜间行车来说，常常遇到照明不均匀的情况。例如，从市内到市郊，从优质照明路段到劣质照明路段等。在城市隧道照明设计中，尤其要考虑这一视觉特性，使隧道内的亮度与隧道外的亮度之间有良好的过渡和衔接。

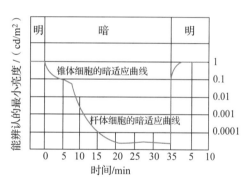

图 5-1　人眼适应过程曲线图

3. 光污染影响

道路照明设计时，应充分考虑光污染对驾驶人的视觉影响，避免由此引发的交通安全问题。由于路灯的设计问题，周围环境照明的不当或对向车灯照射造成的眩光，使驾驶人的瞳孔缩小，在眼内形成光斑，破坏视觉系统对周围物理空间的适应状态，从而引起不适感或视力下降。在夜间，沿街建筑物尤其是位于城市中心区的沿街建筑物往往会采用闪烁变幻的照明形式，一方面，这样的夜间照明引人瞩目，增加城市中心区的吸引力，但另一方面，从驾驶人角度来看，这样忽明忽暗、五彩缤纷的灯光容易干扰视线，引起对光线和颜色的错觉，导致视觉反应迟钝，甚至视力减退。然而在城市特定区域完全避免采用这样的照明形式又是不切实际的，因此，需要针对驾驶人的视觉特性和道路交通安全特点进行设计。

为了保证照明质量，满足辨认的可靠性和视觉舒适感的条件和要求，道路照明应控制三个主要指标：路面平均亮度 L_{av}、亮度均匀度 U_0、U_L 和眩光大小。

5.1.4　道路照明计算

城市道路照明的计算通常包括路面任意点的照度、平均照度、照度均匀度，任意点的亮度、路面平均亮度、亮度均匀度，以及不舒适眩光和失能眩光的计算等。道路照明灯具的坐标系统通常采用（C，γ）坐标系统，如图 5-2 所示。

1. 照度计算

主要包括路面上任意一点照度、路面平均照度及照度均匀度的计算。

（1）路面上任意一点照度的计算

1）数值计算。图 5-3 所示为一个灯具在 P 点上产生的照度按式（5-1）计算。

$$E_P = \frac{I_{c\gamma}}{h^2}\cos^3\gamma \tag{5-1}$$

式中　$I_{c\gamma}$——灯具指向 c、γ 方向的光强（cd/m^2）；

γ——灯具投光方向与铅垂线的夹角，简称垂直投射角（°）；

c——灯具投光方向与道路纵轴的水平夹角，简称水平投射角（°）；

h——灯具安装高度（m）。

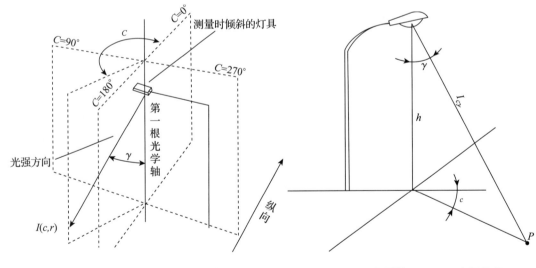

图 5-2　（C，γ）坐标系统　　　　图 5-3　照明器（C，γ）坐标示意

n 个灯具在 P 点上产生的总照度按式（5-2）计算。

$$E_P = \sum_{i=1}^{n} E_{Pi} \tag{5-2}$$

求出路面上不同点的照度后，可将计算结果标在道路平面图上，然后用光滑曲线将照度值相同的各点（通常用内插法求得）连接起来，便得到实际路面的等照度曲线图。在计算某点的照度时，需要考虑和计算几个灯具叠加所产生的照度。

2）根据等照度曲线进行照度计算。灯具的光度测试报告中通常还会给出等照度曲线（见图 5 - 4），可以在该曲线上标出计算点相对于各个灯具的位置，进而读出各个灯具对计算点产生的照度，然后求和。由于等照度曲线通常是相对于 1000lm 的光源光通量绘制的，计算时需注意再乘以光源光通量与 1000lm 的比值及维护系数，才是计算点的维持照度值。若灯具实际安装高度与绘制等照度曲线时所使用的高度不同，则需对计算结果进行高度修正，各种安装高度的修正值通常在该曲线右方给出。

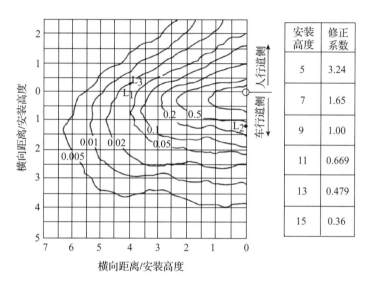

安装高度	修正系数
5	3.24
7	1.65
9	1.00
11	0.669
13	0.479
15	0.36

图 5 - 4　等照度曲线

（2）路面平均照度计算

1）数值计算。已知某段道路若干点的照度，可按式（5 - 3）计算平均照度。

$$E_{av} = \frac{\sum_{i=1}^{n} E_i}{n} \tag{5 - 3}$$

式中　E_i——第 i 点上的照度；

　　　n——计算点的总数。

路面平均照度计算范围宜在两根灯杆间，纵方向应在两个灯具之间布置 10 个计算点，横方向应在整个路宽之间每条车道的中心线上布置计算点。

2）根据利用系数曲线进行计算。计算长度有限的一段直路的平均照度，最快捷简便的方法是采用光度测试报告中给出的利用系数曲线，如图 5 - 5 所示，通过式（5 - 4）进行计算。

$$E_{av} = \frac{\eta \Phi M N}{Ws} \tag{5-4}$$

式中　η——利用系数；

　　　Φ——光源光通量（lm）；

　　　M——维护系数，取0.65或0.7；

　　　N——每个照明器内灯泡数（只），一般取1；

　　　W——路面宽度（m）；

　　　s——灯杆间距（m）。

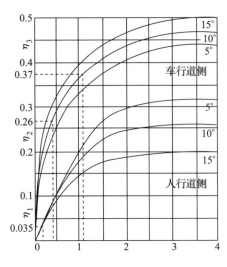

图5-5　利用系数曲线

式（5-4）中的利用系数 η，要从所采用灯具的利用系数曲线中，根据选用的灯高、路宽和仰角进行计算；Φ 值要查相应光源的产品参数；M 按灯具防护等级取值。设定 s 值后，代入式（5-4）即可算得平均照度。如果计算结果与要求数值不符，可调整数据后重新计算，直至符合要求为止。

（3）照度均匀度计算　为避免出现同一道路上亮暗交替造成驾驶人视觉疲劳（即斑马效应），要求路面上的照度分布要比较均匀。照度均匀度 U 通常用路面的最小照度 E_{min} 与平均照度 E_{av} 之比衡量，即 $U = E_{min}/E_{av}$；或其倒数，即 $U = E_{av}/E_{min}$；有时还要考虑最大照度 E_{max} 和平均照度 E_{av} 的比值，即 E_{av}/E_{max} 和 E_{max}/E_{av}。因此，照度均匀度的计算主要是确定最小照度 E_{min} 和最大照度 E_{max}。

1）从已获得的照度值中选取。如果对计算准确度要求不太高，则可从前述计算得到的一系列规则排列的点的照度值中挑出最小和最大照度值。

2）通过最大和最小照度点进行估计。由于最大和最小照度点不一定恰好落在均匀排列的已计算照度值的那些点上，因此，如果计算准确度要求高，就需要首先找出最大和最小照度点。

①最大照度点。如果灯具在各个垂直截面上的光强分布均且满足不等式 $I_o \geqslant I_\gamma \cos^3 \gamma$（其中：$I_o$ 为照明器垂直向下光强，I_γ 为垂直投射角等于 γ 方向的光强），则最大照度点通常在灯下。若在某一垂直截面上 $I_o < I_\gamma \cos^3 \gamma$，则可以预计最大值就在该平面附近，但这种情况很少出现。

②最小照度点。若采用的是具有旋转对称光分布的灯具，则最小照度点有可能出现在图5-6中的 A、B、C 点各处，而实际上灯具的光分布往往是非对称的，最小照度点往往会偏离 A、B、C 各点一些。

得到最大、最小照度点后，即可计算最大、最小照度值，进而算出照度均匀度。

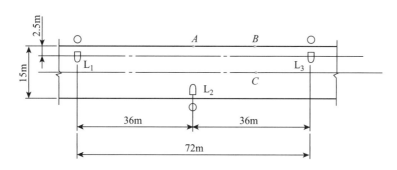

图 5 - 6 路面上最小照度点示意

2. 亮度计算

主要包括路面上任意一点亮度、路面平均亮度、路面亮度均匀度的计算。

（1）路面上任意一点亮度的计算 路面上的亮度与照度有联系但又有所不同。路面上某点的照度只与灯具的光特性以及该点的几何位置有关，而亮度除与上述因素有关外，还与路面的反光特性有关。因此，为了计算路面亮度，必须知道特定路面的反光特性及观察者所处位置。

入射到路面上某一点的光，一部分被路面反射，其余被吸收。被反射的这部分光到达观察者的眼睛时产生明亮的感觉。因此，观察者所观察到的某一点的亮度与该点的照度及反光特性成正比，即

$$L = qE \qquad (5-5)$$

式中 L——亮度；

q——亮度系数；

E——水平照度。

由式（5 - 5）可知，亮度系数定义为一个灯具在某一点上产生的亮度与在同一点上的水平照度之间的比值，即 $q = L/E$。进行亮度计算时，对于不同的路面材料，可采用国际照明委员会（CIE）推荐的简化亮度系数表。亮度除与路面材料有关外，还取决于观察者和光源相对于路面上所考察的那一点的相对位置。灯具的安装位置、观察者与观察点的角度关系如图 5 - 7 所示。

汽车驾驶人注视的区域是自己前方 60 ~ 160m 的范围，因此，α 角仅在 0.5° ~ 1.5° 之间。实测结果表明，在此范围内，α 对 q 的影响可以忽略不计。但是，对行人来说，变化范围很大，α 对 q 的影响就不能忽略。对于道路照明来说，亮度系数基本上只取决于两个角度值：β 和 γ，即

$$q = q(\beta, \gamma) \qquad (5-6)$$

因此，亮度计算式可根据式（5 - 5）和式（5 - 6）写成

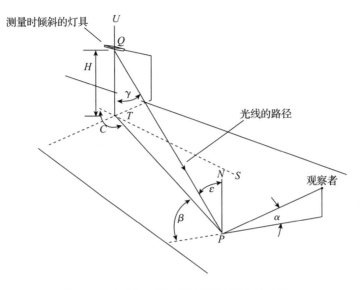

图 5-7 灯具、观察者与观察点的角度关系

ST—道路纵向　Q—灯具光度中心　UQT—垂直轴　PN—路面上 P 点法线

C—光度学方位角　β—偏移角　γ—光度学垂直角　α—观察角　ε—光线入射角

$$L = q(\beta, \gamma)E(c, \gamma) = \frac{q(\beta, \gamma)I(c, \gamma)}{h^2}\cos^3\gamma = R(\beta, \gamma)\frac{I(c, \gamma)}{h^2} \qquad (5-7)$$

式中　$R(\beta, \gamma)$ ——简化亮度系数，$R(\beta, \gamma) = q(\beta, \gamma)\ \cos^3\gamma$；

　　$I(c, \gamma)$ ——灯具指向 c、γ 所确定方向上的光强。

路面上某一点 P 的亮度可根据简化亮度系数 R 和等光强曲线（或光分布表），通过计算道路上所有灯具所产生的亮度总和获得，即

$$L_P = \sum_{i=1}^{n}\frac{I(c_i, \gamma_i)}{h^2}q(\beta_i, \gamma_i)\cos^3\gamma i = \sum_{i=1}^{n}R(\beta_i, \gamma_i)\frac{I(c_i, \gamma_i)}{h^2} \qquad (5-8)$$

式中，$I(c_i, \gamma_i)$ 可由等光强图（或光强表）读得，$R(\beta_i, \gamma_i)$ 可由 R 表查出。

（2）路面平均亮度的计算

1）数值计算。如果在一段路面上，分布规则的若干点上的亮度值已计算出来，则该区域上的平均亮度便可依据式（5-9）计算，即

$$L_{av} = \frac{\sum_{i=1}^{n}L_i}{n} \qquad (5-9)$$

式中　L_i——在布点规则的路面上第 i 点的亮度值；

　　n ——计算点的总数。

显然，计算点越多，计算得到的平均亮度的准确度就越高，但计算工作量也越大。因此，需合理选择计算地段和计算点，以高效、准确地获得数据。

①计算地段。在道路纵方向，应包括同一排的两个照明器范围。在道路横方向，若

道路中间设置隔离带时，可计算一侧路面；没有中间隔离带时，应对整个路宽进行计算。

②计算点。沿道路纵方向，若照明器间距不大于 50m，应设 10 个计算点；若照明器间距大于 50m，则规定计算点之间的距离不大于 5m。沿道路横方向，推荐在每一条车道设置 5 个点。其中 1 点位于车道中心线，最外侧的 2 个点设在距车道边界线为车道宽的 1/10 处。在允许计算误差较大的场合或预计均匀度好的场所（如高杆照明），则每条车道可以用 3 个计算点。

2）采用亮度输出曲线进行计算。计算一段长度有限的直路路面（对一固定观察者而言）的平均亮度，最便捷的方法是使用灯具光度测试报告中给出的亮度输出曲线，这与计算路面平均照度时使用利用系数曲线很相似。亮度输出曲线计算式为

$$L_{av} = \frac{\eta_L q \Phi_L}{SW} \tag{5-10}$$

式中　L_{av}——平均亮度（cd/m^2）；

　　　η_L——亮度利用系数；

　　　Φ_L——光源光通量（lm）；

　　　q　——路面平均亮度系数 [cd/（m^2·lx）]；

　　　S　——照明器间距（m）；

　　　W——路宽（m）。

（3）路面亮度的均匀度　为了使驾驶人夜间行车得到良好的可见度及舒适条件，还要求路面亮度有一定的均匀度。

1）总均匀度 U_o。总均匀度是指从距车道边缘 1/4 宽度（左或右）一点测出的路面上的最小亮度与平均亮度的比值，即

$$U_o = \frac{L_{min}}{L_{av}} \tag{5-11}$$

式中　L_{min}——路面最小亮度；

　　　L_{av}——路面平均亮度。

虽然城市道路照明装置提供了良好的平均亮度，但在路面上也会有亮度最小的区域。因为在一般情况下，最差的对比往往出现在路面较暗的区域，以致不易识别出在这些区域中的障碍物。因此，为了使路面上各个区域中的各点都有足够的辨识效果，就需要确定路面最小亮度与平均亮度之间的比值（一般不应低于 0.4），这对于辨认可靠性来讲非常重要。

2）纵向均匀度 U_L。纵向均匀度是指沿每一条车道（包括机动车道的硬肩）中线纵向的最小亮度与最大亮度的比值，即

$$U_L = \frac{L'_{min}}{L_{max}} \tag{5-12}$$

式中　L'_{min}——车道中心线最小亮度；

　　　　L_{max}——车道中心线最大亮度。

根据道路等级不同，要对纵向均匀度加以控制，一般不低于 0.7 或 0.5，以保证视觉的舒适感。

3. 眩光计算

眩光可分为两类，即直接影响到识别可靠性的"失能"眩光和根据识别率来判断并与舒适感相关联的"不舒适"眩光。因此，眩光计算也包括失能眩光和不舒适眩光两种。

（1）失能眩光计算　眩光作用会导致识别能力下降。这是由于光在眼睛里散射造成的。根据 GB/T 24827—2015《道路与街路照明灯具性能要求》规定，用阈值增量 TI 来定量描述失能眩光，同时作为眩光限制评价指标，并规定了具体数值。在照明设备初始安装时计算阈值增量（TI），此时阈值增量处于最高值。其计算式为

$$TI = K\frac{\sum\dfrac{E_{gl}}{\theta^2}}{L_{av}^{0.8}} \qquad (5-13)$$

式中　K——与观察者年龄有关的常数；

　　　　E_{gl}——垂直于观察者视线的平面上，由眩光源产生在观察者眼睛上的照度（lx）；

　　　　L_{av}——道路表面的平均初始亮度，适用范围为 $0.05\text{cd/m}^2 < L_{av} < 5\text{cd/m}^2$；

　　　　θ——视线与灯具射入观察者眼睛中的光线之间的夹角，以度表示。当视线处于水平以下 1° 时，通过观察者眼睛的纵向垂直面内，θ 的有效范围为 1.5°~60°。

眩光计算时，观察者位于距道路右边界 1/4 路宽处，眼睛高度为 1.5m，且设定汽车顶棚挡屏与视线的夹角是 20°。在此初始位置上计算通过汽车顶部挡屏看到的第一个灯具产生的 E_{gl}/θ^2，并累加至 500m 内所有的灯具，以求得 TI 值。然后，观察者以亮度计算时相同的纵向间距和点数向前移动，重复计算，得到一列 TI 值，其中最大值即为所求值。

（2）不舒适眩光计算　眩光对驾驶人的视觉舒适感同样有很大影响。但目前尚没有测量不舒适程度的仪器，只能通过调查试验或计算的方法，得出不舒适眩光的限制标准。试验证明，驾驶人感受到的不舒适眩光，可用眩光控制等级 G 来度量，计算出 G 值，就可以判定道路照明器是否符合照明标准。根据 CIE 报告中的公式，眩光控制等级计算式为

$$G = 13.84 - 3.31\lg I_{80} + 1.3\lg (I_{80}/I_{88})^{1/2}$$
$$-0.08\lg (I_{80}/I_{88}) + 1.29\lg F + C$$
$$+0.97\lg L_{av} + 4.41\lg h' - 1.46\lg P \qquad (5-14)$$

式中　I_{80}、I_{88}——照明器在同路轴平行的平面内，与垂直轴形成 80°、88° 方向上的光强度值（cd）；

　　　　F——照明器在同路轴平行的平面内，驾驶人所见到投影在 76° 方向上的发光

面积（m^2）；

　　C——光源颜色修正系数，用于低压钠灯时应加0.4；

　　L_{av}——平均路面亮度（cd/m^2）；

　　h'——水平视线距灯的高度，即驾驶人的眼睛高度到照明器的高度（m）；

　　P——每千米安装照明器的数目。

　　该式中一部分参量与灯具的特性有关，可从光度测试报告中得到；另一部分与路面及灯具的安装情况有关。当灯具的安装方式、路面的反光特性确定后，即可获得相应数据，进而代入式（5 – 14）中便可计算 G 值。

5.1.5　道路照明方式及器材选择

　　为了节约能源，提高照明效果，各种照明节能设备应用于道路照明中，并取得积极效果。道路照明器材选择需要考虑照明方式及要求，主要包括光源、灯具、灯杆、电线、电缆及配电变压器的选择等。

1. 照明方式及要求

　　城市道路照明通常包括常规照明、半高杆照明和高杆照明三种方式，应根据道路和场所特点及照明要求，选择适宜的道路照明方式。

　　（1）一般道路照明方式及要求　在设置一般道路灯杆、灯具时，应根据道路照明标准、道路宽度等级选择统一的灯具尺寸，有助于形成统一协调的道路景观，同时，与信号灯、交通标志的一体化处理可减少路口立杆，也可节省后期管理、维护成本，从管理、维护环节上实现城市功能照明节能与环保。

　　1）常规照明方式。常规照明灯具的布置可分为单侧布置、双侧交错布置、双侧对称布置、中心对称布置和横向悬索布置五种基本方式，如图 5 – 8 所示。常规照明安装简单、经济，灯杆高度一般不超过12m。采用常规照明方式时，应根据道路横断面形式、道路宽度及照明要求进行选择，并符合下列规定：灯具悬挑长度不宜超过安装高度的1/4，灯具仰角不宜超过15°；灯具布置方式、安装高度和间距可按表 5 – 6 经计算后确定。

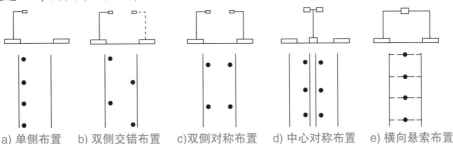

a) 单侧布置　　b) 双侧交错布置　　c)双侧对称布置　　d) 中心对称布置　　e) 横向悬索布置

图 5 – 8　常规照明灯具布置的五种基本方式

表5-6　灯具配光类型、布置方式与灯具安装高度、间距的关系

配光类型	截光型		半截光型		非截光型	
布置方式	安装高度 H/m	间距 S/m	安装高度 H/m	间距 S/m	安装高度 H/m	间距 S/m
单侧布置	$H \geqslant W_{eff}$	$S \leqslant 3H$	$H \geqslant 1.2W_{eff}$	$S \leqslant 3.5H$	$H \geqslant 1.4W_{eff}$	$S \leqslant 4H$
双侧交错布置	$H \geqslant 0.7W_{eff}$	$S \leqslant 3H$	$H \geqslant 0.8W_{eff}$	$S \leqslant 3.5H$	$H \geqslant 0.9W_{eff}$	$S \leqslant 4H$
双侧对称布置	$H \geqslant 0.5W_{eff}$	$S \leqslant 3H$	$H \geqslant 0.6W_{eff}$	$S \leqslant 3.5H$	$H \geqslant 0.7W_{eff}$	$S \leqslant 4H$

注：W_{eff} 指路面有效宽度。

2）高杆照明方式。采用高杆照明方式时，灯具及灯杆可根据场地条件选择平面对称、径向对称和非对称三种配置方式，如图5-9所示。布置在宽阔道路及大面积场地周边的高杆灯宜采用平面对称配置方式；布置在场地内部或车行道布局紧凑的立体交叉区的高杆灯宜采用径向对称配置方式；布置在多层大型立体交叉或车道布局分散的立体交叉区的高杆灯宜采用非对称配置方式。无论采取何种灯具配置方式，其灯杆间距与灯杆高度之比均应根据灯具的光度参数通过计算确定。

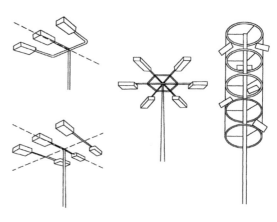

a）平面对称　　b）径向对称　　c）非对称

图5-9　高杆灯具配置方式

（2）特殊道路照明方式及要求

1）平面交叉路口。平面交叉路口照明水平应符合表5-6规定，且交叉路口外5m范围内的平均照度不宜小于交叉路口平均照度的1/2。交叉路口可采用与相连道路不同光色的光源、不同外形的灯具、不同的灯具安装高度或不同的灯具布置方式。

①十字交叉路口。可根据道路具体情况和照明要求，分别采用单侧布置、交错布置或对称布置等方式，并根据路面照明需要增加杆上灯具。大型交叉路口可另外设置附加照明，附加照明可选择常规照明或半高杆照明方式，并应限制眩光。

②T形交叉路口。应在道路尽端设置灯具（见图5-10），并显现道路形式和结构。

③环形交叉路口照明应显现环岛、交通岛和路缘石，当采用常规照明方式时，宜将灯具设在环形道路外侧，如图5-11所示。当环岛直径较大时，可在环岛上设置高杆灯，并按车行道亮度高于环岛亮度的原则选配灯具和确定灯杆位置。

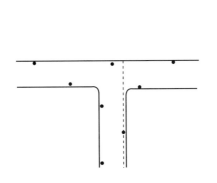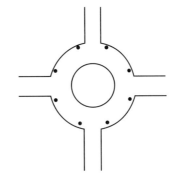

图 5-10　T 形交叉路口灯具设置　　图 5-11　环形交叉路口灯具设置

2）曲线路段与坡道。

①曲线路段。当弯道半径大于 1000m 时，可按直线处理；半径小于 1000m 时，弯道灯具应布置在弯道外侧，灯具间距宜为直线路段灯间距的 50%～70%。半径越小，间距应越小，且悬挑长度也相应缩短。在反向曲线路段上，宜固定在一侧设置灯具，产生视线障碍时，可在曲线外侧增设附加灯具，如图 5-12 和图 5-13 所示。转弯处灯具不得安装在直线路段的延长线上，如图 5-14 所示。急转弯处安装的灯具应为车辆、路缘石、护栏及邻近区域提供充足照明。

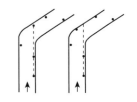

图 5-12　曲线路段上的灯具设置　图 5-13　反向曲线路段上的灯具设置　　　a）不正确　b）正确

图 5-14　转弯处灯具设置

②坡道。在坡道上设置照明时，应使灯具在平行于路轴方向上的配光对称面垂直于路面。在凸形竖曲线坡道范围内，应减小灯具安装间距，并采用截光型灯具。

3）立体交叉路口。立体交叉口有不同形态，如上跨道路、下穿道路、高架道路、城市桥梁、人行地道和人行天桥等，其照明应符合 CJJ 45—2015《城市道路照明设计标准》规定。应为驾驶人提供良好的指引性和无干扰眩光的环境照明。

①上跨道路与下穿道路。采用常规照明时，应使下穿道路上设置的灯具在下穿道路上产生的照（亮）度与上跨道路两侧的灯具在下穿道路上产生的照（亮）度有效衔接。下穿道路桥下区段路面的平均照（亮）度应与桥外区段路面相同。下穿道路上的灯具不应在上跨道路上产生眩光。上跨道路路面的平均照（亮）度及均匀度应与相连的道路路面相同，并应为上跨道路的支撑结构提供照明。大型上跨道路与下穿道路可采用高杆照明。

②高架道路。上层道路和下层道路的照明应分别与连接道路的照明等级一致，上层道路和下层道路宜采用常规照明方式，并应为道路的隔离设施和防撞墙提供照明；下层道路的桥下区域路面照明不应低于桥外区域路面的照明水平，并应为上层道路的支撑结构提供照明；上下桥匝道照明水平不宜低于桥上道路照明水平；有多条机动车道的高架道路不宜采用护栏照明作为功能性照明。

③城市桥梁。中小型桥梁上道路照明应与相连道路照明一致；当桥面宽度小于与其连接的路面宽度时，应为桥梁栏杆和缘石提供垂直面照明，并应在桥梁入口处设置灯具；大型桥梁和具有艺术、历史价值的中小型桥梁照明应进行专项设计；桥梁照明应限制眩光，可采用配置遮光板或格栅的灯具；有多条机动车道的桥梁不宜将护栏照明作为功能照明。

④人行地道。天然光充足的短直线人行地道，可只设夜间照明；附近不设路灯的人行地道出入口，应专门设照明装置；台阶上的平均水平照度宜为30lx，最小水平照度宜为15lx；人行地道内的平均水平照度，夜间宜为30lx，白天宜为100lx；最小水平照度，夜间宜为15lx，白天宜为50lx。对于台阶，还应提供垂直照度。

⑤人行天桥。跨越有照明设施道路的人行天桥可不另设照明，宜根据桥面照明需要，调整天桥两侧紧邻的常规照明灯杆高度、安装位置及光源灯具配置。当桥面照度小于2lx，阶梯照度小于5lx时，宜专门设置人行天桥照明；专门设置照明的人行天桥桥面的平均水平照度不应低于5lx，阶梯照度宜相应提高，且阶梯踏板水平照度与踢板垂直照度的比值不应小于2:1；应避免天桥照明设施给行人和机动车驾驶人造成眩光影响。

4）公共停车场。公共停车场照明标准值宜符合表5-7规定。停车场出入口照明应加强，宜为交通标志和标线提供照明，并应与相连道路照明衔接。

表5-7 公共停车场照明标准值

交通量	平均水平照度 $E_{h,av}$/lx，维持值	照度均匀度，维持值
低	5	0.25
中	10	0.25
高	20	0.25

注：交通量低是指住宅区内或周边；交通量中是指普通商店、酒店和办公建筑等周边；交通量高是指市中心区域、商业中心区域、大型公共建筑和体育娱乐设施等周边。

5）城市隧道。隧道内道路白天的照明应分为入口段、过渡段、中间段和出口段进行设计，并应根据行车速度和交通流量确定其照明标准，具体设计宜执行 GB 50688-2011《城市道路交通设施设计规范》相关规定；隧道内道路夜晚的照明标准应与隧道外相连道路相同，并可根据相连道路的调光安排及交通流量等因素的变化在深夜调节路面亮度。

6）居住区道路。居住区人行道路的照明水平应符合表 5 - 4 的要求；灯具安装高度不宜低于 3.5m。不应把裸灯设置在视平线上；居住区人车混行道路的照明宜分为两类，与城市道路相连的居住区道路宜按机动车道路要求提供照明，兼顾行人交通需求；居住区内连接各建筑的道路宜按人行道路要求提供照明，兼顾机动车交通需求。居住区及其附近道路的照明，应合理选择灯杆位置、光源、灯具及照明方式；在居住建筑窗户外表面产生的垂直面照度和灯具朝居室方向的发光强度最大允许值应符合行业标准 JGJ/T 163—2008《城市夜景照明设计规范》的相关规定，必要时应对灯具采取相应的遮光措施。

（3）景观道路照明方式及要求　根据 CJJ 45—2015《城市道路照明设计标准》，当道路两侧的建（构）筑物、行道树、绿化带、人行天桥、桥梁和立体交叉等处设置装饰照明时，不应与道路上的功能照明相冲突，不得降低功能照明效果；宜将装饰照明与功能照明结合进行设计。应合理选择装饰照明的光源、灯具及照明方式。装饰照明亮度应与路面及环境亮度协调，不应采用多种光色或灯光图案频繁变换的动态照明，装饰照明的光色、图案和阴影等不应干扰机动车驾驶人的视觉。设置在灯杆上及道路两侧的广告灯光不得干扰驾驶人的视觉或妨碍对交通信号及标识的辨认。

2. 常用光源选择

道路照明设计时应依据道路等级对路面照（亮）度的要求，考虑选择光效高、寿命长且光色适宜的光源。

（1）高压钠灯　快速路和主干路宜选择高压钠灯；次干路和支路也可选择高压钠灯。高压钠灯的能效指标应达到或超过 GB 19573—2004《高压钠灯能效限定值及能效等级》规定的节能评价值，并优先选用达到标准规定的能效等级为 1 级的产品。高压钠灯能效等级详见表 5 - 8。应选择高光效、长寿命的光源进行道路照明设计，禁止在维修养护时使用非高效、长寿命的光源替换。

表 5 - 8　高压钠灯能效等级表

额定功率/W	最低平均初始光效值/（lm/W）		
	能效等级		
	1 级	2 级	3 级
50	78	68	61
70	85	77	70
100	93	83	75
150	103	93	85
250	110	100	90
400	120	110	100
1000	130	120	108

（2）发光二极管（LED）灯　对于快速路和主干路，次干路和支路，居住区机动车和行人混合交通道路，市中心、商业中心等对颜色识别要求较高的机动车道路，可采用LED灯。对于商业区步行街、居住区人行道路、机动车交通道路两侧人行道或非机动车道，也可采用LED灯。采用LED灯光源时，应采用发光效率大于100lm/W的LED，在城市道路照明中使用LED，应注重其经济性、先进性及适用性。①使用寿命长、维护费用低、寿命不少于50 000h；②具有高效光学系统并具有适用于道路照明的蝙蝠翼形配光曲线灯具；③在有效工作时间内光色柔和恒定，无闪烁，LED灯具组件应符合模块化、标准化和通用化要求。

（3）金属卤化物灯　对于快速路和主干路，次干路和支路，居住区机动车和行人混合交通道路，市中心、商业中心等对颜色识别要求较高的机动车道路，可采用金属卤化物灯。对于商业区步行街、居住区人行道路、机动车交通道路两侧人行道或非机动车道，可采用小功率金属卤化物灯。金属卤化物灯的能效指标应达到GB 20054—2015《金属卤化物灯能效限定值及能效等级》中能效等级为2级的要求，宜推广能效等级达到1级的产品（见表5-9和表5-10）。

表5-9　钪钠系列金属卤化物灯能效等级

灯类型	标称功率/W	初始光效/（lm/W）		
		1级	2级	3级
单端	50	84	66	56
	70	90	79	67
	100	96	84	72
	150	100	88	76
	175	102	90	64
	250	104	92	70
	400	107	96	76
	1 000	110	99	85
	1 500	127	121	87
双端	70	85	75	61
	100	95	88	72
	150	93	85	71
	250	90	82	68

表 5 - 10　陶瓷金属卤化物灯能效等级

标称功率/W	初始光效/（lm/W）		
	1 级	2 级	3 级
20	85	82	78
25	88	81	80
35	91	86	78
70	95	91	85
100	98	95	89
150	100	96	90
250	103	101	98
400	101	98	95

（4）荧光灯　对于商业区步行街、居住区人行道路、机动车交通道路两侧人行道或非机动车道，可采用细管径荧光灯、紧凑型荧光灯。T5 和 T8 荧光灯应采用三基色荧光粉产品，不应采用卤粉灯。选用荧光灯应符合国家节能认证标准 GB 19043—2013《普通照明用双端荧光灯能效限定值及能效等级》，且平均寿命应不少于 10 000h，显色指数不低于 80。选用紧凑型荧光灯，平均寿命应不少于 10 000h，光效应符合国家节能认证标准GB 19044—2013《普通照明用自镇流荧光灯能效限定值及能效等级》）。

3. 电器附件选择

主要包括 LED 灯驱动电源、高强度气体放电灯和荧光灯镇流器的选择等。

（1）LED 灯驱动电源　LED 灯驱动电源的选择应符合 SJ/T 11558.1—2016《LED 驱动电源　第 1 部分　通用规范》、SJ/T 11558.2.1—2016《LED 驱动电源　第 2 - 1 部分：LED 路灯用驱动电源》、SJ/T 11558.2.2—2016《LED 驱动电源　第 2 - 2 部分：LED 隧道灯用驱动电源》等相关标准规定。

（2）高压钠灯镇流器　高压钠灯镇流器应采用能效因数 BEF 达到 GB 19574—2004《高压钠灯用镇流器能效限定值及节能评价值》规定的能效限定值标准的产品。高压钠灯镇流器能效限定值和节能评价值见表 5 - 11。

表 5 - 11　高压钠灯用镇流器能效限定值和节能评价值

额定功率/W		70	100	150	250	400	1000
BEF	能效限定值	1.16	0.83	0.57	0.34	0.214	0.089
	目标能效限定值	1.21	0.87	0.59	0.354	0.223	0.092
	节能评价值	1.26	0.91	0.61	0.367	0.231	0.095

（3）金属卤化物灯用镇流器　金属卤化物灯用镇流器的能效因数 BEF 应达到 GB

20053—2015《金属卤化物灯用镇流器能效限定值及能效等级》中能效等级为 2 级的要求，宜采用能效等级达到 1 级要求的产品。金属卤化物灯用镇流器能效等级见表 5 - 12。

表 5 - 12　金属卤化物灯用镇流器能效等级

标称功率/W	效率（%）		
	1 级	2 级	3 级
20	86	79	72
35	88	80	74
50	89	81	76
70	90	83	78
100	90	84	80
150	91	86	82
175	92	88	84
250	93	89	86
320	93	90	87
400	94	91	88
1 000	95	93	89
1 500	96	94	89

（4）高强度气体放电灯镇流器　宜配用节能型电感镇流器，150W 及以上的光源慎用电子镇流器。配用的触发器、镇流器等控制器件寿命必须与光源寿命、启动特性一并考虑。

（5）直管形荧光灯镇流器　应配用电子镇流器或节能型电感镇流器。电子镇流器平均寿命不应小于 12 000h，其安全性、电磁兼容性和谐波失真应达到国家标准要求。

4. 灯具与灯杆选择

灯具与灯杆的选择必须首先符合城市道路明的使用要求，此外，主要考虑其外观结构，既要结构合理、开启灵活且外形美观，又要便于安装和维修。

（1）灯具的选择

1）灯具光学类型的选择。快速路、主干路必须采用截光型或半截光型灯具；次干路应采用半截光型灯具；支路宜采用半截光型灯具。采用高杆照明时，应根据场所特点，选择具有合适功率和光分布的泛光灯或截光型灯具。

2）装饰性或功能性灯具选择。对于商业区步行街、人行道路、人行地道、人行天桥以及有必要单独设灯的非机动车道，宜采功能性和装饰性相结合的灯具。当采用装饰性照明灯具时，其上射光通量比不应大于 25%，且机械强度应符合 GB 7000.1—2015《灯具　第 1 部分：一般要求与试验》和 GB 7000.203—2013《灯具　第 2 - 3 部分：特殊要

求　道路与街路照明灯具》的规定。

3）灯具性能选择。为了提高灯具的反射效率，应采用密封型灯具，光源腔的防护等级不应低于 IP54，环境污染严重、维护困难的道路和场所，光源腔的防护等级不应低于 IP65。灯具电气腔的防护等级不应低于 IP43。通行机动车的大型桥梁等易发生强烈振动的场所，采用的灯具应符合国家标准 GB 7000.1—2015《灯具　第 1 部分：一般要求与试验》规定的防振要求。

4）灯具效率选择。在满足灯具相关标准及光强分布和眩光限制要求的前提下，常规道路照明灯具效率不得低于 70%，泛光灯效率不得低于 65%。灯具应整体考虑节能性和经济性，防止灯具散热性能不好而缩短光源和电器寿命。

（2）灯杆选择

1）灯杆高度选择。灯杆安装高度与灯具的配光类型、布灯方式和路宽有关。应依据标准和规划的相关要求进行选择。

2）灯杆材料选择。常见的灯杆有钢质灯杆、铝质灯杆、木质灯杆及玻璃钢灯杆。我国目前常用的是钢质灯杆，因其比较经济，又能满足承载负荷的要求。在特殊场所则需选用其他类型的灯杆。灯杆的金属配件应采用不锈钢、热镀锌钢构件等防腐材料，装饰配件材质宜选用铝合金、不锈钢等质量轻、防腐性能好的材料。

3）灯杆防腐选择。为有效防止灯杆被腐蚀，通常对金属灯杆进行热镀锌处理或热镀锌加喷塑处理。因受投入或时间因素的影响时亦可进行喷（涂）漆处理，热镀锌加喷塑处理主要是为了增强美观性。

4）杆形选择。目前，常用的杆形有单管圆锥形、单管多边形、等径双管组合形、非等径双管组合形和一次成形的悬臂形等几种形状，它们各自都有其优缺点。一般选用单管圆锥形或单管多边形，因其经济实用，机械强度好。

5. 电线电缆选择

为保障城市基础设施的运行安全、美化市容环境，城市道路照明采用地埋电缆线路敷设方案已成为必然趋势。与架空线路相比，地埋电缆线路虽然一次性投资较大，故障巡检时间较长，调整和改造线路都相对困难，但其具备不受雷电、暴风雨等自然灾害影响等优点。若合理选择使用，电缆线路使用寿命长、故障率低，日常运行维护安全可靠，不需频繁巡视。

（1）型号选择　路灯电缆线的额定电压需要根据线路的电压等级确定；电缆线芯的截面需要根据线路的容量和配电距离确定；电缆保护层的型号需要根据线路的敷设条件确定。VV（VLV）型电缆是铜（铝）芯聚氯乙烯绝缘聚氯乙烯护套电力电缆，即全塑电缆，路灯常用 500V 或 1000V 的电压等级。其线芯的长期允许工作温度是 65℃，可以在

40℃环境温度下使用。全塑电缆的优点是机械和电气性能好，对酸碱成分稳定，具有耐日光、耐潮湿、成本低、施工方便等特点，但这种电缆不能承受机械外力作用，直接埋地时必须穿管保护。VV_{22}（VLV_{22}）型电缆是铜（铝）芯聚氯乙烯绝缘聚氯乙烯护套钢带铠装电力电缆，能承受机械外力作用，但不能受较大的拉力，可直接埋地敷设。YJV（YJLV）型电缆是铜（铝）芯交联聚氯乙烯绝缘聚氯乙烯护套电力电缆，线芯长期允许工作温度为80℃，在同材质、同截面且电流值相等时，交联电缆的寿命要长得多，但价格比全塑电缆贵。

（2）截面选择　电缆除按电压级别和使用环境选择其型号外，主要是截面的选择。由于路灯负荷的特点是工作电流较小，输送距离相对较远，所以其截面的选择主要取决于5s内切断末端短路故障所需的电缆截面。其次，要考虑线路末端电压。根据 CJJ 45—2015《城市道路照明设计标准》要求，线路末端电压不能低于198V。电缆截面的具体选择方法有以下几种。

1）按及时切断末端接地故障选择电缆截面。根据 GB 50054 - 2011《低压配电设计规范》，灯杆等固定电器切断接地故障的时间宜小于5s，这需要有足够大的短路电流，即要有足够小的故障回路电阻。因此，需要选择足够大的电缆截面。一条路的灯数确定后，就可算出每一回路的工作电流 I_j，根据电流大小，可选定电缆出线熔断器熔丝（或断路器，下同）的额定电流 I_n。路灯常用 63A 以下的熔丝，如果有 5 倍 I_n 的短路电流通过，就都能在 5s 内切断故障。短路电流计算需先算出阻抗，但常用的 35mm² 以下的铜电缆，配电半径在 500m 左右的末端接地故障电流，用电缆电阻代替回路阻抗，计算结果的偏差少于 5%。截面选择可简化如下。

①确定熔丝（或断路器）额定电流 I_n。根据路灯数量可以算出其工作电流 I_j，留 50% 的裕量，则

$$I_n > 1.5I_j \qquad\qquad (5-15)$$

②按式（5-16）算出相保电阻 $R'_{\phi p}$

$$R'_{\phi p} < 44/I_n L \qquad\qquad (5-16)$$

式中　I_n——熔丝定额电流（A）；

　　　L——电缆从始端到末端的距离（km）。

③查表，找出相保电阻小于 $R'_{\phi p}$ 计算值的电缆截面。

由于路灯线路较长，在三相配电的电缆线路中，按上述计算能及时切断接地故障的电缆截面，均能符合电压损失和允许载流量的要求。

2）按允许电压损失选择电缆截面。线路的电压损失越大，灯泡的实际工作电压就越低，灯泡发出的光通量也就越少。过低的电压还会使气体放电灯间断熄灭，加速灯泡的损坏。按设计标准规定，末端电压应不低于 198V，如果始端电压为 220V，则电压损失

可为 10%，考虑到始端电压有可能不足 220V，则允许电压损失宜控制在 5% 为好。

①忽略线路电抗时的电压损失计算式。电流通过线路时，线路电阻和电抗都会产生电压损失，由于电抗比电阻小得多，当只考虑电阻而忽略电抗时，电压损失可按式（5–17）计算，即

$$\Delta U\% = \frac{k10^5}{\gamma SU^2}PL \qquad (5-17)$$

式中　P——负载功率（kW）；

　　　L——线路长度（m）；

　　　γ——线路电导率［m/（$\Omega \cdot$ mm^2）］；

　　　S——导线截面（mm^2）；

　　　U——相电压，220V；

　　　k——系数，三相平衡配电，$k=1$；单相配电，$k=2$。

②计入线路电抗时的电压损失计算。气体放电灯要串联电感镇流器才能正常工作，其电流的相位滞后于电压，功率因数较低，电压损失宜按电流矩法进行计算。电压损失按式（5–18）计算，即

$$\Delta U\% = kM_i\Delta U_a\% \qquad (5-18)$$

式中　$\Delta U\%$——电压损失百分数；

　　　k——系数，三相平衡配电，$k=1$；单相配电，$k=2$；

　　　M_i——电流矩（A·km）；

　　　$\Delta U_a\%$——单位电流矩的电压损失数；根据电缆截面、负荷功率因数和敷设方式查表确定。

$$末端集中负荷 \ M_i = IL \qquad (5-19)$$
$$沿线均布负荷 \ M_i \approx 0.5IL \qquad (5-20)$$

式中　I——线路始端电流（A）；

　　　L——线路始端到末端距离（km）。

路灯的功率因数 $\cos\phi$ 为

$$\cos\phi = \frac{P_灯 + P_镇}{U - I} \qquad (5-21)$$

式中　$P_灯$——灯泡功率（W）；

　　　$P_镇$——镇流器消耗功率（W）；

　　　U——电源电压，220V；

　　　I——灯的工作电流（A）。

3）按发热条件选择电缆截面。由于导线有一定的电阻，当电流通过时就有电能损

耗，使导线发热，温度升高，并与周围介质的温度形成温差。对于电缆，温度过高会使绝缘老化加快，甚至损坏。由于导线的截面积越大，电阻越小，当有一定的电流通过时，导线发热的温升也较小。按发热条件选择导线截面，就是要选出一个截面足够大的导线，当一定的电流通过时，不会超过规定的允许温度。根据导线允许的最高工作温度的规定（例如全塑电缆为65℃），已将导线允许的长期工作电流列成表格备查，在表中查到的电流值需大于导线的实际工作电流。但必须注意，表中所列的电流值，是在所列的环境温度时对应的电流值，如果实际环境温度不同，允许的长期工作电流还要乘以附表所列的修正系数。

6. 配电变压器选择

配电变压器应优先选用低损耗变压器，选用三相配电变压器的，其能效指标应达到 GB 20052—2013《三相配电变压器能效限定值及能效等级》中的目标能效限定值要求，宜推广能效等级达到节能评价值的产品，如非晶态铁心变压器等。配电变压器负荷应考虑三相负荷平衡，提高功率因数，避免迂回供电，缩短供电半径，以减少电能损耗。选用的节能设备不应影响电能质量，尤其要防止谐波超标，保证供电质量。部分地区也可选用节能型单相变压器。

（1）变压器型号选择　应选择低损耗变压器（如 S11、S13 以上系列变压器）、非晶态铁心变压器等。几种型号的变压器排序见表 5 – 13。

表 5 – 13　按型号选取变压器排序

变压器型号	空载电流（%）	空载损耗/W	选取排序
S13 – 100/10	0.9	165	1
S13 – 160/10	0.6	220	2
S11 – 100/10	1.2	180	3
S11 – 160/10	0.8	280	4

下面简要介绍 S11 系列变压器、非晶合金变压器及单相变压器的优点。

1）S11 系列变压器。S11 系列变压器具有低噪声、低损耗等特点。由于铁心（横截面为纯圆形）连续卷绕，充分利用了硅钢片的取向性，使空载损耗比 S9 系列变压器降低了 20% ~ 30%。其铁心无接缝，可有效减少磁阻，空载电流减少 60% ~ 80%，提高了功率因数，降低了电网线损。卷铁心结构呈自然紧固状态，无需夹件紧固，避免了因铁心夹紧所带来的铁心性能恶化，损耗增加。卷铁心自身是一个无接缝的整体，且结构紧凑，运行时噪声水平降低到 30 ~ 45dB。

2）非晶合金变压器。非晶态合金与晶态合金相比，在物理、化学和力学性能方面都发生了显著变化。以铁基非晶合金为例，它具有高饱和磁感应强度和低损耗特点。非晶合金变压器由于使用了新的软磁材料——非晶合金，变压器的性能超越了各类硅钢变压器，是理想的节能型变压器。其主要特点为其铁心采用非晶合金带材卷绕而成，载损耗仅为 SL 型变压器的 25%、S11 型变压器的 40% 左右。

3）单相变压器。在低压配电网中，提倡采用"小容量、密布点、短半径"的供电方式，使用单相变压器能明显降低低压配网线损。使用同样材料、相同容量的单相变压器，比三相变压器的空载损耗小，且其可使高压线路进一步接近负荷点，从而缩小低压供电半径，降低低压配网损耗。单相变压器小容量、密布点的供电方式，还可增加用户数量，提高供电可靠性。在负荷紧张时拉闸限电，采用单相变压器能缩小停电范围，减少对用户供电可靠性的影响。此外，采用单相 V/V0 变压器供电，便于实现路灯下半夜自动降压节电。

（2）变压器联结组标号的选择　CJJ 45—2015《城市道路照明设计标准》第 6 章照明供电和控制中，推荐变压器应选用联结组标号为 Dyn11 的三相配电变压器，并应正确选择电压比和电压分接头。Dyn11 三相配电变压器是指高压绕组为三角形，低压绕组为星形且有中性点和"11"的三相配电变压器，Dyn11 比 Dyn0 的零序阻抗要小得多，有利于单相接地短路故障的切除。此外，Yyn0 的变压器要求中性线电流不超过低压绕组额定电流的 25%，严重限制了接用路灯这类单相负荷的平衡度，影响了变压器设备能力的充分利用，因而在道路照明配电系统中，推荐采用 Dyn11 配电变压器。

（3）变压器容量选择

1）路灯专用变压器容量的确定，首先要满足路灯用电需要。确定路灯容量时应注意，道路照明使用的多数是气体放电灯，灯炮的标称功率是指放电管的功率，不包含镇流器的损耗。例如，100W 高压钠灯，其镇流器损耗是 16.2W，整套灯的功率为116.2W，若忽略镇流器损耗，计算得出的容量就会比实际容量小 15% 左右。

2）变压器的负荷率宜在 70% 左右。变压器的容量并非越大越好，容量越大，负荷率减小，造价也相应增多。在不增加输出功率的情况下，空载损耗随容量增加将导致效率降低，不符合高效节能的要求。相对地，负荷率进一步提高后，虽然空载损耗不增加，但绕组中铜线电阻的损耗因与电流的二次方成正比，增加得更快，过高负荷率的效率同样要下降。经分析，负荷率在 70% 时，变压器传输能量的效率最高。

（4）调压方式选择　区域性用电负荷和不同时段用电负荷的不均衡性会造成电压波动，如在午夜时，电网的用电负荷处在低谷，路灯电压普遍超过 230V。电网电压升高会导致路灯的光通量增大，路面照度明显升高，此时道路交通量降到低谷、行人稀少，高电压不仅会造成能源浪费，带来高额的电费支出，还会加速灯具老化。因此，实时调压是目前各类节能装置的关键点。采用有载调压变压器，可通过转换分接头档位改变电压的大小及精度，以保证供电电压质量，提高供电可靠性，并使照明灯具在正常电压下工作，延长灯具使用寿命，较好地实现照明节能。

5.1.6　道路照明设计文件编制

城市道路照明设计文件一般由设计图样目录、设计说明书、设计图样、主要设备和材料表、概（预）算书组成。

1. 设计图样目录

列出拟建照明工程图样的名称、图别、图号、规格和数量。图样的排列顺序为：先排列新绘制的图样，后排列选用的标准图和重复使用的工程设计图。

2. 设计说明书主要内容

（1）工程概况　道路起讫点、道路断面分布情况、路灯安装位置、线缆敷设方式，以及全线共装各种形式的路灯总容量、变配电箱数量等。

（2）设计依据　说明拟建工程批准文件和依据、标准，当地供电部门技术规定、其他专业提供的设计资料等。

（3）设计范围　依据上级主管部门批准下达的工程项目有关资料，说明工程内容和分工，如果为扩建、改建和新建工程时，应说明原有路灯设施与新改建路灯设施之间的相互关系和提供的设计材料。

（4）供电设计　说明供电电源电压，电源位置、距离、专用线路或非专用线路、电缆或架空线、供电可靠性、变压器容量和对供电安全所采取的措施等。

（5）配电设计　说明拟建工程总照明负荷分配情况及计算结果，给出各分、回路设施的容量、计算电流和补偿前后的功率因数等。采用何种接地保护系统，对接地电阻值的要求，导线型号、规格的选择，线路敷设方式等内容。

（6）道路照明设计　应根据道路和场所照明要求，选择照明灯具的布置方式，确定道路快慢车行道、人行道或广场等的路面平均光度（或路面平均照度）、路面亮度总均匀度和纵向均匀度（路面照度均匀度）、眩光限制、环境比、功率密度和诱导性等指标。光源与照明器具的选择，如灯杆材质和高度、仰角、单悬挑/双悬挑、组合灯具及安装注意事项。

（7）监控系统设计　说明信号装置种类、设置场所和控制方式、分散控制或集中控制、控制设备的选择和监控系统能达到的使用要求。

设计文件主要以图样为主，设计说明是设计图的补充，凡图中已表示清楚的，设计说明中可不再赘述。

3. 设计图样要求

（1）变配电系统图　绘制成单线系统图，在下方或近旁设标注栏，标明设备元器件的型号、规格、母线、电压等级和电工仪表，标注栏应由上至下依次标注。一个工程中有两个及以上供配电设备，一、二次回路和负荷分配图相同，只画一个供配电系统图即可；如果一、二次回路线路相同，负荷不同，则应将每一个负荷分配图都绘制出来，包括道路照明工程一次回路系统示意图、二次回路系统示意图和负荷分配示意图。

（2）变配电室平面图　按比例画出变压器、配电屏（柜）和电容器柜等平面布置、安装尺寸。采用标准图时，应注明标准图编号和页次。

（3）变配电室接地系统平面图　绘制接地体和接地线的平面布置、材料规格、埋设深度和接地电阻值等。采用标准图时，应注明标准图编号和页次。

（4）道路照明平面图　画出道路的几何形状（如住宅小区画出建筑物）平面轮廓，平面布置供配电箱式变配电室、配电箱、灯位、线路走向和手（人）孔井位置。图中应标出架空（地埋管线）线路的型号、规格、线路走向、敷设方法、灯杆间距、手（人）孔井编号和灯位设计编号等。

（5）监控系统图　监控（防盗）系统绘制框图或原理图即可，信号系统和监控环节的组成和精度要求由监控系统设计制作单位提供资料。

（6）灯柱、照明器具、管线位和道路断（立）面图　绘制道路断面画上灯具杆位、高度、仰角、悬挑长度和管线位置等图示，标注各种施工安装尺寸。

（7）其他部件图　绘制灯杆设计图、混凝土基础图、箱式变电站基础图、配电箱（柜）设计图、手（人）孔井和过渡接线箱施工图和电缆线路埋设示意图等。采用标准图时，应注明标准图编号和页次。

（8）主要材料及设备表　列出整个工程的照明电器产品和非标准设施的数量、规格、型号及主要材料明细表。

（9）设计计算书　道路照明工程的负荷计算、照度（亮度）计算、导线截面计算、电压降、功率因数、照明功率密度等计算，以及特殊部分的计算结果，分别列入设计说明书和设计图样中。各部分计算书应经技术负责人审核并签字，作为技术文件归档，不外发。

（10）工程设计技术交底　一项工程或子项工程施工图设计完成后，在施工（安装）之前，设计人员应向施工负责人进行工程设计技术交底，主要介绍工程设计意图，强调施工中应注意的事项，解答施工项目经理及施工人员提出的技术问题。

5.2　城市景观照明设计

城市景观照明设计应符合城市夜景照明专项规划要求，并宜与工程设计同步进行。城市景观照明设计对象主要包括建筑物、构筑物和特殊景观元素（如桥梁、雕塑、塔、碑、城墙和市政公共设施等）、商业步行街、广场、公园、广告与标识等。景观照明设计应注重整体效果，做好照明方案设计，通过技术经济分析，合理选择照明光源、灯具和照明方式。突出重点、兼顾一般，创造出舒适和谐的夜间光环境。

5.2.1 景观照明设计阶段及要求

城市景观照明设计的目的是利用灯光将城市元素加以重塑，将景观照明本身的特性体现出来，达到区域记忆标志性及持久性的文化认同，丰富人文环境，并有机地组合成一个和谐、美观和富有特色的景观图画，给人以"美"的享受。

1. 城市景观照明设计阶段

根据工程设计流程，城市景观照明设计可分为设计前期准备、概念设计和深化设计三个阶段。

（1）设计前期准备阶段 城市景观照明需要展现一个城市或地区的夜间景观形态，体现一个城市的文化特色。因此，在进行城市景观照明设计时，需要进行较多的前期准备工作，主要包括前期勘探、了解需求和文化研究。

1）前期勘探。即直接前往建设地点，仔细观测用地状况和周边环境状况，必要时还需测量周边环境的亮度水平。现场实际观测时，要力求从多个视点进行观测，远近结合、俯仰结合。可以先寻求一个视点，例如通过飞机或城市制高点观察鸟瞰夜景，获得景观整体形象；再由远及近观察周围环境照明情况及照明对象的结构、造型和照明现状。此外，需要对日景和夜景的关系进行一定的统计记录，可利用拍摄、文字记录或手绘草图等方式进行记录。

2）了解需求。即在前期勘探过程中，深入了解委托方提供的任务书和各种资料，并与委托方当面沟通，从不同角度了解委托方的景观照明需求、效果倾向及其他相关要求。

3）文化研究。即收集设计对象所处城市或区域的地域文化信息，以便提取地域文化元素。可以采用问卷调查方法，通过设计开放式问卷，鼓励被访者自由回答，了解居民对室外环境的理解和需求（心理调查），掌握真实的第一手资料。

（2）概念设计阶段 所谓概念设计，就是编制城市景观照明设计初始方案。与道路照明相比，景观照明设计较为注重方案设计，强调照明效果模拟演示。景观照明设计师首先需要研究建筑设计方案，构思照明设计方案，随后与委托方及建筑设计方进行沟通，当获得认可后，即可将设计方案中存在的灯具安装不便或不美观问题，向建筑设计方提出修改建议，从而尽可能消除不利于景观照明的建筑设计内容。在进行景观照明工程概念设计阶段前，委托方需明确照明工程的初步投资预算，并设定景观照明工程的目标及功能性、实用性要求。

1）设计方案比选。景观照明设施的维护较为困难，因此，景观照明设计应进行方案比选。需综合考虑光源照度、灯高布置和灯杆型式等一系列因素，选择工程造价低、照明效果好的方案。

2）设计方案论证。城市景观照明概念设计方案应通过设计方案论证比选，也可邀请社会公众参与设计方案比选。最终，应由根据有关各方提出的合理化建议和意见完善并调整景观照明概念设计方案。

3）设计方案确定。经设计单位汇总成套的景观照明概念设计方案，交由委托方组织照明专家及建筑设计师进行审核会签后，最终确定概念设计方案。

（3）深化设计阶段　在景观照明概念设计方案经会签确认后，即可进入深化设计阶段。

1）照明灯具选配。根据概念设计方案、功能性要求和节能目标等进行专业照明灯具选配，编制不同点、线、面结构的照度计算书和含选配灯具技术参数的器具资料及设备配置清单。通过拟用照明器具的仿真试验，论证设计效果的逼真程度，并依此调整照明器具选型，以达到最佳照明效果。此外，还应根据建筑结构平面图和立面图绘制照明平面布灯点位图、照明立面布灯点位图和灯具节点安装大样图。

2）照明系统配电和智能控制设计。根据景观照明的功能性和节能性要求，对照明系统进行配电，并绘制电气工程施工图。同时，还要设计合理的智能控制系统，绘制详尽的智能控制系统图和智能控制平面图。

3）图样会审。在完成成套的电气工程施工图后，应组织图样研讨与会审，针对整体控制功能是否合理、电气控制回路平面布置是否最优化、三相电气回路负载配置是否均衡和能否结合城市亮化工程进行统筹规划控制等提出合理的改善建议，然后调整设计并绘制可行的成套景观照明电气工程施工图。

2. 城市景观照明设计原则

城市景观照明设计应遵循以下原则：

（1）以人为本，和谐统一　城市景观照明要遵循以人为本的原则，不仅要充分考虑本地市民的欣赏习俗，还要适应城市旅游业发展，满足各地游客的不同需求。城市景观照明应与被照对象和周围环境相适应，准确塑造出被照对象的形象特征和文化内涵，根据建筑物的特征、功能、风格、饰面材料、环境、建筑设计意图及用户要求等综合确定方案，充分体现城市景观的历史与人文内涵，通过灯光文化描绘与烘托夜间景观主题，展现灯光艺术的无限魅力。城市景观照明还应与城市现代化发展水平相统一，积极应用高新照明技术，体现城市现代化和科技水平。

（2）使用安全，消除隐患　我国城市景观的主要特点是露天开放，游客较多，会出现大量的人员接触。因此，在进行景观照明设计时，一定要遵循安全原则。在我国当前技术中，城市水景是最容易出现安全事故隐患的景观照明。进行城市水景照明设计时，要保证材料质量，选择与光源相适应的高等级防水灯，在考虑景观优美程度及环境需求的同时，尽量选择高等级防护产品，采用高等级高规格的特殊防漏电保护措施，防止设备损耗的同时，也要防止设备出现故障而导致严重安全事故隐患的存在。

（3）生态环保，防止光污染　城市景观照明工程应严格按相关照明标准进行设计，照度、亮度及照明功率密度值等应控制在规定范围内，不得随意提高照明标准。要合理选用景观照明方式和方法，应用照明节能高新技术，充分利用太阳能和天然光，用光伏发电技术为夜间景观照明提供电能，合理控制景观照明系统，加强管理，减少能源浪费，节约用电。同时，应合理设计灯具安装位置、照射角度和遮光措施，以避免光污染。随着城市照明的迅速发展，我国城市景观照明产生的光干扰和光污染问题已开始显现，如部分地区夜间照明的溢散光、眩光或反射光，不仅会干扰人们的休息，造成机动车驾驶人开车紧张，而且使夜空笼罩了一层光雾，对天文观察也会产生严重影响。

（4）舒适为宜，慎用彩色光　城市景观照明设施应具有良好的适用性，光度、色彩和电气性能等应符合照明标准要求，彩色光应与建筑功能、建筑表面颜色、建筑周围环境的色调和特征等相协调，不要出现过大色差。对一些大型公共建筑，如政府办公大楼，其照明色调应庄重、简洁，一般应使用无色光照明，必要时也只能局部使用小面积彩色光，且彩色光的彩度不宜过大；对商业或文化娱乐建筑，可采用彩度较高的多色光进行照明，以营造繁华、兴奋和活跃的彩色气氛。暖色调的建筑表面宜用暖色光照明，冷色调的建筑表面宜用白光照明，对色彩丰富和鲜艳的建筑表面宜用显色性好、显色指数高的光源照明。

5.2.2　景观照明设计标准

依据 JGJ/T 163—2008《城市夜景照明设计规范》，建筑物、构筑物和特殊景观元素、商业步行街、广场、公园、广告与标识等均应符合相应设计标准。

1. 建筑物、构筑物和特殊景观元素

建筑物、构筑物和特殊景观元素照明评价指标应采取亮度或与照度相结合的方式，照度和亮度标准值见表5-14。建筑物和构筑物的入口、门头、雕塑、喷泉和绿化等，可采用重点照明突显特定目标，被照物的亮度和背景亮度的对比度宜为3~5，且不宜超过10~20。

表 5-14　不同城市规模及环境区域建筑物泛光照明的照度和亮度标准值

建筑物饰面材料		城市规模	平均亮度/（cd/m²）				平均照度/lx			
名称	反射比 ρ		E1 区	E2 区	E3 区	E4 区	E1 区	E2 区	E3 区	E4 区
白色外墙涂料，乳白色外墙釉面砖，浅冷、暖色外墙涂料，白色大理石等	0.6~0.8	大	–	5	10	25	–	30	50	150
		中	–	4	8	20	–	20	30	100
		小	–	3	6	15	–	15	20	75
银色或灰绿色铝塑板、浅色大理石、白色石材、浅色瓷砖、灰色或土黄色釉面砖、中等浅色涂料、铝塑板等	0.3~0.6	大	–	5	10	25	–	50	75	200
		中	–	4	8	20	–	30	50	150
		小	–	3	6	15	–	20	30	100
深色天然花岗石、大理石、瓷砖、混凝土、褐色、暗红色釉面砖、人造花岗石、普通砖等	0.2~0.3	大	–	5	10	25	–	75	150	300
		中	–	4	8	20	–	50	100	250
		小	–	3	6	15	–	30	75	200

注：1. 城市规划及环境区域（E1~E4 区）的划分参考 JGJ/T 163—2008《城市夜景照明设计规范》。

　　2. 为保护 E1 区（天然暗环境区）生态环境，建筑物立面不应设置夜景照明。

2. 商业步行街

商业步行街的商店入口照明设计可采用重点照明突显特定目标，被照物的亮度和背景亮度的对比度宜为 3~5，且不宜超过 10~20。商业步行街的道路照明设计应符合行业标准 CJJ 45—2015《城市道路照明设计标准》的相关规定。

3. 步道和广场等室外公共空间

步道和广场等室外公共空间照明评价指标宜采用地面水平照度（简称地面照度 E_h）和距地面 1.5m 处半柱面照度（E_sc），照度标准值见表 5-15 和表 5-16。

表 5-15　广场绿地、人行道、公共活动区和主要出入口照度标准值

照明场所	绿地	人行道	公共活动区				主要出入口
			市政广场	交通广场	商业广场	其他广场	
水平照度/lx	≤3	5~10	15~25	10~20	10~20	5~10	20~30

表 5 - 16   公园公共活动区域的照度标准值

区域	最小平均水平照度 $E_{h,min}$/lx	最小半柱面照度 $E_{sc,min}$/lx
人行道、非机动车道	2	2
庭园、平台	5	3
儿童游戏场地	10	4

4. 广告与标识

广告与标识照明应规定平均亮度最大允许值，符合表 5 - 17 的规定。

表 5 - 17   不同环境区域、不同面积的广告与标识照明平均亮度最大允许值   （单位：cd/m²）

广告与标识照明面积/m²	环境区域			
	E1	E2	E3	E4
$S \leqslant 0.5$	50	400	800	1000
$0.5 < S \leqslant 2$	40	300	600	800
$2 < S \leqslant 10$	30	250	450	600
$S > 10$	–	150	300	400

5.2.3   景观照明方案设计

1. 方案设计应考虑的主要因素

景观照明方案设计应综合考虑自然环境、人文环境、工程建设和技术设备等因素。

（1）自然环境因素   自然环境包括景观照明工程所处的物理环境、化学环境和生物环境等。自然环境中的空气和各种气体、水、粉尘和化学物质等，对照明器材产生氧化、腐蚀和光线阻碍等作用，会对景观设计的最终结果造成影响。在进行景观照明设计时还应考虑当地动植物种类、生长状况及分布情况，使城市照明工程建设能够突出自然景观特色，但不影响自然生态环境的稳定性，避免光污染的产生。

（2）人文环境因素   人文环境是人类社会所特有的一个综合性生态环境，包含政治、文化、艺术、科学、宗教和美学等。人文环境应与自然环境协调共存，不能太过突兀。不同性质的建筑物或景观，应选用不同光色，给人以舒适的感受。如蓝色使人感到安宁和满足，红、橙、黄等暖色可使人感到兴奋、气氛温馨等。应避免可能出现的光污染、视觉污染、颜色污染等，如建筑物立面应慎用绿、蓝或紫等冷色，采用不当很容易使人感到阴森寒冷。

（3）工程建设因素   景观照明设计受投资的影响很大，在满足基本照明功能的前提下，投资的多少影响着最终的照明效果。不同类型的业主对实施景观照明设计工程往往采取不同的态度。对于营业性建筑或景观的业主，因为景观灯光的实施可以带来商机，提高经济效益，因此积极性较高，但存在着相互比较亮度、争高低的现象，盲目地增加照明设施，这样既增加了投资又破坏了景观的整体艺术效果。对于非营业性景观的业主，则可能存在积极性不高或尽可能地减少投入，同样也会影响景观的整体照明效果。

（4）技术设备因素　半个多世纪以来，我国照明技术从光源、照明器具到照明工程设计都发生了很大变化。20 世纪 50 年代，我国生产和应用的光源大多为白炽灯和荧光灯；20 世纪 60 年代初，开始生产卤钨灯和荧光高压汞灯，比白炽灯光效更高、寿命更长；20 世纪 70 年代初，开始有了高压钠灯。近 20 年来，随着新光源、新灯具的出现，高新技术和高科技照明器材开始在夜景照明工程中推广应用。景观照明设计师在进行设计时的选择增多，城市景观照明的多样性也在不断增加。景观照明设计应首要保证照明设备的安全性及可靠性，优先选用节能环保型技术设备，兼顾其是否便于维修的特点，并尝试应用先进的创新型照明设备。

2. 方案设计步骤

方案设计主要分为三个阶段，即：调研阶段、分析阶段和设计构思阶段。

（1）调研阶段　此阶段调研对象主要包括工程投资方、设计方和现场环境。其中，工程投资方从资金数量上控制着方案设计的深度和规模，对投资规模进行调研，能大体确定照明工程规模、电气设备档次等设计因素。对工程设计方的调研主要是了解景观照明设计师的设计意图、设计理念和设计风格等，以结合城市特色，充分发挥其设计才能。对现场环境调研，主要是调研人文、自然环境，全面了解当地风土人情，解读城市总体规划对景观照明的相关要求等。

（2）分析阶段　在进行大量调研后，需要分析和论证所掌握的材料，进而确定方案设计的总体指导思想、主视点位置及重点表现内容等。其中，确定总体指导思想是指从整体上对设计对象中各构景元素的相互关系、设计对象与环境的关系和设计所要表达的主题等进行分析。确定主视点位置是指设计者应判断出建（构）筑物或景点的主视线方向及位置。确定重点表现内容往往是指要确定通过照明凸显的标志性建（构）筑物或雕塑小品。

（3）设计构思阶段　在完成调研和分析任务之后，需要进一步确定设计对象的照（亮）度水平、照明方式、灯具布置方式、供配电和控制要求等。其中，照（亮）度水平应依据城市照明规划的相关要求，对照明前景和照明背景的影响进行分析，确定好照（亮）度值。照明方式和灯具布置也应根据设计对象的功能、特征、风格及周边环境等进行确定。此外，供配电和控制系统应确定好接地保护方式和控制方式，确保照明系统的正常工作、安全与节能。

5.2.4 景观照明器材选择

随着科学技术的不断进步，照明产品的发展也取得巨大成果。光源、灯具、电缆等照明器材不但种类齐全，而且性能显著提高。随着光源技术的发展，其光效也在稳步提升。景观照明设计应遵循安全、经济和高效的基本原则，科学合理地选择照明器材。景观照明追求的不是亮度，而是艺术的创意设计，光源和灯具类型的选择要充分考虑美观，因此，在景观照明设计中如何根据被照体表面材料的质地合理使用彩色光，对表现被照体特征、营造某种气氛、提高照明效果非常重要。

1. 光源选择

目前夜景照明常用的光源，如高压钠灯、金属卤化物灯、荧光灯和 LED 灯等，发光效率、光色及寿命差别甚大。在选灯时，应从实际情况出发，参考国家相关标准，综合考虑性价比。要大力推广 LED 灯的使用，以及与光源光电参数相匹配的高效节能电器附件。

（1）按照明方式选择 泛光照明宜采用金属卤化物灯或高压钠灯；内透光照明宜采用三基色直管荧光灯、LED 灯或紧凑型荧光灯；轮廓照明宜采用紧凑型荧光灯、冷阴极荧光灯或 LED 灯。

（2）按照明对象选择 商业步行街、广告等对颜色识别要求较高的场所宜采用金属卤化物灯、三基色直管荧光灯或其他高显色性光源；园林、广场的草坪灯宜采用紧凑型荧光灯、LED 灯或小功率金属卤化物灯；自发光的广告、标识宜采用 LED 灯、EL 灯等低耗能光源；通常不宜采用高压汞灯，不应采用自镇流荧光高压汞灯和普通照明白炽灯。

2. 灯具选择

景观照明灯具应兼具功能性和装饰性，由于大都安装在室外，灯具选用应综合考虑防水、耐腐蚀、可靠和耐用等性能，满足 JGJ/T 163—2008《城市夜景照明设计规范》相关要求。选择时应选用配光合理、控光性能好且光利用系数高的灯具。从景观效果整体角度考虑，要将选用的灯具纳入到环境之中，使灯具的选择配置与总体布局和环境质量密切关联，最终达到环境的整体统一，给人强烈的空间感染力。

（1）灯具类别 景观照明可选择的灯具种类比较多，主要有高杆灯、庭院灯、草坪灯、泛光灯、地埋灯和水下灯等。

1）高杆灯。国际照明委员会认为，灯杆高度在 20m 以上的为高杆照明。高杆灯主要是在大型广场照明中使用的。根据杆体形式不同，高杆灯可分为固定式、升降式和倾倒式三种。布置灯具时应首先考虑功能作用，在满足功能的前提下再满足美观要求。高杆灯的款式有蘑菇形、球形、荷花形、伸臂式、框架式及单排照明等，其结构紧凑，整体刚性好，组装维护和更换灯泡方便，配光合理，眩光控制好，照明范围较大。

2）庭院灯。庭院灯一般放置在公园、街心花园、小区、学校及其他相关地方，在起到照明作用的同时又达到景观效果，可使用多种式样，如古典式、简洁式等。庭院灯有的安装在草坪中，有的依花园道路、树林曲折随弯设置，达到一定的艺术效果和美感。庭院灯可用的光源也有较多种类，如节能灯、金属卤化物灯及 LED 灯等，其高度一般为 3～4m。

3）草坪灯。草坪灯主要用于公园、广场、小区、学校及其他相关地方周边的饰景照明，创造夜间景色。它是由亮度对比表现光的协调，而不是照度值本身，最好利用明暗对比显示出深远来。此外，还有采用聚乙烯材料制作的仿石及各种类型的草坪灯，特别适合于广场、休闲游乐场所和绿化带等地方。草坪灯采用的光源一般是 LED 灯。

4）泛光灯。泛光灯适用于大面积照明，常用于广场周边建筑等的照明。泛光灯适应能力强，同时具备良好的密封性能，可防止水分凝结在灯内，经久耐用。一般采用 LED 灯。

5）地埋灯。地埋灯可用于广场及广场道路的铺装、雕塑及树木等处照明，其造型比较多，有向上发光的，有向四周发光的，也有只向两边发光的，可用于不同地方。由于埋设在地下或者水下，维修比较麻烦，要求密封效果好，也避免水分凝结于灯具内，属于压力水密封灯具。地埋灯光源一般采用金属卤化物灯及 LED 灯。

6）水下灯。水下灯主要用于水池及各种喷泉等景观照明，突出水景在夜间效果。以压力水密封型设计，除有防水功能外，也要避免水分凝结于内部，且要耐腐蚀等，确保产品可靠、耐用。水下灯光源主要采用 LED 光源，要求有防漏电功能。

（2）灯具维护系数　应根据环境特征、灯具防护等级和擦拭次数按表 5－18 选定相应维护系数。

表 5－18　灯具维护系数

灯具防护等级	环境特征		
	清洁	一般	污染严重
IP5X、IP6X	0.65	0.6	0.55
IP4X 及以下	0.6	0.5	0.4

注：1. 环境特征可按下列情况区分。清洁：附近无产生烟尘的工作活动，中等交通流量，如大型公园、风景区；一般：附近有产生中等烟尘的工作活动，交通流量较大，如居住区及轻工业区；污染严重：附近有产生大量烟尘的工作活动，有时可能将灯具尘封起来，如重工业区。

2. 表中维护系数值以一年擦拭一次为前提。

3. 电器附件选择

（1）镇流器　根据 JGJ/T 163—2008《城市夜景照明设计规范》，照明设计时应按下列条件选择镇流器：直管荧光灯应配用电子镇流器或节能型电感镇流器；高压钠灯、金属卤化物灯应配用节能型电感镇流器；在电压偏差较大的场所，宜配用恒功率镇流器；光源功率较小时可配用电子镇流器。

（2）触发器　高强度气体放电灯的触发器与光源之间的安装距离应符合产品相关规定。

4. 照明供配电

（1）电缆、电线选择　由于室外环境照明供电距离较长，导线截面选择时除满足发热条件外，必须按电压损失的条件校验，导线型号及敷设方式的确定还要着重考虑室外布线条件，导线须符合使用的环境条件，供电线路宜采用四线加 PE 线三相供电，导线大多采用 YJV 电缆穿碳素纤维管理地敷设，与其他管线平行或交叉时，应严格按照《建筑电气安装工程图集》中的做法进行施工。当采用三相四线配电时，中性线截面积不应小于相线截面积；室外照明线路应采用双重绝缘的铜芯导线，照明支路铜芯导线截面积不应小于 2.5mm^2。

（2）配电变压器选择　当电压偏差或波动较大不能保证照明质量或光源寿命时，在技术经济合理的条件下，可采用有载自动调压电力变压器、调压器或专用变压器供电。当采用专用变压器供电时，变压器的联结组标号宜采用 Dyn11。

5. 照明控制

配电箱的安装位置应尽量选择在某一供电范围的中心位置，为了方便使用和节能，照明控制设计尤为重要。选择合理的控制方式不但可以节约人力、物力，还能带来管理上的便利，增强环境照明设计表现力。景观照明一般采用自动控制为主、手动控制为辅的控制方式。随着城市照明控制技术水平的提升，智能控制越来越得到重视。

（1）手动控制方式　通过在配电箱内安装简单的开关元件，依靠人工来对灯光进行控制，某些小范围且重要的场合会采取此种控制方式。手动控制方式投资少，线路简单，但开关灯均需要人工操作，灯光变化单调，且不利于管理和节能。

（2）自动控制方式　主要应用在大中型且对灯光效果要求不复杂的工程，无需人工操作、值守，一次即可完成自动控制的程序设计，通常有时控和光控两种，根据时间的变化或室外天气的变化以及某些特定程序实施对灯具的控制，可实现远程开关控制和灯光变化的控制。

（3）智能控制方式　方便、安全且多元化的智能控制已经被越来越多的人接受，灵活机动的计算机控制系统可完成特殊情况下的开关灯需求，还可实现故障报警、实时监控等目的。不仅可提高效率，节约人力、物力，还能方便及时维护整修，主要应用于大型和重要的照明工程，实现灯光分组变换及明暗变幻的调节控制，具有远程控制、检测各种工作数据、检测障碍状态、分析故障原因、系统灵活、方便扩展和减轻劳动强度等优点，缺点是一次性投资大，需要特定网络维护人员。

5.2.5　景观照明方案技术经济分析

照明系统是一个相对独立、完整的系统，包括光源灯具、电器附件、电线电缆、供配电系统和控制系统等，各组成部分的技术经济性会对整体照明系统产生影响。因此，照明方案选择应从照明系统角度出发，遵循全寿命期分析理念，对技术和经济进行全面分析。

1. 技术分析

技术分析主要考察光源和灯具能否满足相关设计要求。

（1）技术分析基本参数　包括灯的型号、灯具型号、一个灯具内的灯数、灯具寿命、灯的光通量、灯具利用系数、维护系数、照明场所长度、照明场所宽度和设计照度等。

（2）技术分析计算参数　包括照明场所面积，每个灯具中灯的平均光通量，灯具数，初始照度和实际设计照度等。

2. 经济分析

经济分析主要是估算照明系统的年平均总费用。一个照明系统运行的年平均总费用由三部分组成，即资本投资、电费和照明装置维护费。

（1）资本投资　计算式为

$$F_1 = mNG \tag{5-22}$$

式中　m——资本投资的每年偿还部分；

N——灯具数量；

G——每个灯具、接线及控制设备的费用。

（2）电费　计算式为

$$F_2 = nNWBe \tag{5-23}$$

式中　n——每个灯具中的灯数；

W——每个灯及镇流器的功率消耗（W）；

B——照明系统每年燃点时间（kh）；

e——电价［元/（kW·h）］。

（3）维护费　维护费取决于维护方式，有四种维护方式。

1）第一种维护方式。成批更换（BR）和清洁（BC）的维护方式。成批更换和清洁

的维护方式最易于管理,耗电少,与第二种维护方式相同,但外观受灯损坏的影响。其费用为

$$F_a = N(nL + L_b)/T_r + NC_b/T_c \qquad (5-24)$$

2)第二种维护方式。成批加点式更换(SR)和成批清洁(BC)的维护方式。成批加点式更换和成批清洁的维护方式较不易于管理,但比第一种维护方式的灯的外观好些。其费用为

$$F_a = N(nL + L_b)/T_r + NC_b/T_c + fnN(L + L_b)/T_r \qquad (5-25)$$

3)第三种维护方式。点式更换(SR)和成批清洁(BC)的维护方式。此方式对管理要求高,耗电多,外观可接受。其费用为

$$F_a = nNB(L + L_s)/T_{50} + NC_b/T_c \qquad (5-26)$$

4)第四种维护方式。点式更换(SR)和点式清洁(SC)的维护方式。此方式维护系数最低,通常能耗最高。其费用为

$$F_a = nNB(L + C_s)/T_{50} \qquad (5-27)$$

究竟哪种维护方式的年平均总费用最低,取决于电、灯、灯具和维护所需的人工费用。式(5-24)～式(5-27)为不同情况下维护费的计算式。

式中　　L——灯的费用;

$\qquad L_b$——成批更换每个灯具的人工费用;

$\qquad L_s$——点式更换灯具的人工费用;

$\qquad C_b$——成批清洁每个灯具的人工费用;

$\qquad C_s$——点式清洁灯具和同时更换灯的人工费用;

$\qquad T_r$——成批更换周期(年);

$\qquad T_c$——成批灯具清洁周期(年);

$\qquad f$——在 BT_r(kh)内灯损坏的部分;

$\qquad T_{50}$——50%灯完好的燃点时间(kh)。

典型的年总费用(ACO)按成批更换和清洁维护方式的计算式为

$$ACO_{BR \cdot BC} = EA/nFU[MG + nWB_e + (nL + L_b)/T_r + C_b/T_c]/O_r F_r R_c \qquad (5-28)$$

式中　　E——维持平均照度(lx);

$\qquad A$——被照亮平面的面积(m^2);

$\qquad F$——初始光通量(lm);

$\qquad U$——灯具利用系数;

$\qquad M$——维护系数;

$\qquad O_r$——灯的流量维持率在 BT_r 的值;

$\qquad F_r$——灯的完好率在 BT_r 的值;

R_e 灯具的尘埃损耗系数在 T_c 的值。

3. 照明设计方案的技术经济比较

在对不同照明方案进行技术和经济分析的基础上，可通过对比选出最优方案。

（1）技术分析参数数据

1）计算年、月、日。

2）安装照明装置的场所名称。

3）灯具型号。

4）灯的型号。

5）设计照度。

6）照明场所的长度。

7）照明场所的宽度。

8）一个灯具内的灯数。

9）灯的光通量。

10）灯具利用系数。

11）维护系数。

（2）技术分析计算数据

1）面积 = 照明场所的长度 × 照明场所的宽度。

2）每一个灯的平均光通量 = 一个灯具内的灯数 × 灯的光通量。

3）灯具数 = 设计照度 × 面积/每一个灯的平均光通量 × 灯具利用系数 × 维护系数。

4）初始照度 = 灯具数 × 每一个灯的平均光通量 × 灯具利用系数/面积。

5）实际设计照度 = 初始照度 × 维护系数。

（3）经济分析参数数据

1）灯具单价。

2）灯具安装配线单价。

3）灯的单价。

4）折旧年数。

5）每年开灯时间。

6）灯的寿命。

7）更换灯的人工费单价。

8）清洁费单价。

9）灯具输入功率

10）电价。

（4）经济分析计算数据

1）灯具费 = 灯具数 × 灯具单价。

2）灯具安装及配线费 = 灯具数 × 灯具安装配线单价。

3）灯费 = 一个灯具内的灯数 × 灯具数 × 灯的单价。

4）一次投资费 = 灯具费 + 灯具安装及配线费 + 灯费。

5）每年折旧费 = 一次投资费 × 0.9/折旧年数 + 利息 + 税。

6）每年更换灯的只数 = 一个灯具内的灯数 × 灯具数 × 每年开灯时间/灯的寿命。

7）每年更换灯费 = 每年更换灯的只数 × 灯的单价。

8）每年更换灯的人工费 = 每年更换灯的只数 × 更换灯的人工费单价。

9）每年清洁费 = 灯具数 × 清洁费单价。

10）每年维护费 = 每年更换灯费 + 每年更换灯的人工费 + 每年清洁费。

11）每年用电量 = 每年开灯时间 × 灯具数 × 灯具输入功率/1000。

12）每年电费 = 每年用电量 × 电价。

13）每年照明综合费用 = 每年电费 + 每年维护费 + 每年折旧费。

14）每平方米每年的照明综合费用 = 每年照明综合费用/面积。

15）每平方米·勒克斯每年的综合费用 = 每平方米每年的照明综合费用/实际设计照度。

（5）技术经济分析对比　运用照明方案技术经济比较表（见表5-19），可对不同设计方案进行技术经济对比分析，从而得到既能满足技术要求、又兼具经济性的照明方案。

表5-19　照明方案技术经济比较表

区分	项目	方案单位	1	2	3	4
技术分析参数数据	灯具型号 灯的型号 设计照度 照明场所的长度 照明场所的宽度 一个灯具内的灯数 灯的光通量 灯具利用系数 维护系数	 lx m m 只/台 lm 				
技术分析计算数据	面积 每一个灯的平均光通量 灯具数 初始照度 实际设计照度	m^2 lm 台 lx lx				

（续）

区分	项目	方案单位	1	2	3	4
经济分析参数数据	灯具单价	元/台				
	灯具安装配线单价	元/台				
	灯的单价	元/只				
	折旧年数	年				
	每年开灯时间	h				
	灯的寿命	h				
	更换灯的人工费单价	元/只				
	清洁费单价	元/台				
	灯具输入功率	W/台				
	电价	元/（kW·h）				
经济分析计算数据	灯具费	元				
	灯具安装及配线费	元				
	灯费	元				
	一次投资费	元				
	每年折旧费	元				
	每年更换灯的只数	只				
	每年更换灯费	元				
	每年更换灯的人工费	元				
	每年清洁费	元				
	每年维护费	元				
	每年用电量	kW·h				
	每年电费	元				
合计	每年照明综合费用	元				
比较	每平方米每年的照明综合费用	元/m²				
	每平方米·勒克斯每年的综合费用	元/(m²·lx)				

5.2.6　景观照明设计文件编制

设计文件一般包括设计说明、效果图、设计图样和工程概预算等。

1. 设计说明

1）工程概况。

2）设计依据。

3）白天和夜间实景照片。

4）光污染控制及对周边环境的影响分析。

5）节能、安全措施。

6）照明工程涉及文物建筑或保护类建筑的具体保护措施。

7）主要设备材料明细表和技术性能资料。

2．效果图

1）平日、一般节假日和重大节日夜景照明效果图。

2）重要照明部位的照度或亮度计算及照度或亮度分布图。

3．设计图样

1）灯位布置图。

2）布线平面图。

3）供配电系统图。

4）控制电路图及用电负荷（平日、一般节假日和重大节日）。

5）灯具安装方式、安装结构示意图。

4．工程概预算

1）工程概算。

2）工程预算。

5.3　城市照明接地防雷与防火

5.3.1　等电位联结和照明接地

要实现城市照明的功能，必须要保障城市照明系统的安全用电。城市道路照明的安全用电涉及多方面内容，其中最主要的是城市照明接地方式，而等电位联结是接地方式中一种重要的安全措施。

1．等电位联结

等电位联结是把建筑物内、附近的所有金属物，如混凝土中的钢筋、自来水管、煤气管及其他金属管道、机器基础金属物及其他大型埋地金属物、电缆金属屏蔽层、电力系统的零线、建筑物的接地线统一用电气连接的方法连接起来（焊接或者可靠的导电连接），以使整座建筑物成为一个良好的等电位体。

（1）等电位联结分类　国家建筑标准设计图集 15D502《等电位联结安装》详细介绍了建筑物等电位联结的具体做法，并将等电位联结分为：总等电位联结（MEB）、辅助等电位联结（SEB）和局部等电位联结（LEB）。

1）总等电位联结。MEB 是通过每一进线配电箱近旁的总等电位联结母排将下列导电部分互相连通：进线配电箱的 PE（PEN）母排；公用设施的上下水、热力和煤气等金属管道；建筑物金属结构和接地引出线。总等电位联结作用于全建筑物，由等电位联结端子板放射连接或链接进出建筑物的金属管道、金属结构构件等。

2）辅助等电位联结。SEB 是在导电部分之间用导线直接连通，使其电位相等或接近。一般是在电气装置的某部分接地故障保护不能满足切断回路的时间要求时，作辅助等电位联结。

3）局部等电位联结。LEB 是在一局部场所范围内，通过局部等电位联结端子板将各可导电部分连通，例如：柱内墙面侧钢筋、壁内和楼板中的钢筋网、金属结构构件、金属管道、用电设备外壳等。局部等电位联结一般是在浴室、游泳池、医院手术室和农牧业等发生电击事故的危险性较大、要求更低接触电压的特别危险场所，或为满足信息系统抗干扰要求而使用。局部等电位联结一般也都有一个端子板或者连成环形。简单地说，局部等电位联结可以看成是在此局部范围内的总等电位联结。

（2）等电位联结的作用　等电位联结对于安全用电、防雷及电子信息设备的正常工作和安全使用都十分必要。根据理论分析，等电位联结作用范围越小，电气上就越安全。等电位联结的具体作用如下。

1）雷击保护。等电位联结是建筑物内部防雷系统的重要组成部分之一。当建筑物被雷电击中时，因为雷电流的传输存在一定梯度，即垂直的相邻层金属构件电位差较大，一般可达到 10kV 量级，因此，危险度比较高。如果采用等电位联结，把建筑物每层的结构钢筋、金属构架和用电设备的金属外壳等有效地连接在一起，使其电位相等，没有电位差就可以使电器设备免遭损坏。

2）静电防护。静电是分布在导体、电介质表面的电荷，其电量虽然不大，一旦有雷电流窜入时，电压会很高，特别是易燃易爆场所，很容易引起电击、火灾和爆炸。如果用等电位联结的方法，就可将静电电荷收集起来并泄入大地，从而防止和消除静电产生的危害。

3）电磁干扰防护。当建筑物被雷击中，雷电流流经被击物时，强大的电磁脉冲会使周围的金属物体产生电磁感应，会造成电子系统的数据丢失甚至系统崩溃。通常，屏蔽是减少电磁波破坏的基本措施，在机房系统分界面进行等电位联结，通过计算机机房良好的电气连接，最大限度减小电位差，使外部电流不能侵入系统，可达到有效防护电磁干扰的目的。

4）触电保护。电气设备有漏电的危险，虽然其外壳与 PE 线连接，但仍可能会出现足以引起伤害的电位，发生短路、绝缘老化、中性点偏移或外界雷电而导致出现危险电位差时，人受到电击的可能性非常大。等电位联结使电气设备外壳与建筑物电位相等，可以极大地避免电击伤害。

5）接地故障保护。若相线发生完全接地短路，PE 线上会产生故障电压。有等电位联结后，由于与 PE 线连接的设备外壳及周围环境的电位都处于此故障电压，所以不会产生电位差引起的电击危险。

2. 照明接地

CJJ 45—2015《城市道路照明设计标准》规定，道路照明（室外景观照明可参考之）配电系统的接地形式宜采用 TN-S 或 TT 接地系统，并应符合 GB 50054—2011《低压配电设计规范》相关规定。当采用剩余电流保护装置时，还应满足 GB/T 13955—2017《剩余电流动作保护装置安装和运行》的相关要求。

（1）照明接地形式　包括 TN-S 和 TT 接地系统。

1）TN-S 接地系统。TN-S 接地系统将工作零线 N 与专用保护线 PE 严格分开，属于接零保护系统。其中，"T"表示电力系统中性点直接接地；"N"表示外露可导电部分与电力系统的接地点直接电气连接；"S"表示中性线与保护线是分开的。TN-S 接地系统如图 5–15 所示。

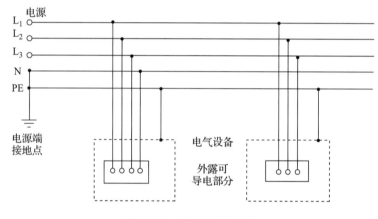

图 5–15　TN-S 接地系统

TN-S 接地系统的优点是：当系统正常运行时，保护导体上没有电流，电气设备金属外壳对地没有电压，发生接地故障时的故障电流较 TT 接地系统大，在一定条件下熔断器或断路器的瞬时过电流脱扣器可能动作。其缺点是：系统内任一处发生接地故障时，故障电压可沿 PE 线传导至他处因而会引起危害。当采用 TN-S 接地系统且熔断器或断路器不能满足间接接触防护要求时，可设置剩余电流保护器进行防护。

2）TT 接地系统。TT 接地系统是指将电气设备的金属外壳直接接地的保护系统，其PE 线与变压器中性点都不用导线连接。其中，第一个字母"T"表示电力系统中性点直接接地；第二个字母"T"表示负载设备的金属外壳部分与大地直接连接，而与系统如何接地无关。TT 接地系统如图 5 – 16 所示。

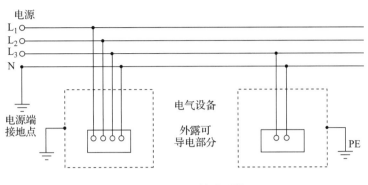

图 5 – 16　TT 接地系统

　　TT 接地系统是将电气设备的金属外壳直接接地，因而可以减少触电的危险性。采用 TT 接地系统的优点是发生接地故障时可减少故障电压的蔓延。但其缺点是故障电流小，熔断器或断路器的瞬时过电流脱扣器不能兼做间接接触防护，必须采用剩余电流保护器才能满足切断电源的时间要求。

　　（2）照明接地方式的选择　接地方式的选择应根据具体情况而定。城市照明的接地系统可分为两类：一类是具有等电位联结的场所，这种情形下的照明灯具一般安装在屋面、房顶和屋檐等部位，其特点是灯具安装处可以很方便地进行等电位联结，因此，可采用 TN-S 接地系统；另一类是照明设施远离建筑物本体，不具备等电位联结条件，而电源由建筑物本体引来，此时宜采用 TT 接地系统，同时设剩余电流保护器。若在此种情形下仍采用 TN-S 系统，当建筑物中某电气设备发生单相碰壳故障，而故障回路又不能被及时切除时，则 PE 线上带危险电压，照明设施及其他设施外壳或金属支架与 PE 线相连，会造成非故障的室外照明设施外壳或其金属支架上也带危险电压。GB 50054—2011《低压配电设计规范》规定，TT 接地系统中配电线路有同一间接接触防护电器保护的外露可导电部分，应用保护导体连接至共用或各自的接地极上。当有多级保护时，各级应有各自或共同的接地极。如果采用 TT 接地系统，由于电源地与室外灯具外壳接地是分开的，PE 线不相通，可以保证室内外故障不会沿着 PE 线互串，避免此类故障的发生。当然，采用 TT 接地系统时，通常会同时采用剩余电流保护器（RCD），以便满足 TT 接地条件，即

$$R_{A} I_{a} \leqslant 50V \tag{5 – 29}$$

式中　R_{A}——外露可导电部分的接地电阻和保护导体电阻之和（Ω）；

　　　　I_{a}——保证保护电器切断故障回路的动作电流（A）。

　　当采用过电流保护电器时，反时限特性过电流保护电器的 I_{a} 为保证在 5s 内切断的电流；采用瞬时动作特性过电流保护电器的 I_{a} 为保证瞬时动作的最小电流；当采用剩余电流保护器时，I_{a} 为其额定动作电流 $I_{\Delta n}$。

5.3.2 照明及电子信息系统防雷

在城市照明设计过程中，除了要满足人们出行需要和视觉享受外，还需要考虑照明防雷工程。要严格依照 GB 50057—2010《建筑物防雷设计规范》、GB 50343—2012《建筑物电子信息系统防雷技术规范》及其他相关标准的要求进行设计。

1. 外部防雷

（1）接闪器 接闪器是专门用来接收直接雷击（雷闪）的金属物体。接闪器位于防雷装置的顶部，其作用是利用其高出被保护物的突出地位将雷电引向自身，承接直击雷放电。布置天面接闪器时，可单独或任意采用符合防雷类别要求的滚球法、避雷网。其中，一类防雷建筑物应装设独立避雷针或架空避雷线，接闪器与被保护物空中、地中均应满足安全距离要求，当必须安装在被保护物上时，应满足 GB 50057—2010《建筑物防雷设计规范》规定。所有被保护物（建筑物本身及其天面设备）均应在接闪器保护范围之内，结合照明设施的结构坡度，避雷带应设于设备的易受雷击部位。除利用混凝土构件钢筋或在混凝土内专设钢材作接闪器外，钢质接闪器应热镀锌。在腐蚀性较强的场所，应采取加大其截面或其他防腐措施。

（2）引下线 引下线是指连接接闪器与接地装置的金属导体。引下线宜采用热镀锌圆钢或扁钢，宜优先采用圆钢。当引下线沿建筑物四周均匀或对称分布时，建筑物外廓易受雷击的几个角上的柱筋应作为首选考虑对象。作为雷电流的唯一泄流途径，引下线的间距应符合 GB 50057—2010《建筑物防雷设计规范》要求，引下线的间距不是作为引下线的立柱之间的直线距离，而是两根引下线所连接的接闪器（避雷带）之间的距离。金属灯柱可作为引下线，要求灯柱壁厚不小于 4 mm；如果使用混凝土灯柱，应采用内置引下线，但其圆钢直径不应小于10mm，扁钢截面积不应小于$80mm^2$。

（3）接地装置 接地装置是指埋设在地下的接地电极与由该接地电极到设备之间的连接导线的总称。接地装置由接地极、接地母线、引下线和构架接地组成。常见的接地装置可分为独立接地装置和共用接地装置两种。通常，优先利用承台中的钢筋连成闭合回路作为防雷接地，进入建筑物内的各种金属管道、电缆金属外皮，通过总等电位端子箱与基础接地网相连。当采用敷设在钢筋混凝土中的单根钢筋或圆钢作为防雷装置时，钢筋或圆钢的直径规格 $\Phi \geqslant 10mm$。

2. 内部防雷

（1）等电位联结 GB 50057－2010《建筑物防雷设计规范》明确指出，除一类防雷建筑物的独立避雷针及其接地装置外，接地应采用同一组接地网，即将各类型的接地网进行等电位联结，使其成为统一接地网。在共用接地的条件下，使各通信和交流电源系统的接地获得一个零电位面。当发生雷击时，雷电的瞬间电压将同时存在于各系统的接地线上，使各系统地线之间不存在高电位差，也不存在同一台设备的各接地系统之间的击穿问题。由于在建造内部防雷系统时，很多器件（如外壳、进出保护区的电缆和金属管道等）都要连接外部防雷系统，或者是设置过电压保护器对其进行等电位联结，并彻底消除雷电引起的毁坏性电位差。信号线、金属管道和电源线等都要用过电压保护器进行等电位联结。各个内层保护区等电位联结处要互相连接，各个局部的界面处也要进行局部等电位联结，最后，各处要与主等电位处相连。

（2）屏蔽及综合布线　为减少雷击电磁脉冲的干扰，宜在建筑物和需保护设备的外部设屏蔽措施，以合适的路径敷设线路，实现线路屏蔽。建筑物金属屋顶、立面金属表面、钢柱、钢梁、混凝土内钢筋和金属门窗框架等大尺寸金属件，应作等电位联结并与防雷装置相连，形成"法拉第笼"。在对建筑物内部电源线及信号线进行布线时，应避免线路构成大回路，防止雷击电磁脉冲穿过回路时感应出很高的暂态过电压，危及线路终端设备。

（3）浪涌保护器（SPD）　浪涌保护器也叫防雷器，是一种为各种电子设备、仪器仪表和通信线路提供安全防护的电子装置。当电气回路或者通信线路中因外界干扰突然产生尖峰电流或者电压时，SPD 能在极短时间内导通分流，从而避免浪涌对回路中其他设备的损害。低压配电系统及电子信息系统传输线路在穿越各防雷分区时，宜采用 SPD，防止雷电波沿线路侵入以保护线路上的终端设备。GB/T 21431—2015《建筑物防雷装置检测技术规范》详细规定了 SPD 的基本要求、相关检查和测试内容。

3. 电子信息系统防雷

GB 50343—2012《建筑物电子信息系统防雷技术规范》规定，等电位联结，系设备和装置外露可导电部分的电位基本相等的电气连接，需要保护的电子信息系统必须采用等电位联结与接地保护措施，电子信息系统的机房应设等电位联结网络，电气和电子设备的金属外壳机柜、机架、金属管、槽、屏蔽线外层、信息设备防静电接地、安全保护接地和浪涌保护器接地端等，均应以最短距离与等电位联结网的接地端子连接。

电子信息系统等电位联结有两种基本方式，星形（S 型）或网格形（M 型）等电位联结。星形结构也通称为单点接地；M 型等电位联结网络，即网格形结构也通称为多点接地。当采用 S 型等电位联结网络时，电子信息系统的所有金属组件，除等电位联结点外，应与共用接地系统的各组件有足够的绝缘。如果采用 M 型等电位联结网络，则电子信息系统的各金属组件不应与共用接地系统各组件绝缘。M 型等电位联结网络应通过多点组合到共用接地系统中去。在复杂系统中，可结合两种方式（M 型和 S 型）的优点进行组合。

5.3.3　室外照明防火

近年来，我国城市照明行业飞速发展，为了让城市居民稳定持续地享受到城市照明带来的便利，城市照明设计必须重视防火安全，严格遵守 JGJ/T 163—2008《城市夜景照明设计规范》、GB 50016—2014《建筑设计防火规范》等规定，减少因照明灯具、照明装置或照明线路所引起火灾的可能性，确保人民生命财产安全。

1. 照明装置的防火

各种照明灯具在将电能转换为光能的过程中，都伴随着能量损耗，致使灯具表面温度较高。JGJ/T 163—2008《城市夜景照明设计规范》规定，安装在室外的灯具外壳防护等级不应低于 IP54；埋地灯具外壳防护等级不应低于 IP67；水下灯具外壳防护等级应符合相关防电击措施的规定。灯具及安装固定件应具有防止脱落或倾倒的安全防护措施；对人员可触及的照明设备，当表面温度高于 70℃ 时，应采取隔离保护措施。GB 50016—2014《建筑设计防火规范》规定，开关、插座和照明灯具靠近可燃物时，应采取隔热、散热等防火措施。卤钨灯和额定功率不小于 100W 的白炽灯泡的吸顶灯、槽灯和嵌入式灯，其引入线应采用瓷管、矿棉等不燃材料作隔热保护。额定功率不小于 60W 的白炽灯、卤钨灯、高压钠灯、金属卤化物灯和荧光高压汞灯（包括电感镇流器）等，不应直接安装在可燃物体上或采取其他防火措施。另外，灯泡距地面高度一般不应低于 2m，当低于此高度时，必须采取必要的防护措施；如果遇到可能发生碰撞的场所，灯泡应有金属或其他网罩防护。在不同场所，应根据火灾危险性系数大小，选择不同类型的照明灯具。例如，对于具有防爆要求的场所应选用防爆灯；对于降水多的场所应选用防水型灯具；对于亮度要求高的场所应使用带有玻璃罩的灯具。

2. 照明线路的防火

照明线路火灾的发生往往是因短路、超负荷工作和接触电阻过大等原因造成，具体情况及防火措施如下。

（1）照明线路短路　短路发生主要由于两两线路相碰时电阻突然减小，电流会突然增大，瞬间放电发热相当大，其热量不仅能将绝缘烧损，使金属导线熔化，也能将附近易燃易爆物品引燃引爆。为了保证室外照明线路的安全运行，在布线时，应注意线间、导线固定点间及线路与管道、地面之间必须保持一定距离，防止短路造成火灾。

（2）照明线路过负荷　照明线路的额定电流是允许通过而不致使电线过热的电流，过载电流通过导体时，温度相应升高，这会加快导线绝缘老化，甚至损坏，从而引起短路，产生电火花、电弧等。依据 JGJ/T 163—2008《城市夜景照明设计规范》规定，照明分支线路每一单相回路电流不宜超过 30A。

（3）接触电阻过大　导线相互连接或导线与照明设备的连接处，是造成接触电阻过大，产生局部过热起火的主要部位。因此，导线连接要牢固，防止发生导线接头处熔化，引起导线绝缘材料中可燃物质的燃烧，或引起周围可燃物的燃烧。在接头处包缠的绝缘材料的绝缘强度要与原导线相同。

第三篇
工程实施篇

城市照明工程实施是指建设单位依据城市照明规划设计文件，通过招标或直接委托方式，选定工程施工单位及监理单位，或采用工程总承包方式将工程设计、施工及材料设备采购工作一并发包给工程总承包单位，由承包单位完成城市照明工程建造任务，最终移交给使用单位的过程。工程实施阶段是实现城市照明规划蓝图、采购照明材料设备、形成照明工程实体的重要阶段，对于城市照明工程质量、进度、造价乃至全寿命期成本有着重要影响。

本篇分三章分别阐述了城市照明工程实施程序、内容和方法，包括招投标与合同管理、施工安装及监理、竣工验收。"城市照明工程招投标与合同管理"一章在阐述招投标方式和程序的基础上，分别针对工程勘察设计、监理、施工、材料设备采购及工程总承包概括说明了招投标及合同管理内容。"城市照明工程施工安装及监理"一章分别概括了城市照明工程施工、设备安装及施工监理的内容和方法。"城市照明工程竣工验收"一章概括了城市照明工程竣工验收的条件、程序、相关表式及技术文件资料内容和管理要求。

第6章

城市照明工程招投标与合同管理

06

城市照明工程招标与投标，是指招标单位根据工程性质、数量、技术要求及竣工时间等提出工程、货物或服务采购条件，由投标单位报送相应价格及其他响应招标要求的条件参与竞争，经招标单位组织评标专家对投标单位报价和其他条件进行审查比较后，确定中标单位并与之签订合同。招标与投标是择优选择照明工程勘察、设计、施工、监理等单位以及采购照明材料和设备的重要方式。

根据《城市照明管理规定》，与城市道路、住宅区及重要建（构）筑物配套的城市照明设施，应当按照城市照明规划建设，与主体工程同步设计、施工、验收和使用。因此，对于此类照明工程，一般不进行单独招标与投标。对于其他依法必须进行招标与投标的城市道路和景观照明新建、改建或维护工程，则应遵循相关法律法规进行招标与投标。

城市照明工程合同管理主要是指对各类合同的依法订立过程和履行过程的管理，包括合同文本选择，合同条件协商和谈判，合同文件签署，合同履行、检查，合同变更、违约和纠纷处理，合同履行总结评价等。

6.1 招标方式与程序

6.1.1 招标方式及其特点

城市照明工程应依照《中华人民共和国招标投标法》（以下简称《招标投标法》）及《中华人民共和国招标投标法实施条例》（以下简称《招标投标法实施条例》）等法律法规实施招标。根据《招标投标法》，招标分为公开招标和邀请招标。

1. 公开招标

公开招标也称无限竞争性招标，是指招标单位以招标公告的方式邀请不特定的法人或者其他组织投标。《招标投标法实施条例》明确规定，国有资金占控股或者主导地位的依法必须进行招标的项目，应当公开招标。招标人采用公开招标方式的，应当发布招标公告。依法必须进行招标的项目的招标公告，应当通过国家指定的报刊、信息网络或者其他媒介发布。

公开招标具有以下特点。

（1）选择范围大、择优率高　招标单位按照法定程序，在国内外公开发行的报刊或通过广播、电视、网络等公共媒体发布招标公告，凡有兴趣的承包商、供应商，不受地域、行业和数量限制，均可申请投标。因此，招标单位的选择范围较大，投标单位之间竞争激烈，有利于招标单位在众多投标单位中选择报价合理、工期较短、技术可靠且资信良好的投标单位作为中标单位。

（2）评标工作量大、过程繁杂　由于参与的投标者较多，招标单位在准备招标、对投标申请者进行资格预审和评标阶段的工作量大，组织工作复杂，需要投入较多的人力、物力资源，招标过程所需时间较长。

2. 邀请招标

邀请招标也称有限竞争性招标，是指招标单位以投标邀请书的方式邀请特定的法人或者其他组织投标。招标单位采用邀请招标方式的，应当向三个以上具备承担招标项目的能力、资信良好的特定的法人或者其他组织发出投标邀请书。根据《招标投标法实施条例》，国有资金占控股或者主导地位的依法必须进行招标的项目，应当公开招标，但有下列情形之一的，可以邀请招标：技术复杂、有特殊要求或者受自然环境限制，只有少量潜在投标人可供选择；采用公开招标方式的费用占项目合同金额的比例过大。

邀请招标具有如下特点。

（1）简化招标程序，缩短招标时间　招标单位向预先确定的若干家承包商、供应商发出投标邀请书，就招标内容、工作范围和实施条件等作出简要说明，并邀请其参与投标竞争。与公开招标相比，招标单位不需要发布招标公告、不进行资格预审，使招标程序得到简化，可节约招标费用、缩短招标时间。此外，由于招标单位对投标单位的以往业绩和履约能力比较了解，可减少合同履行过程中承包商、供应商违约的风险。

（2）选择范围小，竞争不够完全　采用邀请招标方式时，投标竞争激烈程度较差，有可能提高中标合同价。同时，由于邀请对象数量较少，招标单位的选择范围小，有时受招标单位的自身条件限制，难以了解所有潜在投标者，因而会使某些在技术或报价上有竞争力的承包商、供应商被排除在外。

6.1.2　招标内容

根据实施阶段及内容不同，城市照明工程招标可划分为工程勘察设计招标、工程监理招标、工程施工招标、材料设备采购招标及工程总承包招标等内容。

1. 工程勘察设计招标

工程勘察是指为满足工程建设需求，对地形、地质及水文等状况进行测绘、勘探和测试，并提供相应成果和资料的活动。工程设计是指对建设工程所需的技术、经济、资源、环境等条件进行综合分析、论证，编制建设工程设计文件的活动。工程设计可分为总体规划设计、初步设计、技术设计和施工图设计等阶段。城市照明工程建设单位可通过招标方式一次性委托具有相应资质条件的工程勘察设计单位承担工程勘察设计任务，也可分阶段招标委托工程勘察设计任务。

2. 工程监理招标

工程监理是指工程监理单位受建设单位委托，根据法律法规、工程建设标准、勘察设计文件及合同，在施工阶段对工程质量、投资和进度进行控制，对合同、信息进行管理，对工程建设相关方关系进行协调，并履行建设工程安全生产管理法定职责的服务活动。对于依法必须实施监理的城市照明工程，建设单位需要通过招标方式选择具有相应资质条件的工程监理单位承担监理任务。

3. 工程施工招标

工程施工包括施工现场准备、土建工程施工及设备安装工程等作业，有的工程还包括环境绿化等作业。根据承包范围和方式不同，工程施工承包可分为包工包料、包工部分包料和包工不包料三种类型。因此，工程施工招标也可相应地分为三类招标。

（1）包工包料　承包商不仅负责工程施工，还要承担工程所需材料和设备的采购供应任务。这种承包方式大多适用于施工过程中使用一般建筑材料和定型生产设备的工程。其优点是便于调剂余缺，合理组织材料、设备供应，加快施工进度，促进承包商节约材料，合理使用材料。

（2）包工部分包料　承包商只负责提供工程所需的部分材料和设备，并承担工程施工任务，主要工程材料、特殊工程材料和大型永久性工程设备则由建设单位负责采购供应。这种承包方式适用于大型复杂工程，虽能确保材料和设备质量，但不便于调剂余缺。此外，会在建设单位和承包商之间增加不必要的流通环节，造成人力资源浪费。

（3）包工不包料　承包商只提供劳务完成施工任务，而不承担任何材料和设备的采购任务。包工不包料实质上是一种纯劳务承包。

4. 材料、设备采购招标

材料、设备采购招标可分为两种情形：一是建设单位通过招标方式直接选定材料、设备供应商，由其负责城市照明工程所需材料、设备供应；二是对于少数工程中的一些大宗材料或成套工程设备，则由总承包单位通过招标方式选定材料、设备供应商，由其负责大宗材料或成套工程设备供应。因此，材料、设备采购的招标单位既可能是城市照明工程的建设单位，也可能是城市照明工程的总承包单位。

5. 工程总承包招标

工程总承包是指承包商按照合同约定，承担工程设计、采购、施工及试运行等任务。根据承包的范围和内容不同，工程总承包有多种模式，其中应用比较广泛的有设计 – 采购 – 施工（Engineering-Procurement-Construction，EPC）总承包和设计 – 建造（Design-Build，DB）总承包。对于某些工程，承包商还要负责工程建成后的运营维护，于是近年来又出现了设计 – 采购 – 施工 + 运营和维护（EPC + Operation & Maintenance）、设计 – 建造 – 运营（Design-Build-Operation，DBO）等总承包模式。建设单位（或投资者）可通过工程总承包招标方式选定具有相应资质的承包商承担工程总承包任务。

6.1.3　招标程序

工程招标一般可分为三个阶段，即：招标准备阶段，从办理招标申请开始，至发出招标公告或投标邀请书为止；招标实施阶段，也是投标单位的投标阶段，从发布招标公告或投标邀请书之日起，至投标截止之日止；决标成交阶段，从开标之日起，至合同双方签订合同为止。

1. 招标准备阶段

（1）办理招标手续　按照国家有关规定履行相关审批、核准手续后，向政府主管部门的招标管理机构提出招标申请并获得批准。

（2）组建招标机构　建设单位自己有能力招标的，可自行组建招标机构进行招标。否则，建设单位可委托招标代理机构进行招标。

（3）确定招标方式　根据法律法规要求，确定采用招标方式。采用公开招标方式的，应在报刊、网络或其他媒介发布招标公告；采用邀请招标方式的，应向三个及以上符合条件的承包商、供应商发送投标邀请书。

（4）编制招标文件　招标单位应根据招标项目的特点和需要编制招标文件。招标文件应包括招标项目的技术要求、对投标单位资格审查的标准、投标报价要求和评标标准等，还应包括拟签订合同的主要条款。

（5）编制标底或招标控制价　招标单位可自行决定是否编制标底。设有标底的，标底必须保密。对于国有资金投资的工程，应编制招标控制价。

2. 招标实施阶段

（1）投标者资格预审　对于采用资格预审方式的招标，在发售招标文件前，需要对报名参加投标的申请者进行资格、能力、业绩、财务和信誉等方面的审查，并确定合格的投标者名单。有的招标则采用资格后审方式，即在开标后对投标单位进行资格审查。

（2）发售招标文件　招标单位将招标文件发售给经资格预审合格的投标申请者。如果采用资格后审方式，则需要在发售招标文件时一并发售资格后审文件。

（3）组织现场踏勘和招标文件答疑　招标单位组织投标单位进行现场踏勘，了解工程实施条件和环境，并通过召开答疑会解决和澄清投标单位对于招标文件的疑问。招标单位对于招标文件的澄清和修改应以书面形式做出，并作为招标文件的组成部分，需要向所有投标单位发送。

（4）接收投标文件　招标单位应在规定的时间和地点接收投标单位递交的投标文件，并记录接收日期和时间，拒收超过规定时间递交的投标文件。

3. 决标成交阶段

（1）开标　招标单位组织开标时，需要检查投标文件的密封情况，确认无误后，由相关人员当众拆封，验证投标资格，并宣读投标单位名称、报价及其他主要内容。

（2）评标　招标单位依据相关法律法规要求组建评标委员会。评标委员会总人数一般为 5 人以上单数，其中技术、经济等方面的专家不得少于 2/3。与投标单位有利害关系的人员不得聘为评标委员会专家。评标委员会应按照招标文件的相关规定评审投标文件，并向招标单位推荐 1～3 个中标候选人。

（3）决标　招标单位根据评标委员会提交的评标报告确定中标单位。根据《招标投标法》，中标单位应符合以下条件之一：能最大限度地满足招标文件中规定的各项综合评价指标；能满足招标文件的实质性要求，并且经评审的投标价格最低，但投标价格低于成本的除外。

（4）授标　招标单位向中标单位发出中标通知书，并同时将中标结果通知所有未中标的投标单位。根据《招标投标法》，招标单位与中标单位应当自中标通知书发出之日起 30 日内，按照招标文件和中标单位的投标文件订立书面合同。

以工程施工招标为例，招标程序如图 6-1 所示。

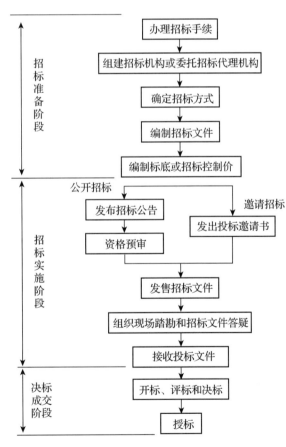

图 6-1　工程施工招标程序

6.2　工程招标与投标

6.2.1　工程勘察设计招标与投标

1. 工程勘察设计招标范围及特点

（1）招标范围　工程勘察任务可单独发包给具有相应资质的勘察单位实施，也可将其包含在工程设计任务中一并委托给具有工程勘察能力的设计单位承担；或者由设计单位总承包工程勘察和设计任务后，再将工程勘察任务分包给专业勘察单位。与建设单位分别委托工程勘察和设计任务给不同单位相比，将工程勘察和设计任务一并委托给工程设计单位，不仅可减少合同履行过程中的协调工作量，而且可使工程勘察直接根据设计要求进行，满足工程设计对勘察资料精度、内容和进度的需要，必要时还可进行补充勘察工作。

为了保证设计指导思想能够顺利贯彻于工程设计各个阶段，一般是将初步设计（技术设计）和施工图设计一起招标，不单独进行初步设计招标或施工图设计招标。对于实施工程总承包模式的工程，通常会将施工图设计与施工任务一并招标发包。

（2）招标特点　工程勘察设计招标具有以下特点。

1）招标文件中仅给出设计依据、工作范围、工程所在地基本资料、完成时限和应达到的技术经济指标等内容，没有具体的工作量要求。

2）投标报价不是按工程量清单填报单价后算出总价，而是首先提出设计构思和初步方案，阐述设计方案的优点和实施计划，然后在此基础上提出报价。

3）评标时不过分追求报价高低，而是更多地关注工程勘察设计方案的技术先进性、合理性，所达到的技术经济指标，以及对工程建设投资效益的影响。

2. 工程勘察设计招标

（1）工程勘察设计招标文件编制　根据中华人民共和国国家发展和改革委员会（下称"国家发改委"）等九部门发布的《中华人民共和国标准勘察招标文件（2017年版）》和《中华人民共和国标准设计招标文件（2017年版）》，工程勘察设计招标文件应包括以下内容。

1）招标公告或投标邀请书。对于公开招标，招标公告主要包括招标条件、项目概况与招标范围、投标人资格要求、技术成果经济补偿（适用于设计招标）、招标文件的获取、投标文件的递交、发布公告的媒介以及联系方式等。对于邀请招标，投标邀请书主要包括招标条件、项目概况与招标范围、投标人资格要求、技术成果经济补偿（适用于设计招标）、招标文件的获取、投标文件的递交和确认，以及联系方式等。

2）投标人须知。通过投标人须知前附表，列出各条款下的编列内容，包括总则中的项目概况、招标范围、勘察/设计服务期限和质量标准等，以及有关招标文件、投标文件、投标、开标、评标、合同授予、纪律和监督、是否采用电子招投标、需要补充的其他内容等。

3）评标办法。通过评标办法前附表，说明评标方法、评审标准及评标程序等。

4）合同条款及格式。包括有关通用合同条款、专用合同条款的内容，以及合同附件（如合同协议书、履约保证金等）的格式。

5）发包人要求。包括勘察/设计要求、适用规范标准、成果文件要求、发包人财产清单、发包人提供的便利条件、勘察人/设计人需要自备的工作条件以及发包人的其他要求。

6）投标文件格式。格式中主要包括目录、投标函及投标函附录、法定代表人身份证明、授权委托书、联合体协议书、投标保证金、勘察/设计费用清单、资格审查资料、勘察纲要/设计方案，以及其他资料。

（2）投标单位资格审查　资格审查内容一般包括对投标人的资质审查、能力审查和经验审查3个方面。

1）资质审查。资质审查主要是检查投标人的资质等级和业务范围，检查投标单位所持有的勘察和设计资格证书等级是否与拟建工程的规模相一致，不允许无资格证书或者低资格单位越级承接工程勘察、设计任务。审查的主要内容包括资质等级和允许承接业务的范围两个方面。

2）能力审查。能力审查包括对投标单位勘察设计人员的技术力量和所拥有的技术设备两方面审查。勘察设计人员的技术力量主要考察勘察设计负责人的资格能力和各类勘察设计人员的专业覆盖面、人员数量和各级职称人员的比例等是否满足完成工程任务的需要。设备能力主要审查开展正常勘察和设计任务所需的器材和设备，在种类、数量方面是否满足要求。不仅看其拥有量，还要考察其完好程度和在其他工程上的占用情况。

3）经验审查。通过审查投标者报送的最近几年所完成的工程设计一览表，包括工程名称、规模、标准、结构形式和设计期限等内容，评定其勘察设计能力和水平。侧重考查拟完成的设计项目与招标工程在规模、性质和形式上是否相适应，即判断投标者有无类似工程设计经验。招标人对其他已关注的问题，也可要求投标人报送有关材料作为资格预审内容。资格预审合格的申请单位可以参加勘察设计投标竞争。对于不合格者，招标人也应及时发出通知。

3. 工程勘察设计投标

（1）投标文件内容　勘察设计单位应严格按照招标文件的规定编制投标文件，并在规定时间内送达。勘察设计投标文件应符合《中华人民共和国标准勘察招标文件（2017年版)》和《中华人民共和国标准设计招标文件（2017 年版)》的要求，具体应包括以下内容。

1）投标函及投标函附录。

2）法定代表人身份证明或授权委托书。

3）联合体协议书。

4）投标保证金。

5）勘察/设计费用清单。列明勘察/设计费用分项名称，计算依据、过程和公式，以及金额等。

6）资格审查资料。包括：基本情况、近年财务状况、近年完成的类似项目情况、正在勘察/设计和新承接的项目情况、近年发生的诉讼及仲裁情况、拟委任的主要人员、主要人员简历、拟投入本项目的主要勘察设备等。

7）勘察纲要/设计方案。勘察纲要应包括（但不限于）以下内容：勘察工程概况；勘察范围、勘察内容；勘察依据、勘察工作目标；勘察机构设置（框图）、岗位职责；勘察说明和勘察方案；拟投入的勘察人员、勘察设备；勘察质量、进度和保密等保证措施；勘察安全保证措施；勘察工作重点、难点分析；对工程勘察的合理化建议等。设计方案应包括（但不限于）以下内容：设计工程概况；设计范围、设计内容；设计依据、设计工作目标；设计机构设置（框图）、岗位职责；设计说明和设计方案；拟投入的设计人员；设计质量、进度和保密等保证措施；设计安全保证措施；设计工作重点、难点分析；对工程设计的合理化建议。

8）其他资料。

（2）设计文件内容　设计文件包括方案设计文件、初步设计文件和施工图设计文件。对于技术要求简单的工程，经有关部门同意，且在合同中有不进行初步设计的约定，可在方案设计审批后直接进入施工图设计。各阶段设计文件内容如下。

1）方案设计文件。方案设计是设计中非常关键的环节，是一项设计从无到有的具体化、形象化的重要载体。按照国家有关规定，方案设计文件的内容包括设计说明书、总平面图及设计图样、设计委托等。文件的编排顺序如下：封面；扉页；设计文件目录；设计说明书；设计图样。

2）初步设计文件。初步设计文件应满足编制施工图设计文件的需要，包括：一般要求、设计总说明、设计图样、工程结构、工程概算书和专业计算书。初步设计文件的编排顺序如下：封面；扉页；设计文件目录；设计说明书；设计图样；概算书。

3）施工图设计文件。施工图设计文件应满足设备材料采购、非标准设备制作和施工的需要。施工图设计文件包括：专业设计图样（含图样目录、说明和必要的设备、材料表）以及图样封面、节能设计的专项内容、合同要求的工程预算书、专业计算书。

（3）投标文件递交　采用传统招投标方式时，投标人应在投标人须知前附表规定的投标截止时间、地点递交投标文件。招标人收到投标文件后，向投标人出具签收凭证。采用电子招投标方式时，投标人通过电子招标投标交易平台递交电子投标文件。投标人完成电子投标文件上传后，电子招标投标交易平台会即时向投标人发出递交回执通知。递交时间以递交回执通知载明的传输完成时间为准。逾期送达的投标文件，电子招标投标交易平台将予以拒收。

4. 工程勘察设计评标与定标

根据《中华人民共和国标准勘察招标文件（2017 年版)》和《中华人民共和国标准设计招标文件（2017 年版)》要求，工程勘察设计评标采用综合评估法，主要对资信业绩、勘察纲要/设计方案、投标报价和其他部分进行评定，依据评定结果确定中标人。具体评标内容包括：

（1）资信业绩　对于未设置资格预审的邀请招标，在评标时还要对勘察设计单位的勘察设计资历和社会信誉进行评审，作为对各投标人的比较内容之一。

（2）勘察纲要/设计方案　勘察纲要/设计方案评审的主要内容包括：范围和内容是否准确；工作目标和机构设置是否合理；各项质量、进度和保密等保证措施是否科学；工作重点及难点分析是否全面；是否反映国内外同类工程较先进的水平；技术设备选型的适用性及其他有关问题等。

（3）投入产出和经济效益　投入产出和经济效益的好坏主要包括：建设标准是否合理；投资估算是否超过投资限额；先进工艺流程可能带来的投资回报；实现设计方案可能需要的外汇估算等。

6.2.2 工程监理招标与投标

1. 工程监理招标范围及特点

（1）招标范围　工程监理是我国基本建设领域强制实行的一项重要制度。根据《建设工程质量管理条例》，下列工程必须实施监理：①国家重点建设工程；②大中型公用事业工程；③成片开发建设的住宅小区工程；④利用外国政府或者国际组织贷款、援助资金的工程；⑤国家规定必须实行监理的其他工程。其中包括：总投资额在 3000 万元以上关系社会公共利益、公众安全的基础设施工程，如能源、交通运输业、通信、水利建设、城市基础设施、生态环境保护工程、学校、影剧院和体育场馆工程。

城市照明工程是与社会公众利益、公众安全密切相关的基础设施工程，且有的道路、景观照明工程使用国有资金（如各级财政预算资金、纳入财政管理的各种政府性专项建设基金等）进行建设，因此，对属于强制监理范围内的照明工程，需要通过招标选择工程监理单位。

（2）招标特点　工程监理招标具有以下特点。

1）与工程勘察设计招标类似，招标文件中没有具体的工作量要求，仅提出监理工作范围和标准、工程技术标准和要求、工程设计资料等。

2）投标报价不是按工程量清单填报单价后算出总价，而是首先提出工程监理工作方案及人员配备，阐述工程监理实施计划，然后在此基础上提出报价。

3）基于能力选择工程监理单位。工程监理服务工作完成的好坏不仅依赖于工程监理业务的规范实施，更多取决于工程监理人员的业务专长、经验和判断能力。因此，工程监理招标鼓励的是监理能力竞争，而不是价格竞争。

2. 工程监理招标

（1）选择委托监理的范围和内容　建设单位在招标选择工程监理单位前，应首先在综合考虑工程规模、专业特点、合同履行难易程度及自身管理能力的基础上，确定委托监理工作的范围和内容。既可将整个工程监理任务委托给一家监理单位来完成，也可划分为不同标段分别委托几家监理单位来完成。

（2）招标文件内容　根据国家发改委等九部门发布的《中华人民共和国标准监理招标文件（2017年版）》，工程监理招标文件内容一般包括以下几部分。

1）招标公告或投标邀请书。对于公开招标，招标公告主要包括：招标条件、项目概况与招标范围、投标人资格要求、招标文件的获取、投标文件的递交、发布公告的媒介及联系方式等。对于邀请招标，投标邀请书主要包括：招标条件、项目概况与招标范围、投标人资格要求、招标文件的获取、投标文件的递交和确认，以及联系方式等。

2）投标人须知。通过投标人须知前附表，列出各条款下的编列内容，包括：总则中的项目概况、招标范围、监理服务期限和质量标准等，以及有关招标文件、投标文件、投标、开标、评标、合同授予、纪律和监督、是否采用电子招投标，以及需要补充的其他内容等。

3）评标办法。通过评标办法前附表，说明评标方法、评审标准及评标程序等。

4）合同条款及格式。包括有关通用合同条款、专用合同条款的内容，以及合同附件（如合同协议书、履约保证金等）的格式。

5）委托人要求。包括监理要求、适用规范标准、成果文件要求、委托人财产清单、委托人提供的便利条件、监理人需要自备的工作条件及其他要求。

6）投标文件格式。格式中主要包括目录、投标函及投标函附录、法定代表人身份证明、授权委托书、联合体协议书、投标保证金、监理报酬清单、资格审查资料、监理大纲及其他资料。

（3）监理单位资格审查　审查的重点应侧重于投标人的资质条件、监理经验、现有资源条件、公司信誉和监理能力等方面。

3. 工程监理投标

（1）投标文件编制　根据《中华人民共和国标准监理招标文件（2017 年版）》的要求，工程监理投标文件主要包括以下内容。

1）投标函及投标函附录。

2）法定代表人身份证明。

3）授权委托书。

4）联合体协议书。

5）投标保证金。

6）监理报酬清单。

7）资格审查资料。主要包括：基本情况表、近年财务状况表、近年完成的类似项目情况表、正在监理和新承接的项目情况表、近年发生的诉讼及仲裁情况、拟委任的主要人员汇总表、主要人员简历表和拟投入本项目的主要试验检测仪器设备表。

8）监理大纲。应包括（但不限于）：监理工程概况；监理范围、内容；监理依据、工作目标；监理机构设置（框图）、岗位职责；监理工作程序、方法和制度；拟投入的监理人员、试验检测仪器设备；质量、进度、造价、安全和环保监理措施；合同、信息管理方案；组织协调内容及措施；监理工作重点、难点分析；对工程监理的合理化建议等。

9）其他资料。

（2）投标文件递交　与工程勘察设计投标类似。采用传统招投标方式时，投标人应在投标人须知前附表规定的投标截止时间、地点递交投标文件。采用电子招投标方式时，投标人通过电子招标投标交易平台递交电子投标文件。

4. 评标及合同授予

根据《中华人民共和国标准监理招标文件（2017 年版）》，工程监理评标采用综合评估法。评标委员会按照规定的方法、评审因素、标准和程序对投标文件进行评审。评审内容主要包括资信业绩、监理大纲和投标报价等部分。评标完成后，评标委员会向招标人提交书面评标报告和中标候选人名单。

建设单位对中标候选人履约能力进行审查后，最终确定中标人。投标人收到中标通知后，应与建设单位进行合同签约谈判。招标人和中标人应在中标通知书发出之日起 30 日内，根据招标文件和中标人的投标文件订立书面合同。

6.2.3　工程施工招标与投标

1. 工程施工招标范围及特点

（1）招标范围　城市照明工程施工招标主要包括照明工程施工现场准备、土建工程施工和设备安装工程等。

1）施工现场准备。是指城市照明工程施工必须具备的现场施工条件准备，包括通水、通电、通信、施工场地平整及各种临时设施建设等。

2）土建工程施工。是指永久性土木建筑工程，包括基础工程、混凝土工程、金属结构工程和装饰工程等。

3）设备安装工程。是指机械、电气、自动化仪表、给排水等通用和专用设备和管线安装，计算机网络、通信、声像系统及检测、监控系统安装等。

（2）招标特点　工程施工招标具有以下特点。

1）招标文件中不仅给出工程范围、计划工期和质量标准，而且给出工程量清单，投标人可按工程量清单填报单价后算出总价。

2）开标时由招标单位唱出各投标人的报价、工期和质量标准等对投标人有实质要求的内容，并按各投标文件的报价高低排定顺序。

3）评标时不仅关注施工方案的技术先进性、合理性和人员配备情况，工程施工报价也是需要重点考虑的因素。

2. 工程施工招标

（1）招标文件内容　根据《中华人民共和国标准施工招标文件（2007 年版）》，工程施工招标文件包括以下内容。

1）招标公告或投标邀请书。对于公开招标，招标公告主要包括：招标条件、项目概况与招标范围、投标人资格要求、招标文件的获取、投标文件的递交、发布公告的媒介及联系方式等。对于邀请招标，投标邀请书主要包括：招标条件、项目概况与招标范围、投标人资格要求、招标文件的获取、投标文件的递交和确认，以及联系方式等。

2）投标人须知。通过投标人须知前附表，列出各条款下的编列内容，包括：总则中的项目概况、招标范围、计划工期和质量标准等，以及有关招标文件、投标文件、投标、开标、评标、合同授予、纪律和监督、是否采用电子招投标及需要补充的其他内容等。

3）评标办法。采用经评审的最低投标价法或综合评估法，应通过评标办法前附表，说明评标方法、评审标准及评标程序等。

4）合同条款及格式。包括有关通用合同条款、专用合同条款的内容，以及合同附件（如合同协议书、履约保证金等）的格式。

5）工程量清单。包括工程量清单说明、投标报价说明，工程量清单中的工程量清单表、计日工表、暂估价表、投标报价汇总表及工程量清单单价分析表。

6）图样。

7）技术标准和要求。

8）投标文件格式。格式中主要包括：目录、投标函及投标函附录、法定代表人身份证明、授权委托书、联合体协议书、投标保证金、已标价的工程量清单、施工组织设计、项目管理机构、拟分包项目情况表、资格审查资料及其他资料。

（2）资格预审 资格预审主要包括以下内容。

1）法人地位。审查其资质等级、营业范围及组织机构等是否与招标项目相适应。

2）商业信誉。主要审查投标单位在建设工程承包活动中已完成项目的情况、资信程度、严重违约行为、建设单位对施工质量状况的满意程度、施工荣誉等。

3）财务能力。主要审查投标单位可用于本项目的纯流动资金能否满足要求，或施工期间资金不足时的解决办法。重点关注投标单位的注册资本、总资产、近三年经过审计的报表中所反映出的实有资金、流动资产、总负债、流动资产、正在实施而尚未完成工程的总投资额和年均完成投资额等。

4）技术能力。评价投标单位实施工程项目的潜在技术水平，包括人员能力和设备能力两方面。

5）施工经验。主要审查投标单位最近几年已完成工程的数量、规模，以及与招标项目相类似的工程施工经验。

（3）组织现场踏勘 招标人根据项目的具体情况可以组织投标人踏勘项目现场，包括亲临现场勘察和市场调查两个方面。在招标文件规定的时间，招标人负责组织各投标人到施工现场进行考察。招标人在组织现场考察过程中，除对现场情况进行简单介绍外，不对投标人提出的有关问题作进一步说明，以免干扰投标人的判断。这些问题一般都留在标前会议上解决。

（4）标前会议 标前会议是招标人在招标文件规定的日期，为解答投标人研究招标文件和现场考察中提出的有关质疑问题的会议。在正式会议上，除向投标人介绍工程概况外，还可对招标文件中某些内容加以修改和补充说明，有针对性地解决投标人书面提出的各种问题及会议上投标人即席提出的有关问题。会议结束后，招标人应按其口头解答的内容，以书面形式发给每个招标文件的收受人作为招标文件的组成部分，与招标文件具有同等效力。

3. 工程施工投标

工程施工投标可分为投标决策、投标准备、投标报价和提交标书四个阶段。

（1）投标决策　投标决策是指投标人对是否投标、报价策略（高价投标还是低价投标）进行决策的过程。收集和掌握有关招标项目的信息，对于投标的科学决策具有十分重要的意义。

（2）投标准备　投标准备包括：接受资格预审、研究招标文件和进行报价准备三方面。投标准备工作是否充分对于中标及中标后的盈利程度有很大影响。

（3）投标报价　投标报价是投标工作的核心，要建立在投标准备工作成果之上。

1）价格估算。投标人在研究招标文件并对现场进行考察后，根据经验和判断，一般在施工图基础上进行价格估算。

2）单价分析。单价分析是指对工程量清单中所列项目的单价分析。

3）投标报价决策。通过以上分析计算得出的价格只是暂定标价，最终报价需在深入细致分析竞争对手、市场材料价格、企业当前任务及盈亏状态和竞争形势等因素基础上确定。在保证工程质量和工期条件下，为了中标并获得期望的效益，投标报价决策时还可采用不平衡报价、多方案报价、突然降价和许诺优惠条件等投标报价技巧。

4）编制投标文件。在最终确定报价后，便可编制投标文件。投标文件要完全符合招标文件的要求。一般不带任何附加条件，否则会导致废标。

（4）提交标书　投标人在投标截止日前，将编写好的投标文件递交到招标文件载明的地点，并按要求提交投标保证金。如果采用电子招投标方式，投标人可通过电子招标投标交易平台递交电子投标文件。

4. 施工评标、决标和授标

（1）评标　评标一般由评标委员会进行，评标方法主要有综合评估法和经评审的最低投标价法。评标委员会应按照招标文件确定的评标标准和方法，对投标文件进行评审。工程施工评标一般可分为初步评审和详细评审两个阶段。初步评审主要评审投标文件的有效性、完整性、与招标文件的一致性、报价计算的正确性。详细评审主要进行价格分析、技术评审、管理和技术能力评价、主要施工管理人员和技术人员评价、商务法律评价等。

（2）决标和授标　招标人根据评标委员会提供的评标报告，确定中标人，并向中标人发出中标通知书，同时将中标结果通知所有未中标人。招标人应与中标人在中标通知书发出之日起 30 日内签订施工合同。工程施工合同自双方签字盖章之日起成立。

6.2.4　材料、设备采购招标与投标

城市照明材料、设备采购，可采用招标、询价等方式选择供应商，也可采用直接订购方式。为了保证产品质量、降低采购价格并提高投资效益，对于大宗材料、较重要或

较昂贵的设备需采用招标方式进行采购。

1. 材料、设备采购招标

（1）招标文件内容　根据《中华人民共和国标准材料采购招标文件（2017 年版）》和《中华人民共和国标准设备采购招标文件（2017 年版）》，材料、设备采购招标文件包括以下基本内容。

1）招标公告或投标邀请书。对于公开招标，招标公告主要包括：招标条件、项目概况与招标范围、投标人资格要求、招标文件的获取、投标文件的递交、发布公告的媒介及联系方式等。对于邀请招标，投标邀请书主要包括：招标条件、项目概况与招标范围、投标人资格要求、招标文件的获取、投标文件的递交和确认，以及联系方式等。

2）投标人须知。通过投标人须知前附表，列出各条款下的编列内容，包括：总则中的项目概况、招标范围、交货期、交货地点和质量标准等，以及有关招标文件、投标文件、投标、开标、评标、合同授予、纪律和监督、是否采用电子招投标及需要补充的其他内容等。

3）评标办法。采用经评审的最低投标价法或综合评估法，应通过评标办法前附表，说明评标方法、评审标准及评标程序等。

4）合同条款及格式。包括有关通用合同条款、专用合同条款的内容，以及合同附件（如合同协议书、履约保证金等）的格式。

5）供货要求。包括项目概况及总体要求，材料、设备需求一览表，质量标准（技术性能指标）、验收标准（检验考核要求），以及相关技术服务和质保期服务要求等。

6）投标文件格式。格式中主要包括：目录、投标函及投标函附录、法定代表人（单位负责人）身份证明、授权委托书、联合体协议书、投标保证金、商务和技术偏差表、分项报价表、资格审查资料、投标材料质量标准（投标设备技术性能指标）的详细描述、技术支持资料、相关服务计划及其他资料。

（2）标底文件编制　标底文件应当依据设计单位出具的设计概算和国家、地方有关价格政策编制；标底价应与编制招标文件时全国设备市场的平均价格为基础，并不包括不可预见费、技术措施费和其他有关政策规定的应计算在内的各种费用。

（3）资格预审　对投标人的资格审查包括投标人资质的合格性审查和所提供货物的合格性审查两方面。

1）对投标人资质的合格性审查。招标人发布的资格预审公告一般包括以下内容：资格预审邀请书，申请人须知，资格要求，其他业绩要求，资格审查标准和方法，资格预审结果的通知方式。投标人提供审查的资格证明文件包括：营业执照复印件，法人代表授权书和制造厂商授权信，银行出具的资信证明，产品鉴定书，生产许可证，产品荣誉证书，制造厂家的资质证明。

2）对所提供货物的合格性审查。投标人根据招标要求提供所有货物及其附属服务的合格性证明文件，这些证明文件可以是手册、图样和资料说明。证明资料应说明以下情况：表明主要技术指标和操作性能；为了使货物正常连续使用，应提供货物使用两年期内所需零配件和特种工具等清单，包括货源和现行价格情况。

资格预审文件和招标文件中指出的工艺、材料、设备、参照的商标和样本号码仅作为基本要求的说明，并不作为严格的限制条件。投标人可在标书说明文件中选用代替标准，但代替标准必须优于或相当于技术规范所要求的标准。

2. 材料、设备采购投标

（1）投标文件内容　根据《中华人民共和国标准材料采购招标文件（2017 年版）》和《中华人民共和国标准设备采购招标文件（2017 年版）》，材料设备投标文件包括以下基本内容。

1）投标函。

2）法定代表人（单位负责人）身份证明或授权委托书。

3）联合体协议书。

4）投标保证金。

5）商务和技术偏差表。

6）分项报价表。

7）资格审查资料。

8）投标材料、设备技术性能指标的详细描述。

9）技术支持材料。

10）相关服务计划。

11）其他资料。

（2）投标文件递送　国内材料、设备投标文件的递送与工程施工投标文件递送方式相同。

3. 材料、设备采购评标和定标

（1）评标　评标主要采用最低投标价法和综合评估法。评标的主要内容包括：投标价、运输费、交付期、设备性能和质量、备件价格、支付要求、售后服务，以及其他与招标文件偏离或不符合的因素等。评标分为初步评审和详细评审。初步评审主要是看投标文件是否对招标文件做出实质性响应，有无串标作假嫌疑，投标报价有无算术错误及其他错误等。详细评审主要是对投标文件的商务、技术和投标报价等部分进行评审。

（2）定标　确定中标单位后，招标单位应尽快向中标单位发出中标通知书，同时通知其他未中标单位。后续事宜与工程施工决标、授标方式基本相同。

6.2.5　工程总承包招标与投标

1. 工程总承包招标

（1）招标文件内容　根据《中华人民共和国标准设计施工总承包招标文件（2012年版）》，工程总承包招标文件包括以下基本内容。

1）招标公告或投标邀请书。

2）投标人须知。包括对招标文件的说明及对投标文件的要求等。

3）评标办法。采用综合评估法或经评审的最低投标价法。

4）合同条款及格式。

5）发包人要求。

6）发包人提供的资料。

7）投标文件格式。

8）规定的其他资料。

（2）资格审查　工程总承包的资格审查资料和程序与施工招标基本一致。包括：投标人基本情况表、近年财务状况表、近年完成的类似项目情况表、正在施工或新承接的项目情况表以及近年发生的诉讼及仲裁情况等。

2. 工程总承包投标

（1）投标文件内容　投标人报送的投标文件应包括以下内容。

1）投标函及投标函附录。

2）法定代表人身份证明或授权委托书。

3）联合体协议书（如果以联合体身份投标）。

4）投标保证金。

5）价格清单。

6）承包人建议书。

7）承包人实施计划。

8）资格审查资料。

9）其他资料。

（2）投标文件递送　工程总承包投标文件递送与施工投标文件递送基本一致。在投标截止日前，投标人应将所有准备好的信函、证明文件、保函、技术文件、报价表、比较方案等封装后提交至招标文件载明的地点。

3. 工程总承包评标与定标

与工程施工评标相同，不再赘述。

6.3　工程合同管理

6.3.1　工程勘察设计合同管理

工程勘察设计合同是指建设单位与工程勘察设计单位为完成工程勘察设计任务，明确双方义务和责任的协议。根据工程勘察设计合同，勘察人、设计人应完成建设单位委托的工程勘察、设计任务；建设单位作为发包人，应为勘察人、设计人提供相关资料和必要的工作条件，并支付报酬。

1. 工程勘察设计合同特点

1）工程勘察设计合同的发包人应当是法人或者自然人，勘察人、设计人必须具有法人资格，并持有相应的勘察设计资质证书。

2）工程勘察设计合同的签订必须以《中华人民共和国合同法》《建设工程勘察设计管理条例》《城市照明管理规定》及其他相关法规政策和建设工程批准文件为基础。

3）工程勘察设计合同属于建设工程合同，应具有建设工程合同的基本特征。

2. 工程勘察设计合同的订立

建设单位通过招标、设计方案竞赛等方式确定勘察设计单位后，需要通过谈判明确勘察设计合同相关内容，就合同各项条款进行协商并取得一致意见。勘察设计合同应采用书面形式约定双方的义务和违约责任，且通常会参照国家推荐使用的示范文本。

（1）建设工程勘察合同示范文本　根据住房和城乡建设部、原国家工商行政管理总局联合发布的 GF—2016—0203《建设工程勘察合同（示范文本）》，建设工程勘察合同由合同协议书、通用合同条款和专用合同条款三部分组成。

1）合同协议书。合同协议书主要包括：工程概况、勘察范围和阶段、技术要求及工作量、合同工期、质量标准、合同价款、合同文件构成、承诺、词语定义、签订时间、签订地点、合同生效和合同份数等内容。

2）通用合同条款。通用合同条款包括：一般约定、发包人、勘察人、工期、成果资料、后期服务、合同价款与支付、变更与调整、不可抗力、合同生效与终止、合同解除、责任与保险、违约、索赔、争议解决及补充条款等共计 17 条。

3）专用合同条款。专用合同条款是对通用合同条款的细化、完善、补充、修改或另行约定的条款。合同当事人可根据不同工程特点及具体情况，通过谈判、协商对相应的通用合同条款进行修改、补充。

（2）建设工程设计合同示范文本　根据住房和城乡建设部、原国家工商行政管理总局联合发布的 GF—2015—0210《建设工程设计合同示范文本（专业建设工程）》和 GF—2015—0209《建设工程设计合同示范文本（房屋建筑工程）》，建设工程设计合同由合同协议书、通用合同条款和专用合同条款三部分组成。

1）合同协议书。合同协议书主要包括工程概况、工程设计范围、阶段与服务内容、工程设计周期、合同价格形式与签约合同价、发包人代表与设计人项目负责人、合同文件构成、承诺、签订地点、补充协议、合同生效和合同份数等内容。

2）通用合同条款。通用合同条款具体包括：一般约定、发包人、设计人、工程设计资料、工程设计要求、工程设计进度与周期、工程设计文件交付、工程设计文件审查、施工现场配合服务、合同价款与支付、工程设计变更与索赔、专业责任与保险、知识产权、违约责任、不可抗力、合同解除和争议解决等共计 17 条。

3）专用合同条款。与建设工程勘察合同中专用合同条款内容一致。

3. 工程勘察设计合同履行

（1）工程勘察合同履行

1）发包人义务。发包人应负责提供资料或文件、技术要求、期限，以及合同中规定的共同协作应承担的有关准备工作和其他服务项目。

①发包人应以书面形式向勘察人明确勘察任务及技术要求，提供工程勘察作业所需的批准及许可文件，提供开展工程勘察工作所需要的图样及技术资料，包括总平面图、地形图、已有水准点和坐标控制点等，若上述资料由勘察人负责搜集时，发包人应承担相应费用。

②发包人应为勘察人提供具备条件的作业场地及进场通道（包括土地征用、障碍物清除、场地平整、提供水电接口和青苗赔偿等），并承担相应费用。

③发包人应为勘察人提供作业场地内地下埋藏物（包括地下管线、地下构筑物等）的资料、图样，没有资料、图样的地区，发包人应委托专业机构查清地下埋藏物。若因发包人未提供上述资料、图样，或提供的资料、图样不实，致使勘察人在工程勘察工作过程中发生人身伤害或造成经济损失时，由发包人承担赔偿责任。

④发包人应按照法律法规规定为勘察人安全生产提供条件并支付安全生产防护费用，发包人不得要求勘察人违反安全生产管理规定进行作业。若勘察现场需要看守，特别是在有毒、有害等危险现场作业时，发包人应派人负责安全保卫工作；按国家有关规定，对从事危险作业的现场人员进行保健防护，并承担相应费用。发包人对安全文明施工有

特殊要求时，应在专用合同条款中另行约定。

⑤发包人应对勘察人满足质量标准的已完工作，按照合同约定及时支付相应的工程勘察合同价款及费用。

2）勘察人义务。

①勘察人应按勘察任务书和技术要求并依据有关技术标准进行工程勘察工作。开展工程勘察活动时应遵守有关职业健康及安全生产方面的各项法律法规，采取安全防护措施，确保人员、设备和设施安全。

②勘察人应建立质量保证体系，按合同约定的时间提交质量合格的成果资料，并对其质量负责。在提交成果资料后，应为发包人继续提供后期服务。

③勘察人应在勘察方案中列明环境保护的具体措施，并在合同履行期间采取合理措施保护作业现场环境。在工程勘察期间遇到地下文物时，应及时向发包人和文物主管部门报告并妥善保护。

④勘察人在燃气管道、热力管道、动力设备、输水管道、输电线路、临街交通要道及地下通道（地下隧道）附近等风险性较大的地点，以及在易燃易爆地段及放射、有毒环境中进行工程勘察作业时，应编制安全防护方案并制定应急预案。

3）违约责任。

①发包人违约。发包人在合同履行中发生下列情况之一的，属发包人违约。未按合同约定支付勘察费用；自身原因造成勘察停止；无法履行或停止履行合同；不履行合同约定的其他义务。

合同生效后，发包人无故要求终止或解除合同，勘察人未开始勘察工作的，不退还发包人已付的定金或发包人按照专用合同条款约定向勘察人支付违约金；勘察人已开始勘察工作的，若完成计划工作量不足50%的，发包人应支付勘察人合同价款的50%；完成计划工作量超过50%的，发包人应支付勘察人合同价款的100%。发包人发生其他违约情形时，发包人应承担由此增加的费用和工期延误损失，并给予勘察人合理赔偿。双方可在专用合同条款内约定发包人赔偿勘察人损失的计算方法或者发包人应支付违约金的数额或计算方法。

②勘察人违约。勘察人在合同履行中发生下列情况之一的，属勘察人违约。勘察文件不符合法律及合同约定；转包、违法分包或者未经发包人同意擅自分包勘察任务；未按合同计划完成勘察，从而造成工程损失；无法履行或停止履行合同；不履行合同约定的其他义务。

合同生效后，勘察人因自身原因要求终止或解除合同，勘察人应双倍返还发包人已支付的定金或勘察人按照专用合同条款约定向发包人支付违约金。因勘察人原因造成工期延误的，应按专用合同条款约定向发包人支付违约金。因勘察人原因造成成果资料质量达不到合同约定的质量标准，勘察人应负责无偿给予补充完善，使其质量合格。因勘察人原因导致工程质量安全事故或其他事故时，勘察人除负责采取补救措施外，应通过所投工程勘察责任保险对发包人承担赔偿责任或根据直接经济损失程度按专用合同条款约定向发包人支付赔偿金。勘察人发生其他违约情形时，应承担违约责任并赔偿因其违约给发包人造成的损失，双方可在专用合同条款内约定勘察人赔偿发包人损失的计算方法和赔偿金额。

（2）工程设计合同履行

1）发包人义务。

①委托初步设计的，在初步设计前，发包人在规定日期内应向承包人提供经过批准的设计任务书（或可行性研究报告），选择建设地址的报告、原料（或经过批准的资源收支）、燃料、水、电、运输等方面的协议文件和能满足初步设计要求的勘察资料，以及需要经过科研取得的技术资料等。超过规定期限时，设计人有权重新确定提交设计文件的时间。

②委托施工图设计的，在施工图设计前，发包人应在规定日期内提供经过批准的初步设计文件和能满足施工图设计要求的勘察资料、施工条件，以及有关设备的技术资料等。

③发包人变更委托设计项目、规模、条件或因提交的资料错误，或所提交资料作较大修改，造成设计人设计需返工时，双方除需另行协商签订补充协议（或另订合同），重新明确有关条款外，发包人应按设计人所耗工作量增付设计费。

④发包人应保护设计人的投标书、设计方案、文件、资料图样、数据、计算软件和专利技术。未经设计人同意，发包人对设计人交付的设计资料及文件不得擅自修改、复制或向第三人转让或用于本合同外的项目。如发生以上情况，发包人应负法律责任，设计人有权向发包人提出索赔。

2）设计人义务。

①设计人应根据已批准的设计任务书（或可行性研究报告）或之前阶段设计的批准文件，以及有关设计的经济技术文件、设计标准、技术规范、规程和定额等提出勘察技术要求，并进行设计，按合同规定的进度和质量提交设计文件（包括概预算文件、材料设备清单等），并对其负责。

②初步设计经上级主管部门审查后，在原定任务书范围内必需修改的，由设计人负责。如果原定任务书有重大变更而重做或修改设计时，须具有审批机关或设计任务书批准机关的议定书，经双方协商后另订合同。

③设计人应配合所承担设计任务的建设项目施工，施工前进行设计技术交底，解决工程施工过程中有关设计的问题，负责设计变更和预算修改，参加试车考核及工程竣工

验收。对于复杂工程应派现场设计代表，参加隐蔽工程验收。

④设计人交付设计文件后，按规定参加有关上级的设计审查，并根据审查结论负责对不超出原定范围的内容做必要调整补充。设计人按合同规定时限交付设计文件一年内项目开始施工，负责向发包人及施工单位进行设计交底，处理有关设计问题和参加竣工验收。在一年内项目尚未开始施工，设计人仍负责上述工作，可按所需工作量向发包人适当收取咨询服务费，收费额由双方商定。

3）违约责任。

①发包人违约。发包人在合同履行中发生下列情况之一的，属发包人违约。未按合同约定支付设计费用；自身原因造成设计停止；无法履行或停止履行合同；不履行合同约定的其他义务。

合同生效后，发包人因非设计人原因要求终止或解除合同，设计人未开始设计工作的，不退还发包人已付定金或发包人按照专用合同条款的约定向设计人支付违约金；已开始设计工作的，发包人应按照设计人已完成的实际工作量计算设计费，完成工作量不足一半时，按该阶段设计费的一半支付设计费；超过一半时，按该阶段设计费的全部支付设计费。发包人未按合同约定金额和期限向设计人支付设计费的，应按专用合同条款约定向设计人支付违约金。逾期超过 15 天时，设计人有权书面通知发包人中止设计工作。自中止设计工作之日起 15 天内发包人支付相应费用的，设计人应及时根据发包人要求恢复设计工作；自中止设计工作之日起超过 15 天后发包人支付相应费用的，设计人有权确定重新恢复设计工作的时间，且设计周期相应延长。发包人的上级或设计审批部门对设计文件不进行审批或本合同工程停建、缓建，发包人应在事件发生之日起 15 天内按合同约定向设计人结算并支付设计费。发包人擅自将设计人的设计文件用于本工程以外的工程或交第三方使用时，应承担相应法律责任，并应赔偿设计人因此遭受的损失。

②设计人违约。设计人在合同履行中发生下列情况之一的，属设计人违约。设计文件不符合法律及合同约定；转包、违法分包或者未经发包人同意擅自分包设计任务；未按合同计划完成设计，从而造成工程损失；无法履行或停止履行合同；不履行合同约定的其他义务。

合同生效后，设计人因自身原因要求终止或解除合同，设计人应按发包人已支付定金金额的双倍返还给发包人，或设计人按照专用合同条款的约定向发包人支付违约金。由于设计人原因，未按合同约定时间交付工程设计文件的，应按专用合同条款的约定向发包人支付违约金，前述违约金经双方确认后可在发包人应付设计费中扣减。设计人对工程设计文件出现的遗漏或错误负责修改或补充。由于设计人原因产生的设计问题造成工程质量事故或其他事故时，设计人除负责采取补救措施外，应当通过所投建设工程设计责任保险对发包人承担赔偿责任或者根据直接经济损失程度按专用合同条款约定向发包人支付赔偿金。设计人未经发包人同意擅自对工程设计进行分包的，发包人有权要求设计人解除未经发包人同意的设计分包合同，并按照专用合同条款的约定承担违约责任。

6.3.2 工程监理合同管理

工程监理合同是指建设单位与工程监理单位就委托的工程监理与相关服务内容签订的明确双方义务和责任的协议。根据工程监理合同，监理人应完成建设单位委托的工程监理与相关服务内容；建设单位作为委托人，应为监理人提供相关资料和必要的工作条件，并支付报酬。

1. 工程监理合同特点

工程监理合同属于委托合同，除具有委托合同的基本特征外，还具有以下特点。

1）监理合同当事人双方应是具有民事权力能力和民事行为能力，具有法人资格的企事业单位及其他社会组织，个人在法律允许范围内也可成为合同当事人。接受委托的监理人必须是依法成立、具有工程监理资质的企业，其所承担的工程监理业务应与企业资质等级和业务范围相符合。

2）监理合同是以对建设工程项目目标实施控制并履行建设工程安全生产管理法定职责为主要内容，因此，监理合同必须符合法律法规和有关工程建设标准，并与工程设计文件、施工合同及材料设备采购合同相协调。

3）监理合同的标的是服务。与工程勘察设计合同、施工合同等不同，监理合同的履行不产生物质成果，而是由监理工程师凭借自己的知识、经验和技能受委托人委托为其所签订的施工合同，材料、设备采购合同等履行实施监督管理。

2. 工程监理合同订立

建设单位通过招标或直接委托方式确定工程监理单位后，需要通过谈判明确工程监理合同相关内容，就合同各项条款进行协商并取得一致意见。工程监理合同应采用书面形式约定双方的义务和违约责任，且通常也会参照国家推荐使用的示范文本。

根据住房和城乡建设部、原国家工商行政管理总局联合发布的 GF—2012—0202《建设工程监理合同（示范文本）》，建设工程监理合同由协议书、通用条件、专用条件和附录四部分组成。

（1）协议书 协议书不仅明确了委托人和监理人，而且明确了双方约定的委托工程监理与相关服务的工程概况（名称、地点、规模、概算投资额或建筑安装工程费）；总监理工程师（姓名、身份证号和注册号）；签约酬金（监理酬金、相关服务酬金）；服务期限（监理期限、相关服务期限）；双方对履行合同的承诺及合同订立的时间、地点、份数等。协议书还明确了建设工程监理合同的组成文件，包括协议书、中标通知书（适用于招标工程）或委托书（适用于非招标工程）、投标文件（适用于招标工程）或监理与相关服务建议书（适用于非招标工程）、专用条件、通用条件以及附录。

建设工程监理合同签订后，双方依法签订的补充协议也是建设工程监理合同文件的组成部分。

（2）通用条件　通用条件包括：词语定义与解释、监理人义务、委托人义务、签约双方违约责任、酬金支付，以及合同的生效、变更、暂停、解除与终止，争议解决及其他诸如外出考察费用、检测费用、咨询费用、奖励、守法诚信、保密、通知和著作权等方面的约定。

（3）专用条件　签订具体工程监理合同时，结合地域、专业和工程特点，对通用条件中的某些条款进行补充、修改。

（4）附录　附录包括两部分，即：附录 A 和 B。

1）附录 A。如果委托人委托监理人完成相关服务时，应在附录 A 中明确约定委托的工作内容和范围。如果委托人仅委托工程监理，则不需要填写附录 A。

2）附录 B。委托人为监理人开展正常监理工作派遣的人员和无偿提供的房屋、资料、设备，应在附录 B 中明确约定派遣或提供的对象、数量和时间。

3．工程监理合同履行

（1）委托人义务

1）告知。委托人应在其与施工承包人及其他合同当事人签订的合同中明确监理人、总监理工程师和授予项目监理机构的权限。如果监理人、总监理工程师以及委托人授予项目监理机构的权限有变更，委托人也应以书面形式及时通知施工承包人及其他合同当事人。

2）提供资料。委托人应按照合同约定，无偿、及时向监理人提供工程有关资料。在工程监理合同履行过程中，委托人应及时向监理人提供最新的与工程有关的资料。

3）提供工作条件。委托人应为监理人实施监理与相关服务提供必要的工作条件，主要包括：派遣人员并提供房屋、设备；协调外部关系，办理各类审批、核准或备案手续等。

4）授权委托人代表。委托人应授权一名熟悉工程情况的代表，负责与监理人联系。

5）委托人意见或要求的提出。在工程监理合同约定的工作范围内，委托人对承包人的任何意见或要求应通知监理人，由监理人向承包人发出相应指令。

6）答复。对于监理人以书面形式提交委托人并要求作出决定的事宜，委托人应在专用条件约定的时间内给予书面答复。逾期未答复的，视为委托人认可。

7）支付。委托人应按照合同约定的额度、时间和方式向监理人支付酬金。

（2）监理人义务

1）项目监理机构及人员。监理人应组建满足工作需要的项目监理机构，配备必要的检测设备。项目监理机构的主要人员应具有相应资格条件。在工程监理合同履行过程中，总监理工程师及重要岗位监理人员应保持相对稳定。更换总监理工程师应事先征得委托人同意；更换项目监理机构其他监理人员，应以不低于现有资格与能力为原则，并应将更换情况通知委托人。

2）基本职责履行。监理人应遵循职业道德准则和行为规范，严格按照法律法规、工程建设有关标准及监理合同履行职责。监理人基本工作内容如下。

①收到工程设计文件后编制监理规划，并在第一次工地会议前报委托人。根据有关规定和监理工作需要，编制监理实施细则。

②熟悉工程设计文件，并参加由委托人主持的图样会审和设计交底会议。

③参加由委托人主持的第一次工地会议；主持监理例会并根据工程需要主持或参加专题会议。

④审查施工承包人提交的施工组织设计，重点审查其中的质量安全技术措施、专项施工方案与工程建设强制性标准的符合性。

⑤检查施工承包人工程质量、安全生产管理制度、组织机构和人员资格。

⑥检查施工承包人专职安全生产管理人员的配备情况。

⑦审查施工承包人提交的施工进度计划，核查施工承包人对施工进度计划的调整。

⑧检查施工承包人的试验室。

⑨审核施工分包人资质条件。

⑩查验施工承包人的施工测量放线成果。

⑪审查工程开工条件，对条件具备的签发开工令。

⑫审查施工承包人报送的工程材料、构配件、设备的质量证明资料，抽检进场的工程材料、构配件质量。

⑬审核施工承包人提交的工程款支付申请，签发或出具工程款支付证书，并报委托人审核、批准。

⑭在巡视、旁站和检验过程中，发现工程质量、施工安全存在事故隐患的，要求施工承包人整改并报委托人。

⑮经委托人同意，签发工程暂停令和复工令。

⑯审查施工承包人提交的采用新材料、新工艺、新技术、新设备的论证材料及相关验收标准。

⑰验收隐蔽工程、分部分项工程。

⑱审查施工承包人提交的工程变更申请，协调处理施工进度调整、费用索赔、合同

争议等事项。

⑲审查施工承包人提交的竣工验收申请，编写工程质量评估报告。

⑳参加工程竣工验收，签署竣工验收意见。

㉑审查施工承包人提交的竣工结算申请并报委托人。

㉒编制、整理建设工程监理归档文件并报委托人。

3）委托人财产归还。监理人应妥善使用和保管委托人提供的房屋、设备，并在合同终止时将这些房屋、设备按专用条件约定的时间和方式移交委托人。

（3）违约责任

1）委托人违约。委托人在合同履行中发生下列情况之一的，属委托人违约。

①未按合同约定支付监理报酬。

②自身原因造成监理停止。

③无法履行或停止履行合同。

④不履行合同约定的其他义务。

委托人违反合同约定造成监理人损失的，委托人应予以赔偿。委托人向监理人的索赔不成立时，应赔偿监理人由此发生的费用。委托人未能按期支付酬金超过合同约定时间，应按专用条件约定支付逾期付款利息。

2）监理人违约。监理人在合同履行中发生下列情况之一的，属监理人违约。

①监理文件不符合标准及合同约定。

②转让监理工作。

③未按合同约定实施监理并造成工程损失。

④无法履行或停止履行合同。

⑤不履行合同约定的其他义务。

因监理人违反合同约定给委托人造成损失的，监理人应当赔偿委托人损失。赔偿金额的确定方法在专用条件中约定。监理人承担部分赔偿责任的，其承担赔偿金额由双方协商确定。监理人向委托人的索赔不成立时，监理人应赔偿委托人由此发生的费用。

6.3.3　工程施工合同管理

工程施工合同是指建设单位与施工单位之间为完成工程施工任务，明确双方义务和责任的协议。根据工程施工合同，施工单位作为承包人，应完成合同约定的工程施工、设备安装任务；建设单位作为发包人，应提供必要的施工条件并支付工程价款。

1. 工程施工合同特点

工程施工合同属于建设工程合同，也是一种双务合同。

1) 工程施工合同的发包人一般均为法人，承包人必须具有法人资格，并持有相应的工程施工资质证书。无施工资质的单位不能作为工程施工的承包人，资质等级低的单位不能越级承包工程施工。

2) 工程施工合同的签订必须以《中华人民共和国合同法》《中华人民共和国建筑法》《建设工程质量管理条例》《建设工程安全生产管理条例》《城市照明管理规定》及其他相关法规政策和建设工程批准文件为基础。

3) 工程施工合同的标的是各类建筑产品，其基础部分与大地相连，不能移动。这就决定了每个施工合同的标的都是特殊的，相互间具有不可替代性。

2. 工程施工合同订立

建设单位通过招标等方式确定工程施工单位后，需要通过谈判明确工程施工合同相关内容，就合同各项条款进行协商并取得一致意见。工程施工合同也应采用书面形式约定双方的义务和违约责任，且通常也会参照国家推荐使用的示范文本。

根据住房和城乡建设部、原国家工商行政管理总局联合发布的 GF—2017—0201《建设工程施工合同（示范文本)》，建设工程施工合同由合同协议书、通用合同条款和专用合同条款三部分组成。

(1) 合同协议书　合同协议书主要包括：工程概况、合同工期、质量标准、签约合同价和合同价格形式、项目经理、合同文件构成、承诺及合同生效条件等。

(2) 通用合同条款　通用合同条款共计 20 条，主要包括：一般约定、发包人、承包人、监理人、工程质量、安全文明施工与环境保护、工期和进度、材料与设备、试验与检验、变更、价格调整、合同价格、计量与支付、验收和工程试车、竣工结算、缺陷责任与保修、违约、不可抗力、保险、索赔和争议解决等。

(3) 专用合同条款　专用合同条款由当事人根据工程的具体情况予以明确或者对通用合同条款进行修改、补充。

3. 工程施工合同履行

(1) 发包人义务　施工合同规定应由发包人负责的工作，是合同履行的基础，是为承包人开工、施工创造的先决条件，发包人应当严格按照施工合同履行应尽义务。发包人的一般义务包括以下内容。

1) 应遵守法律法规，并保证承包人免于承担因发包人违反法律法规而引起的任何责任。

2) 应委托监理人按合同约定的时间向承包人发出开工通知。

3) 应按专用合同条款约定向承包人提供施工场地，以及施工场地内地下管线和地下设施等有关资料，并保证资料的真实、准确和完整。

4）应协助承包人办理法律规定的有关施工证件和批件。

5）应根据合同进度计划，组织设计单位向承包人进行设计交底。

6）应按合同约定向承包人及时支付合同价款。

7）应按合同约定及时组织工程竣工验收。

8）应履行合同约定的其他义务。

（2）承包人义务　承包人的一般义务包括以下内容。

1）应遵守法律法规，并保证发包人免于承担因承包人违反法律法规而引起的任何责任。

2）应按有关法律规定纳税，应缴纳的税金包括在合同价格内。

3）应按合同约定以及监理人指示，实施、完成全部工程，并修补工程中的任何缺陷，除专用合同条款另有约定外，承包人应提供为完成合同工作所需的劳务、材料、施工设备、工程设备和其他物品，并按合同约定负责临时设施的设计、建造、运行、维护、管理和拆除。

4）应按合同约定的工作内容和施工进度要求，编制施工组织设计和施工措施计划，并对所有施工作业和施工方法的完备性和安全可靠性负责。

5）应按合同约定采取施工安全措施，确保工程及其人员、材料、设备和设施的安全，防止因工程施工造成的人身伤害和财产损失。

6）应按合同约定负责施工场地及其周边环境与生态的保护工作。

7）在进行合同约定的各项工作时，不得侵害发包人与他人使用公用道路、水源和市政管网等公共设施的权利，避免对邻近的公共设施产生干扰。承包人占用或使用他人的施工场地，影响他人作业或生活的，应承担相应责任。

8）应按监理人指示为他人在施工场地或附近实施与工程有关的其他各项工作提供可能的条件。除合同另有约定外，提供有关条件的内容和可能发生的费用，由监理人按合同约定商定或确定。

9）工程接收证书颁发前，承包人应负责照管和维护工程。工程接收证书颁发时尚有部分未竣工工程的，承包人还应负责未竣工工程的照管和维护工作，直至竣工后移交给发包人为止。

10）应履行合同约定的其他义务。

（3）违约责任

1）发包人违约责任。发包人在合同履行中发生下列情况时，发包人应承担违约责任。

①未能履行合同约定，未能按时提供真实、准确和完整的施工场地内地下管线和设施等有关资料。

②未能按合同约定提供施工场地，办理有关施工证件和批件。

③未能按合同约定支付工程进度款，未能及时组织工程竣工验收。

④未能履行合同约定的其他义务。

2）承包人违约责任。承包人在合同履行中发生下列情况时，承包人应承担违约责任。

①未能履行对其负责供应的材料、设备和施工质量进行检验的约定，未能修复工程缺陷。

②转包、违法分包或者未经发包人同意擅自分包工程。

③未按合同计划完成工程施工，从而造成工程损失。

④无法履行或停止履行合同。

⑤不履行合同约定的其他义务。

6.3.4 材料、设备采购合同管理

材料、设备采购合同是指买受人（简称买方）与出卖人（简称卖方）之间为实现材料、设备买卖，明确双方义务和责任的协议。根据材料、设备采购合同，供应商（买方）应提供材料、设备；建设单位或承包单位（买方）应接收材料、设备并支付相应价款。

1. 材料、设备采购合同特点

材料、设备采购合同属于买卖合同，具有以下特点。

1）以转移财产所有权为目的。材料、设备买卖双方订立合同的目的是为了实现材料、设备所有权的转移。

2）买受人取得材料、设备所有权，必须支付相应价款；出卖人转移材料、设备所有权，必须以买受人支付价款为前提。

3）材料、设备采购合同是双务、有偿合同，买卖双方互负一定义务，卖方必须向买方转移材料、设备所有权，买方必须向卖方支付相应价款。

4）材料、设备采购合同是诺成合同。除法律有特别规定外，当事人之间意思表示一致，买卖合同即可成立，并不以实物交付为成立条件。

2. 材料、设备采购合同订立

材料、设备采购方通过招标、询价和直接采购等方式确定材料、设备供应单位后，需要通过谈判明确材料、设备采购合同相关内容，就合同各项条款进行协商并取得一致意见。材料、设备采购合同也应采用书面形式约定双方的义务和违约责任，且在有条件的情况下也会使用标准合同格式。

（1）材料采购合同主要内容　主要包括以下内容。

1）双方当事人的名称、地址，法定代表人姓名，委托代订合同的，应有授权委托书并注明委托代理人的姓名、职务等。

2）合同标的。主要包括：购销材料的名称（注明牌号、商标）、品种、型号、规格、等级、花色和技术标准等。

3）技术标准和质量要求。应明确各类材料的技术要求、试验项目、试验方法、试验频率及强制性标准。

4）材料数量及计量方法。材料数量的确定由当事人协商，应以材料清单为依据，并规定交货数量的正负尾差、合理磅差和在途自然减（增）量及其计量方法。材料数量的计量方法有理论换算计量、检斤计量和计件计量，应在合同中注明具体采用的计量方式，并明确规定相应的计量单位。

5）材料包装。包括：包装标准和包装物的供应及回收。包装标准是指材料包装的类型、规格、容量及印刷标记等。材料包装标准可按国家和有关部门规定的标准确定，当事人有特殊要求的，可由双方商定标准，但应保证材料包装适合于材料运输方式。同时，合同中还应约定提供包装物的当事人及包装品的回收等。

6）材料交付方式。材料交付可采取送货、自提和代运三种不同方式。当事人应采取合理的交付方式，明确交货地点，以便及时、准确、安全且经济地履行合同。

7）材料交货期限。材料交货期限应在合同中明确约定。

8）材料价格。材料价格应在订立合同时明确约定。

9）结算。结算方式可分为现金结算和转账结算两种。现金结算在同城进行，有支票、付款委托书、托收无承付和同城托收承付等方式；转账结算在异地之间进行，可分为托收承付、委托收款、信用证、汇兑或限额结算等方法。

10）违约责任。当事人应对违反合同所承担的经济责任作出明确规定。

11）特殊条款。如果双方当事人对一些特殊条件或要求达成一致意见，也可作为合同条款在合中予以明确。

12）争议解决方式。

（2）设备采购合同主要内容　设备采购合同通常采用标准合同格式，其内容可分为三部分。

1）约首。即合同的开头部分，包括项目名称、合同号、签约日期、签约地点、双方当事人名称或姓名和地址等条款。

2）正文。即合同主要内容，包括：合同文件、合同范围和条件、货物及数量、合同金额、付款条件、交货时间和地点、验收方法、现场服务、保修内容及合同生效等条款。其中，合同文件包括：合同条款、投标格式和投标人提交的投标报价表、要求一览表（含设备名称、品种、型号、规格和等级等）、技术规范、履约保证金、规格响应表和买方授权通知书等；货物及数量（含计量单位）、交货时间和交货地点等均在要求一览表中明确；合同金额是指合同总价，分项价格则在投标报价表中确定。

3）约尾。即合同结尾部分，规定合同生效条件，具体包括：双方名称、签字盖章、签字时间及地点等。

3. 材料、设备采购合同履行

（1）材料采购合同履行　材料采购合同订立后，应予以全面、实际履行。

1）卖方义务。

①按约定的标的履行。卖方交付的货物必须与合同规定的名称、品种、规格和型号相一致，除非买方同意，不允许以其他货物代替合同中规定的货物，也不允许以支付违约金或赔偿金的方式代替履行合同。

②按合同规定的期限、地点交付货物。交付货物的日期应在合同规定的交付期限内，实际交付的日期早于或迟于合同规定的交付期限，即视为同意延期交货。提前交付，买方可拒绝接受。逾期交付的，应当承担逾期交付责任。如果逾期交货，买方不再需要，应在接到卖方交货通知后约定时间内通知卖方，逾期不答复的，视为同意延期交货。交付地点应在合同指定地点。合同双方当事人应当约定交付标的物的地点，如果当事人没有约定交付地点或者约定不明确，事后没有达成补充协议，也无法按照合同有关条款或者交易习惯确定，则适用下列规定：标的物需要运输的，卖方应当将标的物交付给第一承运人以运交给买方；标的物不需要运输的，买卖双方在订立合同时知道标的物在某一地点的，卖方应当在该地点交付标的物；不知道标的物在某一地点的，应当在卖方合同订立时的营业地交付标的物。

③按合同规定的数量和质量交付货物。对于交付货物的数量应当场检验，清点账目后，由双方当事人签字。货物外在质量可当场检验，内在质量需做物理或化学试验的，试验结果为验收依据。卖方在交货时，应将产品合格证随同产品交买方据以验收。买方在收到标的物时，应在约定的检验期内检验，没有约定检验期的，应当及时检验。当事人约定检验期的，买方应当在检验期内将标的物的数量或者质量不符合约定的情形通知卖方。买方怠于通知的，视为标的物的数量或者质量符合约定。当事人没有约定检验期的，买方应当在发现或者应当发现标的物的数量或者质量不符合约定的合理期间内通知卖方。买方在合理期间内未通知或者自标的物收到之日起两年内未通知卖方的，视为标的物的数量或者质量符合约定，但对标的物有质量保证期的，适用质量保证期，不适用两年有效的规定。卖方知道或者应当知道提供的标的物不符合约定的，买方不受前述规

定通知时间的限制。

2）买方义务。买方在验收材料后，应按合同规定履行支付义务，否则承担法律责任。

3）违约责任。

①卖方违约责任。卖方不能交货的，应向买方支付违约金；卖方所交货物与合同规定不符的，应根据情况由卖方负责包换、包退，包赔由此造成的买方损失；卖方承担不能按合同规定期限交货的责任或提前交货的责任。

②买方违约责任。买方中途退货，应向卖方偿付违约金；逾期付款，应按中国人民银行关于延期付款的规定向卖方偿付逾期付款违约金。

（2）设备采购合同履行

1）交付货物。卖方应按合同规定，按时、按质、按量地履行供货义务，并做好现场服务工作，及时解决有关设备的技术质量、缺损件等问题。

2）验收交货。买方对卖方交货应及时进行验收，依据合同规定，对设备的质量及数量进行核实检验，如果有异议，应及时与卖方协商解决。

3）结算。买方对卖方交付的货物检验没有发现问题，应按合同的规定及时付款；如果发现问题，在卖方及时处理达到合同要求后，也应及时履行付款义务。

4）违约责任。在合同履行过程中，任何一方都不应借故延迟履约或拒绝履行合同义务，否则，应追究违约当事人的责任。

①卖方违约责任。由于卖方交货不符合合同规定，如交付的设备不符合合同标的，或交付设备未达到质量技术要求，或数量、交货日期等与合同规定不符时，卖方应承担违约责任；由于卖方中途解除合同，买方可采取合理的补救措施，并要求卖方赔偿损失。

②买方违约责任。买方在验收货物后，不能按期付款的，应按中国人民银行有关延期付款的规定交付违约金；买方中途退货，卖方可采取合理的补救措施，并要求买方赔偿损失。

6.3.5　工程总承包合同管理

工程总承包合同是指发包人与工程总承包单位之间为完成特定的工程总承包任务，明确双方义务和责任的协议。根据工程总承包合同，工程总承包单位作为承包人，应完成合同约定的工程设计、采购和施工等任务；发包人应提供必要的条件并支付合同价款。

1. 工程总承包合同特点

工程总承包的特点和内容，决定了工程总承包合同除具有建设工程合同的一般特征外，还具有以下特殊性。

（1）管理一体化　工程总承包合同的承包人不仅负责工程施工，还需负责合同约定范围内的设计与材料、设备采购工作。因此，如果工程出现质量缺陷，承包人将承担全部责任，不会出现设计、施工等多方主体之间相互推卸责任的情况，同时，工程设计与施工深度交叉融合，有利于缩短建设周期，提高工程设计的可施工性，降低工程造价。

（2）投标报价复杂　工程总承包合同价格不仅包括工程设计与施工费用，根据合同约定，还可能包括设备购置费、总承包管理费、专利转让费、研究试验费、不可预见风险费用和财务费用等，从而使投标报价内容复杂化。

（3）发包人合同管理简单　由于工程总承包是发包人将工程设计与施工任务委托给一家总承包单位负责，发包人组织协调任务量少，合同管理相对简单。

（4）对承包人要求较高　工程总承包合同通常采用总价包干合同，将工程风险的绝大部分转移给承包人。承包人除承担施工风险外，还需承担设计及采购等方面风险，因而需要承包人具有较高的管理水平和丰富的工程经验。

2. 工程总承包合同订立

建设单位通过招标等方式确定工程总承包单位后，需要通过谈判明确工程总承包合同相关内容，就合同各项条款进行协商并取得一致意见。工程总承包合同也应采用书面形式约定双方的义务和违约责任，且通常也会参照国家推荐使用的示范文本。

根据住房和城乡建设部、原国家工商行政管理总局联合发布的 GF—2011—0216《建设项目工程总承包合同示范文本（试行)》，工程总承包合同由合同协议书、通用条款和专用条款三部分组成。

（1）合同协议书　合同协议书主要包括：工程概况，工程主要生产技术（或建筑设计方案）来源，设计、施工开工日期以及工程竣工日期等主要日期，工程质量标准，合同价格和付款货币，定义与解释，合同生效等内容。

（2）通用条款　通用条款主要包括以下内容。

1）核心条款。这部分条款是确保建设项目功能、规模、标准和工期等要求得以实现的条款，包括：一般规定、进度计划、延误和暂停、技术与设计、工程物资、施工、竣工试验、工程接收、竣工后试验。

2）保障条款。这部分条款是保障核心条款顺利实施的条款，包括：质量保修责任、变更和合同价格调整、合同总价和付款、保险。

3）合同履行的干系人条款。这部分条款是根据建设项目实施阶段的具体情况，依法约定发包人、承包人的权利和义务，包括发包人、承包人和工程竣工验收。

4）违约、索赔和争议条款。这部分条款是约定若合同当事人发生违约行为，或合同履行过程中山出现工程物资、施工、竣工试验等质量问题及出现工期延误、索赔等争议，如何通过友好协商、调解、仲裁或诉讼程序解决争议的条款。

5）不可抗力条款。约定不可抗力发生时双方当事人的义务和不可抗力导致的后果。

6）合同解除条款。分别对由发包人解除合同、由承包人解除合同的情形作出约定。

7）合同生效与终止条款。对合同生效的日期、合同份数及合同终止等内容作出约定。

8）补充条款。合同双方当事人对通用条款细化、完普、补充、修改或另行约定的，可将具体约定写入专用条款。

（3）专用条款　专用条款是合同双方当事人根据不同工程的具体情况，通过谈判、协商对相应通用条款的约定细化、完善、补充、修改或另行约定的条款。

3. 工程总承包合同履行

（1）发包人主要义务

1）负责办理项目审批、核准或备案手续，取得项目用地使用权，完成拆迁补偿工作，使项目具备法律规定及合同约定的开工条件，并提供立项文件。

2）履行合同中约定的合同价格调整、付款和竣工结算义务。

（2）承包人主要义务

1）按照合同约定，完成设计、采购、施工、竣工试验和（或）指导竣工后试验等工作，不得违反国家强制性标准。

2）按照合同约定，自费修复因承包人原因引起的设计、文件、设备、材料、部件和施工中存在的缺陷或在竣工试验和竣工后试验中发现的缺陷。

3）按照合同约定和发包人要求，提交相关报表。报表的类别、名称、内容、报告期、提交时间和份数，在专用条款中约定。

（3）违约责任

1）发包人违约责任。发包人在合同履行中发生下列情况时，发包人应承担违约责任。

①未能履行合同约定，未能按时提供真实、准确且齐全的工艺技术和（或）建筑设计方案、项目基础资料和现场障碍资料。

②未能按合同约定调整合同价格，未能按有关预付款、工程进度款和竣工结算约定的款项类别、金额、承包人指定的账户和时间支付相应款项。

③未能履行合同中约定的其他义务。

发包人违约的，应采取补救措施，并赔偿因上述违约行为给承包人造成的损失。因其违约行为造成工期延误时，竣工日期顺延。发包人承担违约责任，并不能减轻或免除合同中约定的应由发包人继续履行的其他义务。

2）承包人违约责任。承包人在合同履行中发生下列情况时，承包人应承担违约责任。

①未能履行对其提供的工程物资、施工质量进行检验的约定，未能修复缺陷。

②经三次试验仍未能通过竣工试验，或经三次试验仍未能通过竣工后试验，导致的工程任何主要部分或整个工程丧失使用价值、生产价值和使用利益。

③未经发包人同意，或未经必要的许可，或适用法律不允许分包的，将工程分包给他人。

④未能履行合同约定的其他义务。

承包人违约的，应采取补救措施，并赔偿因上述违约行为给发包人造成的损失。承包人承担违约责任，并不能减轻或免除合同中约定的由承包人继续履行的其他义务。

第7章
城市照明工程施工安装及监理

07 /

科学规范地进行城市照明工程施工安装，是确保城市照明工程质量和照明设施安全可靠的重要阶段，也是降低城市照明工程全寿命期成本的重要环节。施工、监理等单位应严格按照 CJJ 45—2015《城市道路照明设计标准》、JGJ/T 163—2008《城市夜景照明设计规范》、CJJ 89—2012《城市道路照明工程施工及验收规程》等标准，做好城市照明工程施工安装及监理工作。

7.1 施工组织设计及施工方案

7.1.1 施工组织设计

施工组织设计是用来指导工程施工全过程各项活动中技术、经济和组织的综合性文件，严格执行完善的施工组织设计，能保证工程开工后施工活动有序、高效、科学且合理地进行。

施工组织总设计应由施工项目负责人组织编制，应由总承包单位技术负责人审批后，报送项目监理机构审查后实施。

1. 编制依据

施工组织设计的编制依据主要包括拟建工程基础文件，建设法规、政策及标准，建设地区原始调查资料，以及类似工程施工经验资料等。

（1）拟建工程基础文件　包括可行性研究报告及其批准文件，规划红线范围和用地批准文件，勘察设计任务书、图样和说明书，初步设计和施工图设计批准文件及设计图样和说明书，总概算、预算和施工招投标文件，工程施工合同文件等。

（2）建设法规、政策及标准　包括工程报建有关规定，工程造价管理有关规定，以及工程设计、施工和验收有关标准等。

（3）建设地区原始调查资料　包括地区气象资料，地形、地质和水文资料，材料、构配件和半成品供应状况，以及供水、供电、道路及价格资料等。

（4）类似工程施工经验资料　主要是类似工程施工组织设计、施工方案和施工进度计划，类似工程施工成本控制、工期控制、质量控制、安全生产及环保等资料，类似工程技术新成果、管理新经验等资料。

2. 编制程序

施工组织设计编制程序如图 7-1 所示。

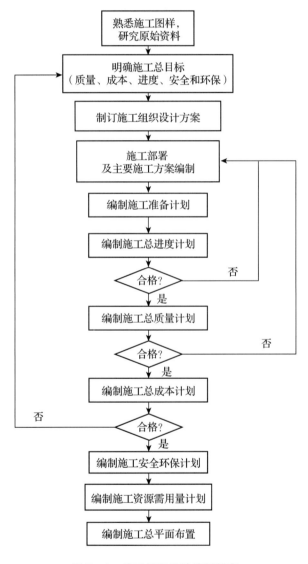

图 7-1　施工组织设计编制程序

3. 施工组织设计内容

施工组织设计内容主要包括：工程概况、施工部署及施工方案、施工总进度计划、各项资源需用量计划和施工总平面图等。

（1）工程概况　应对整个工程进行总体说明和分析。一般包括以下内容。

1）工程项目主要情况。主要包括：项目名称、建设地点、工程性质、建设总规模、总工期、投资额和质量要求等。

2）建设地区自然和技术经济条件。主要包括：建设地区的气象、地形、地质和水文情况；施工条件；材料来源及供应情况等。

3）建设单位对工程的要求。

（2）施工部署及主要施工方案　施工部署是对整个工程施工进行的统筹规划和全面安排，主要包括：确定施工程序、方法，建立项目管理体系，编制施工准备工作计划等。

1）确定施工程序。应根据工程建设总目标要求，结合生产工艺要求、建设单位要求、工程规模和施工难易程度、资金及技术资源等情况，考虑分期分批进行施工。应考虑季节对施工的影响，在冬季施工时，必须考虑冬季施工特点。确定要在冬季施工的工程，既要保证施工的连续性，又要考虑其经济性。由于城市照明工程通常在室外进行作业，我国严寒、寒冷地区的城市照明工程施工一般会避开冬季施工。

2）确定施工方法。对于主要单项工程、单位工程及特殊的分项工程，应在施工组织总设计中拟订其施工方案，其目的是组织和调集施工力量，并进行技术和资源准备工作。施工方案的主要内容包括确定施工工艺流程，选择大型施工机械和主要施工方法等。

3）建立项目管理体系。明确项目管理组织的目标、内容和组织结构模式，建立统一的工程施工指挥系统；体现组织人员配置、业务联系和信息反馈，明确组织人员的管理制度及岗位责任制，明确分工；划分各参与施工单位的任务，明确主导施工项目和穿插施工项目及建设期限等。

4）编制施工准备工作计划。全场的准备工作及临时设施规划，应根据施工开展程序和主要工程项目施工方案进行编制，主要包括以下内容。

①土地征用、居民拆迁和现场障碍物拆除工作。

②场内外运输、施工用主干道、水电气主要来源及引入方案。

③场地平整方案和全场性排水、防洪。

④材料、成品和半成品的供应、运输和储存方式。

⑤新结构、新材料、新技术的试制和试验工作，工人上岗前培训工作，以及冬、雨期施工所需的特殊准备工作。

（3）施工总进度计划　施工总进度计划是以拟建工程交付使用时间为目标确定的控制性施工进度计划。根据施工部署要求，合理确定每个交工系统及其单位工程的控制工期，以及施工顺序及搭接关系。

1）列出工程项目一览表并计算工程量。项目划分不宜过细，应突出主要工程项目，并估算主要项目的实物工程量。

2）确定施工期限。综合考虑影响施工工期的因素，参考有关工期定额（或指标）来确定各单位工程施工期限。

3）确定各单位工程开、竣工时间和搭接关系。尽量使主要工种的工人能连续、均衡地施工。

4）编制工程总进度计划。可采用横道图或网络图表达施工总进度计划。

（4）各项资源需用量计划　根据施工总进度计划，确定施工现场劳动力、材料、施工机械、成品和半成品的需要量及调配情况等。

1）劳动力需用量计划。根据工程量汇总表、施工准备工作计划、施工总进度计划、概（预）算定额和有关经验资料，确定各专业工种的劳动量工日数、工人数和进场时间等，汇总后确定劳动力需用量计划。

2）主要材料、成品和半成品需用量计划。需要根据施工图样、部署和总进度计划进行编制，这是组织材料和预制品加工、订货和运输，确定堆场、仓库的依据。

3）施工机具和设备需用量计划。应根据施工部署、施工方案、施工总进度计划、主要工种工程量和机械台班产量定额确定，这是确定施工机具、设备进场、施工用电量和选择变压器的依据。

4）大型临时设施需用量计划。包括大型临时生产、生活用房，临时道路，临时用水、用电、供热和供气设施等需用量计划。

（5）施工总平面布置　施工总平面布置常以施工总平面图表示，是具体指导施工部署的行动方案，对于指导现场进行有组织、有计划的文明施工具有重大意义。应按照施工部署、方案和总进度计划要求，对施工现场的交通道路、材料仓库、附属生产企业、临时房屋建筑和临时水、电管线等做出合理的规划布置。施工总平面图应按照规定的图例进行绘制，一般比例为1:1000或1:2000。

7.1.2　（专项）施工方案

施工方案是指导具体的分部（分项）工程施工过程的指令性技术管理文件。在通常情况下，施工单位主要编制施工方案，用以指导工程施工。对于危险性较大的分部（分项）工程，为了确保安全施工，则需要编制专项施工方案。

1. 施工方案

施工方案是指按照科学、经济且合理的原则，结合施工条件确定施工顺序和方法，选择适用的施工机械，对分部（分项）工程施工作出安排。施工方案一般由施工项目技术负责人组织编制，施工项目负责人审批后报送项目监理机构审查后实施。对于重点、难点分部（分项）或专项工程的施工方案，应由施工单位技术部门组织相关专家评审，施工单位技术负责人批准。

施工方案的内容包括：工程概况、施工安排、施工进度计划、施工准备与资源配置计划、施工方法及工艺要求等。

（1）工程概况　工程概况包括：工程主要情况、设计简介和工程施工条件等。

1）工程主要情况。包括：分部（分项）或专项工程名称，工程参建单位的相关情况，工程的施工范围，施工合同或总承包单位对工程施工的重点要求等。

2）设计简介。主要介绍施工范围内的工程设计内容和相关要求。

3）工程施工条件。应重点说明与分部（分项）或专项工程相关的内容。

（2）施工安排　施工安排应包括下列内容。

1）工程施工目标。包括：进度、质量、成本、安全生产及环境保护等目标，各项目标应符合施工合同和总承包单位对工程施工的要求。

2）工程施工顺序及施工流水段。

3）工程施工的重点和难点分析，并简述主要的管理和技术措施。

4）根据分部（分项）或专项工程的规模、特点、复杂程度、目标控制和总承包单位的要求设置项目管理组织机构，明确岗位职责。

（3）施工进度计划　分部（分项）或专项工程的施工进度计划应按照施工安排，并结合总承包单位的施工进度计划进行编制。施工进度计划可采用网络图或横道图表示，并附必要说明。

分部（分项）或专项工程的施工进度计划应能反映各施工区段或各工序之间的搭接关系，施工期限和开始、结束时间。同时，施工进度计划应能体现和落实施工总进度计划的目标控制要求，进而体现施工总进度计划的合理性。

（4）施工准备与资源配置计划

1）施工准备。包括：技术准备、现场准备和资金准备等。

①技术准备。包括：施工所需技术资料的准备；图样深化和技术交底的要求；试验检验和调试工作计划；样板制作计划以及与相关单位的技术交接计划等。

②现场准备。包括生产、生活临时设施的准备以及与相关单位进行现场交接的计划等。

③资金准备。应编制资金使用计划。

2）资源配置计划。包括：劳动力配置计划和物资配置计划。

①劳动力配置计划。确定工程用工量并编制专业工种劳动力计划表。

②物资配置计划。包括：工程材料和设备配置计划，周转材料和施工机具配置计划以及计量、测量和检验仪器配置计划等。

（5）施工方法及工艺要求　施工方法及工艺要求应包括下列内容。

1）明确分部（分项）或专项工程的施工方法，并进行必要的技术核算，明确主要分项工程（工序）的施工工艺要求。

2）重点说明易发生质量通病，易出现安全问题，施工难度大、技术要求高的分项工程（工序）。

3）对开发和使用的新技术、新工艺以及采用的新材料、新设备，应通过必要的试验或论证并编制计划。

4）根据施工地点的气候条件，对季节性施工提出具体要求。

2. 专项施工方案

根据《建设工程安全生产管理条例》，施工单位应针对危险性较大的分部（分项）工程编制专项施工方案。专项施工方案应由施工项目技术负责人组织编制。

（1）专项施工方案内容　专项施工方案应当包括以下内容。

1）工程概况。危险性较大的分部（分项）工程概况、施工平面布置、施工要求和技术保证条件。

2）编制依据。相关法律、法规、规范性文件、标准、规范及图样（国标图集）和施工组织设计等。

3）施工计划。包括施工进度计划、材料与设备计划。

4）施工工艺技术。技术参数、工艺流程、施工方法和检查验收等。

5）施工安全保证措施。组织保障、技术措施、应急预案和监测监控等。

6）劳动力计划。专职安全生产管理人员、特种作业人员等。

7）计算书及相关图样。

（2）专项施工方案审查　专项方案应当由施工单位技术部门组织本单位施工技术、安全和质量等部门的专业技术人员进行审核。经审核合格的，由施工单位技术负责人签字。实行施工总承包的，专项施工方案应当由总承包单位技术负责人及相关专业承包单位技术负责人签字。不需专家论证的专项施工方案，经施工单位审核合格后报项目监理机构，由项目总监理工程师审核签字后方可实施。

（3）专项施工方案论证　超过一定规模的危险性较大的分部（分项）工程专项施工方案应当由施工单位组织召开专家论证会。实行施工总承包的，由施工总承包单位组织召开专家论证会。

7.2　变压器及配电装置安装

7.2.1　变压器与箱式变电站

城市照明的取电方式有两种：一种取自供电部门公用变电站低压室，电压为 380/220V；另一种为自建专用变电站，电压为 10kV。除建筑物景观照明外，由于城市道路照明具有电容量小、取电点多而分散的特点，很难采用室内变电站来供电，因此，城市照明工程通常都需要自建变电站。箱式变电站因其投资少、建设时间短等优点，在城市照明工程中得到普遍应用。

1. 施工流程

（1）技术准备及要求　包括图样会审、技术交底及定位放线等。

1）图样会审。应严格按照国家电网有限公司制定的《电力建设工程施工技术管理导则》要求做好图样会审工作。

2）技术交底。按照《电力建设工程施工技术管理导则》规定，每个分项工程必须分级进行施工技术交底。技术交底内容要充实，具有针对性和指导性，参加施工的全体人员都要参加交底并签名，形成书面交底记录。

3）定位放线。根据变电所设置的建筑测量定位方格网基准点或施工完毕的设备基础，采用经纬仪、拉线和尺量定出基准线。

（2）材料、设备准备及要求　材料、设备准备应满足以下要求。

1）变压器应装有铭牌。铭牌上应注明制造厂名、额定容量、一二次额定电压、电流、阻抗电压及接线组别等技术数据。

2）变压器的容量、规格及型号必须符合设计要求。附件、备件齐全，并有出厂合格证及技术文件。

3）干式变压器的局放试验 PC 值及噪声测试器 dB（A）值应符合设计及标准要求。

4）带有防护罩的干式变压器，防护罩与变压器的距离和尺寸应符合标准规定。

5）型钢。各种规格型钢应符合设计要求，并无明显锈蚀。

6）螺栓。除地脚螺栓及防震装置螺栓外，均应采用镀锌螺栓，并配相应的平垫圈和弹簧垫。

7）其他材料。蛇皮管、耐油塑料管、电焊条、防锈漆、调和漆及变压器油，均应符合设计要求，并有产品合格证。

（3）安装工艺流程　变压器安装工艺流程如图 7-2 所示。

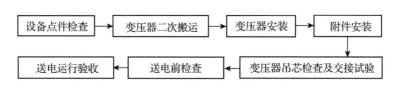

图7-2 变压器安装工艺流程

2. 一般规定

1）变压器、箱式变电站安装环境应符合 GB 1094.1—2013《电力变压器 第 1 部分：总则》和 GB 17467—2010《高压/低压箱式变电站》有关规定。

2）道路照明专用变压器及箱式变电站的设置应符合下列规定。

①应设置在接近电源、位处负荷中心，并应便于高低压电缆的进出，设备运输、安装应方便。

②应避开具有火灾、爆炸、化学腐蚀及剧烈振动等潜在危险的环境，通风良好。

③应设置在不易积水处。当设置在地势低洼处时，应抬高基础或采取防水、排水措施。

④设置地点四周宜有足够的维护空间，并应避让地下设施。

⑤对景观要求较高，用地紧张的地段，宜采用紧凑型、半地下式或地下式变电站，变电站外观设计应与周边景观相协调。

3）设备到达现场后，应及时进行外观检查，并应符合下列规定。

①不得有机械损伤，附件齐全，各组合部件无松动和脱落，标识、标牌准确完整。

②油浸式变压器应密封应良好，无渗漏现象。

③地下式变电站箱体应完全密封，防水良好，防腐保护层完整，无破损现象；高低压电缆引入、引出线无磨损和折伤痕迹，电缆终端头封头完整。

④箱式变电站内部电器部件及连接无损坏。

4）变压器、箱式变电站安装前，技术文件未规定必须进行器身检查的，可不进行器身检查。当需要进行器身检查时，应符合下列规定。

①环境温度不应低于0℃，器身温度不应低于环境温度，当器身温度低于环境温度时，应加热器身，使其温度高于环境温度10℃。

②当空气相对湿度小于75%时，器身暴露在空气中的时间不得超过16h。

③空气相对湿度或露空时间超过规定时，必须采取相应保护措施。

④进行器身检查时，应保持场地四周清洁并有防尘措施。雨、雪天或雾天不应在室外进行检查。

5）器身检查的主要项目和要求应符合下列规定。

①所有螺栓应紧固，并有防松措施，绝缘螺栓应无损坏，防松绑扎完好。

②铁心应无变形，无多点接地。

③绕组绝缘层应完整，无缺损、变位现象。

④引出线绝缘包扎牢固，无破损、拧弯现象，引出线绝缘距离应合格，引出线与套管的连接应牢固，接线正确。

6）变压器、箱式变电站在运输途中应有防雨和防潮措施。存放时，应置于干燥的室内。

7）变压器到达现场后，当超出 3 个月未安装时应加装吸湿器，并应进行下列检测工作。

①检查油箱密封情况。

②测量变压器内油的绝缘强度。

③测量绕组的绝缘电阻。

8）变压器投入运行前应按 GB 1094.1—2013《电力变压器　第 1 部分：总则》要求进行试验，如果投入运行后连续运行 24h 无异常即可视为合格。

3. 变压器施工安装要求

1）室外变压器安装方式宜采用柱上台架式安装，并应符合下列规定。

①柱上台架所用铁件必须热镀锌，台架横担水平倾斜不应大于 5mm。

②变压器在台架平稳就位后，应采用直径 4mm 镀锌铁丝将变压器固定牢靠。

③柱上变压器应在明显位置悬挂警告牌。

④柱上台架距地面宜为 3.0m，不得小于 2.5m。

⑤变压器高压引下线、母线应采用多股绝缘线，宜采用铜线，中间不得有接头。其导线截面应按变压器额定电流选择，铜线不应小于 $16mm^2$，铝线不应小于 $25mm^2$。

⑥变压器高压引下线、母线之间的距离不应小于 0.3m。

⑦在带电的情况下，应便于检查油枕、套管中的油位、油温和继电器等。

2）柱上台架的混凝土杆应符合架空线路的相关要求，并且双杆基坑埋设深度一致，两杆中心偏差不应超过 ±30mm。

3）跌落式熔断器安装应符合下列规定。

①熔断器转轴光滑灵活，铸件、瓷件不应有裂纹、砂眼和锈蚀；熔丝管不应有吸潮膨胀或弯曲现象；操作灵活可靠，接触紧密并留有一定的压缩行程。

②安装位置距离地面应为 5m，熔丝管轴线与地面的垂线夹角为 15°~30°。熔断器水平相间距离不小于 0.7m。在有机动车行驶的道路上，跌落式熔断器应安装在非机动车道侧。

③熔丝的规格应符合设计要求，无弯曲、压扁或损伤，熔体与尾线应压接牢固。

4）柱上变压器试运行前应进行全面检查，确认其符合运行条件时，方可投入试运行。检查项目应符合下列规定。

①本体及所有附件应无缺陷，油浸变压器不渗油。

②器身安装应牢固。

③油漆应完整，相色标志正确清晰。

④变压器顶部应无遗留杂物。

⑤变压器分接头的位置应符合道路照明运行电压额定值要求。

⑥防雷保护设备应齐全，外壳接地应良好，接地引下线及其与主接地网的连接应满足设计要求。

⑦变压器相位绕组的接线组别应符合并网运行要求。

⑧测温装置指示应正确，整定值应符合要求。

⑨保护装置整定值应符合规定，操作及联动试验正确。

5）吊装油浸式变压器应利用油箱体吊钩，不得用变压器顶盖上盘的吊环吊装整台变压器；吊装干式变压器，可利用变压器上部钢横梁主吊环吊装。

6）变压器附件安装应符合下列规定。

①油枕应牢固安装在油箱顶盖上，安装前应用合格的变压器油将其冲洗干净，除去油污，防水孔和导油孔应畅通，油标玻璃管应完好。

②干燥器安装前应检查硅胶，如果已经失效，应在115～120℃温度下烘烤8h，使其复原或更新。安装时必须将呼吸器盖子上橡皮垫去掉，并在下方隔离器中装入适量变压器油。确保管路连接密封、管道畅通。

③温度计安装前均应进行校验，确保信号接点动作正确，温度计座内或预留孔内应加注适量的变压器油，且密封良好，无渗漏现象。闲置的温度计座应密封，不得进水。

7）室内变压器就位应符合下列规定。

①变压器基础的轨道应水平，轮距与轨距应适合。

②当使用封闭母线连接时，应使其套管中心线与封闭母线安装中心线相符。

③装有滚轮的变压器就位后，应将滚轮用能拆卸的制动装置加以固定。

8）变压器绝缘油应按 GB 50150—2016《电气装置安装工程 电气设备交接试验标准》的规定试验合格后，方可注入使用；不同型号的变压器油或同型号的新油与运行过的油不宜混合使用，需要混合时，必须进行混油试验，其质量必须合格。

9）变压器应按设计要求进行高压侧、低压侧电器连接；当采用硬母线连接时，应按硬母线制作技术要求安装；当采用电缆连接时，应按电缆终端头制作技术要求安装。

4. 箱式变电站施工安装要求

1）箱式变电站基础应高出地面200mm 以上，尺寸应符合设计要求，结构宜采用带电缆室的现浇混凝土或砖砌结构，混凝土强度等级不应小于 C20；电缆室应采取防止小动物进入的措施；应视地下水位及周边排水设施情况采取适当防水、排水措施。

2）箱式变电站基础内的接地装置应随基础主体一同施工，箱体内应设置接地（PE）排和零（N）排。PE 排与箱内所有元件的金属外壳连接，并有明显的接地标志，N 排与变压器中性点及各输出电缆的 N 线连接。在 TN 接地系统中，PE 排与 N 排的连接导体为截面不小于 $16mm^2$ 的铜线。接地端子所用螺栓直径不应小于 12mm。

3）箱式变电站的起重吊装应利用箱式变电站专用吊装装置。吊装施工应符合 GB 6067.1—2010《起重机械安全规程　第 1 部分：总则》的有关规定。

4）箱式变电站内应在明显部位张贴本变电站的一、二次回路接线图，接线图应清晰、准确。

5）引出电缆每一回路标志牌应标明电缆型号、回路编号和电缆走向等内容，并应字体工整、清晰，经久耐用，不易褪色。

6）引出电缆芯线排列整齐，固定牢固，使用的螺栓、螺母宜采用不锈钢材质，每个接线端子接线不应超过两根。

7）箱体引出电缆芯线与接线端子连接处宜采用专门的电缆护套保护，引出电缆孔应采取有效的封堵措施。

8）二次回路和控制线应配线整齐、美观，无损伤，并采用标准接线端子排，每个端子应有编号，接线不应超过两根线芯。不同型号规格的导线不得接在同一端子上。

9）二次回路和控制线成束绑扎时，不同电压等级、交直流线路及监控控制线路应分别绑扎，且有标识；固定后不应影响各电器设备的拆装、更换。

10）箱式变电站应设置围栏，围栏应牢固、美观，宜采用耐腐蚀、机械强度高的材质。箱式变电站与设置的围栏周围应设专门的检修通道，宽度不应小于 800mm，围栏门应向外开启。箱式变电站和围栏四周应设置警示标牌。

11）箱式变电站安装完毕送电投运前应进行检查，并应符合下列规定。

①箱内及各元件表面应清洁、干燥且无异物。

②操作机构、开关等可动元器件应灵活、可靠且准确。对装有温度显示、温度控制、风机和凝露控制等装置的设备，应根据电气性能要求和安装使用说明书进行检查。

③所有主回路、接地回路及辅助回路接点应牢固，并应符合电气原理图的要求。

④变压器、高（低）压开关柜及所有的电器元件设备安装螺栓应紧固。

⑤辅助回路的电器整定值应准确，仪表与互感器的变比及接线极性应正确，所有电器元件应无异常。

⑥箱内应急照明装置齐全。

12）箱式变电站运行前应按下列规定进行试验。

①变压器应按 GB 1094.1—2013《电力变压器　第 1 部分：总则》要求进行试验并合格。

②高压开关设备运行前应进行工频耐压试验，试验电压应为高压开关设备出厂试验电压的80%，试验时间应为1min。

③低压开关设备运行前应采用500V绝缘电阻表测量绝缘电阻，阻值应不低于0.5MΩ。

④低压开关设备运行前应进行通电试验。

5．地下式变电站施工安装要求

1）地下式变电站绝缘、耐热和防护性能应符合下列规定。

①变压器绕组绝缘材料耐热等级应达B级及以上。

②绝缘介质、地坑内油面温升和绕组温升应符合GB 1094.1—2013《电力变压器 第1部分：总则》和JB/T 10544—2006《地下式变压器》要求。

③设备应为全密封防水结构，防护等级应为IP68。

④当高低压电缆连接采用双层密封时，可浸泡在水中运行。

2）地下式变电站应具备自动感应和手动控制排水系统，应具备自动散热系统及温度监测系统。

3）地下式变电站地坑的开挖应符合设计要求，地坑面积大于箱体占地面积的3倍，地坑内混凝土基础长宽分别大于箱体底边长、宽的1.5倍；地坑承重应根据地质勘测报告确定，承重量不应小于箱式变电站自身重量的5倍。

4）地坑施工时应对四周已有的建（构）筑物、道路和管线的安全进行监测，对于开挖时产生的积水，应按要求把积水抽干，确保施工质量和安全。吊装地下式变压器，应同时使用箱沿下方的四个吊环，吊环可以承受变压器总重量，绳与垂线的夹角不应大于30°。

5）地坑上盖宜采用热镀锌钢板或钢筋混凝土板，并应留有检修门孔。

6）地下式变电站送电前应进行检查，并应符合下列规定。

①顶盖上无遗留杂物，分接头盖封闭紧固。

②箱体密封良好，防腐保护层完整无损，接地可靠，无裸露金属现象。

③高低压电缆与所要连接电缆及电器设备连接线相位应正确，接线可靠、不受力。外层护套应完整、防水性能良好。

④监测系统和电缆分接头接线应正确。

⑤地上设施应完整，井口、井盖和通风装置等安全标识应明显。

7.2.2 配电装置与控制系统

城市照明配电室、配电箱及控制系统等应按设计及施工标准要求进行施工安装。

1．施工流程

（1）技术准备及要求

1）施工图样和技术资料齐全。

2）施工方案编制完毕并经审批。

3）施工前应组织施工参与人员熟悉图样、方案，并进行安全、技术交底。

（2）材料设备准备及要求

1）配电箱（盘、柜、电缆盘）应符合相关技术标准和设计要求，并有产品出厂合格证、生产许可证、检测报告和"CCC"认证标识。箱体应有铭牌，附件齐全，无机械损伤、变形，油漆剥落等现象。

2）型钢应无明显锈蚀，并有材质证明。

3）螺栓、角钢和扁铁等均采用镀锌件。

4）绝缘导线型号规格必须符合设计要求，并应有产品合格证及"CCC"标志。

（3）安装工艺流程　配电柜（箱、屏）安装工艺流程如图 7－3 所示。

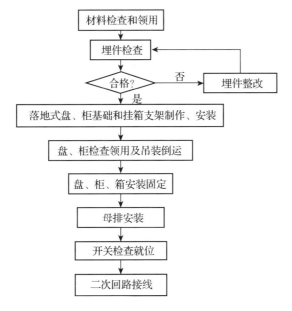

图 7－3　配电柜（箱、屏）安装工艺流程

2. 配电室施工安装要求

1）配电室位置应接近负荷中心并靠近电源，宜设在尘少、无腐蚀、无振动、干燥且进出线方便的地方，并应符合 GB 50053—2013《20kV 及以下变电所设计规范》相关规定。

2）配电室的耐火等级不应小于三级，屋顶承重的构件耐火等级不应小于二级。工程质量应符合国家标准有关规定。

3）配电室门应向外开启，门锁牢固可靠。当相邻配电室之间有门时，应采用双向开启门。

4）配电室宜设不能开启的自然采光窗，应避免强烈日照，高压配电室窗台距室外地坪不宜低于 1.8m。

5）当配电室内有采暖设备时，散热器管道上不应有阀门和中间接头，管道与散热器的连接应采用焊接。严禁通过与其无关的管道和线路。

6）配电室应设置防雨、雪和小动物进入的防护设施。

7）配电室内宜适当留有发展余地。

8）配电室内电缆沟深度宜为 0.6m，电缆沟盖板宜采用热镀锌花纹钢板盖板或钢筋混凝土盖板。电缆沟应有防水排水措施。

9）配电室的架空进出线应采用绝缘导线，进户支架对地距离不应小于 2.5m，导线穿越墙体时应采用绝缘套管。

10）配电设备安装投入运行前，建筑工程应符合下列规定。

①建筑物、构筑物应具备设备进场安装条件，变压器、配电柜等基础、构架、预埋件和预留孔等应符合设计要求，室内所有金属构件都应热镀锌处理。

②门窗、通风及消防设施安装完毕，屋面无渗漏现象。

③室内外场地平整、干净，保护性网门、栏杆等安全设施齐全。

④高低压配电装置前后通道应设置绝缘胶垫。

⑤影响运行安全的土建工程应全部完成。

3. 配电柜（箱、屏）安装要求

1）在同一配电室内单列布置高低压配电装置时，高压配电柜和低压配电柜的顶面封闭外壳防护等级符合 IP2X 级时，两者可靠近布置。

2）高压配电装置在室内布置时四周通道最小宽度应符合表 7-1 规定。

表 7-1 高压配电装置在室内布置时通道最小宽度 （单位：mm）

配电柜布置方式	柜后维护通道	柜前操作通道	
		固定式	手车式
单排布置	800	1500	单车长度 +1200
双排面对面布置	800	2000	双车长度 +900
双排背对背布置	1000	1500	单车长度 +1200

注：1. 固定式开关为靠墙布置时，柜后与墙面净距应大于 500mm，侧面与墙面净距应大于 200m。

2. 通道宽度在建筑物的墙面遇有柱类局部凸出时，凸出部位的通道宽度可减少 200mm。

3. 各种布置方式，其屏端通道不应小于 800mm。

3）低压配电装置在室内布置时四周通道的宽度，应符合表 7 - 2 规定。

表 7 - 2　低压配电装置在室内布置时通道最小宽度　　　　（单位：mm）

配电柜布置方式	柜前通道	柜后通道	柜左右两侧通道
单列布置时	1500	800	800
双列布置时	2000	800	800

4）当电源从配电柜（箱、屏）后进线，并在墙上设隔离开关及其手动操动（作）机构时，配电柜（箱、屏）后通道净宽不应小于 1500mm，当配电柜（箱、屏）背后的防护等级为 IP2X，可减为 1300mm。

5）配电柜（箱、屏）的基础型钢安装允许偏差应符合表 7 - 3 规定。基础型钢安装后，其顶部宜高出抹平地面 10mm；手车式成套柜应按产品技术要求执行。基础型钢应有明显可靠的接地装置。

表 7 - 3　配电柜（箱、屏）的基础型钢安装的允许偏差　　　　（单位：mm）

项目	允许偏差	
	每米长度	全长
直线度	<1	<5
水平度	<1	<5
位置误差及不平行度	-	<5

6）配电柜（箱、屏）安装在振动场所，应采取防振措施。设备与各构件间连接应牢固。主控制盘、分路控制盘和自动装置盘等不宜与基础型钢焊死。

7）配电柜（箱、屏）单独或成列安装的允许偏差应符合表 7 - 4 规定。

表 7 - 4　配电柜（箱、屏）安装的允许偏差　　　　（单位：mm）

项目	允许偏差	
垂直度	<1.5	
水平偏差	相邻两盘顶部	<2
	成列盘顶部	<5
盘面偏差	相邻两盘边	<1
	成列盘面	<5
柜间接缝	<2	

8）配电柜（箱、屏）的柜门应向外开启，可开启的门应以裸铜软线与接地的金属构架可靠连接。柜体内应装有供检修用的接地连接装置。

9）配电柜（箱、屏）安装应符合下列规定。

①机械闭锁、电气闭锁动作应准确、可靠。

②动、静触头的中心线应一致，触头接触紧密。

③二次回路辅助切换触头应动作准确，接触可靠。

④柜门和锁开启灵活，应急照明装置齐全。

⑤柜体进出线孔洞应做好封堵。

⑥控制回路应留有适当的备用回路。

10）配电柜（箱、屏）的漆层应完整无损伤。安装在同一室内的配电柜（箱、屏）其盘面颜色宜一致。

11）室外配电箱应有足够强度，箱体薄弱位置应增设加强筋，在起吊、安装中防止变形和损坏。箱顶应有一定落水斜度，通风口应按防雨型制作。

12）落地配电箱基础应用砖砌或混凝土预制，混凝土强度等级不得低于 C20，基础尺寸应符合设计要求，基础平面应高出地面 200mm。进出电缆应穿管保护，并留有备用管道。

13）配电箱的接地装置应与基础同步施工，并应符合相关规定。

14）配电箱体宜采用喷塑、热镀锌处理，所有箱门把手、锁和铰链等均应采用防锈材料，并应具有相应的防盗功能。

15）杆上配电箱箱底至地面高度不应低于 2.5m，横担与配电箱应保持水平，进出线孔应设在箱体侧面或底部，所有金属构件应热镀锌。

16）配电箱应在明显位置悬挂安全警示标志牌。

4. 配电柜（箱、屏）电器安装要求

1）电器安装应符合下列规定。

①型号、规格应符合设计要求，外观完整、附件齐全、排列整齐且固定牢固。

②各电器应能单独拆装更换，不影响其他电器和导线束的固定。

③发热元件宜安装在散热良好的地方；两个发热元件之间的连线应采用耐热导线或裸铜线套瓷绝缘子。

④信号灯、电铃和故障报警等信号装置工作可靠；各种仪器仪表显示准确，应急照明设施完好。

⑤柜面装有电气仪表设备或其他有接地要求的电器其外壳应可靠接地；柜内应设置零（N）排、接地保护（PE）排，并应有明显标识符号。

⑥熔断器的熔体规格、自动开关的整定值应符合设计要求。

2）配电柜（箱、屏）内两导体间、导电体与裸露的不带电导体间允许的最小电气间隙及爬电距离应符合表 7-5 规定。裸露载流部分与未经绝缘的金属体之间，电气间隙不得小于 12mm，爬电距离不得小于 20mm。

表 7-5　允许最小电气间隙及爬电距离

额定电压/V	电气间隙/mm		爬电距离/mm	
	额定工作电流		额定工作电流	
	≤63A	>63A	≤63A	>63A
$U \leqslant 60$	3.0	5.0	3.0	5.0
$60 < U \leqslant 300$	5.0	6.0	6.0	8.0
$300 < U \leqslant 500$	8.0	10.0	10.0	12.0

3）引入柜（箱、屏）内的电缆及其芯线应符合下列规定。

①引入柜（箱、屏）内的电缆应排列整齐、避免交叉、固定牢靠且回路编号清晰。

②铠装电缆在进入柜（箱、屏）后，应将钢带切断，切断处的端部应扎紧，并应将钢带接地。

③橡胶绝缘芯线应采用外套绝缘管保护。

④柜（箱、屏）内的电缆芯线应按横平竖直有规律地排列，不得任意歪斜交叉连接。备用芯线长度应有余量。

5. 二次回路接线要求

1）端子排安装应符合下列规定。

①端子排应完好无损、排列整齐、固定牢固且绝缘良好。

②端子应有序号，并应便于更换且接线方便；离地高度宜大于 350mm。

③强弱电端子宜分开布置；当有困难时，应有明显标志并设空端子隔开或加设绝缘板。

④潮湿环境宜采用防潮端子。

⑤接线端子应与导线截面匹配，严禁使用小端子配大截面导线。

⑥单个接线端子的每侧接线宜为 1 根，不得超过 2 根。对插接式端子，不同截面的两根导线不得接在同一端子上；对螺栓连接端子，当接两根导线时，中间应加平垫片。

2）二次回路接线应符合下列规定。

①应按图施工，接线正确。

②导线与电器元件均应采用铜质制品，螺栓连接、插接、焊接或压接等均应牢固可靠，绝缘件应采用阻燃材料。

③柜（箱、屏）内的导线不应有接头，导线绝缘良好、芯线无损伤。

④导线的端部均应标明其回路编号，编号应正确，字迹清晰且不宜褪色。

⑤配线应整齐、清晰且美观。

⑥强弱电回路不应使用同一根电缆，应分别成束分开排列。二次接地应设专用螺栓。

3）配电柜（箱、屏）内的配线电流回路应采用铜芯绝缘导线，其耐压不应低于500V，截面不应小于2.5mm²，其他回路截面不应小于1.5mm²；当电子元件回路、弱电回路采取锡焊连接时，在满足载流量和电压降及有足够机械强度的情况下，可采用不小于0.5mm²截面的绝缘导线。

4）对连接门上的电器、控制面板等可动部位的导线应符合下列规定。

①应采取多股软导线，敷设长度应有适当裕度。

②线束应有外套塑料管等加强绝缘层。

③与电器连接时，端部应加终端紧固附件绞紧，不得松散、断股。

④在可动部位两端应用卡子固定。

6. 路灯控制系统要求

1）路灯控制模式宜采用具有光控和时控相结合的智能控制器和远程监控系统等。

2）路灯开灯时的天然光照度水平宜为15lx；关灯时的天然光照度水平，快速路和主干路宜为30lx，次干路和支路宜为20lx。

3）路灯控制器应符合下列规定。

①工作电压范围宜为180~250V。

②照度调试范围应为0~50lx，在调试范围内应无死区。

③时间精度应小于±1s/d。

④应具有分时段控制开、关功能。

⑤工作温度范围宜为-35~65℃。

⑥防水、防尘性能不应低于 GB/T 4208—2017《外壳防护等级（IP 代码)》中 IP43级规定。

⑦性能可靠，操作简单，易于维护，具有较强的抗干扰能力，存储数据不丢失。

4）城市道路照明监控系统应具有经济性、可靠性、兼容性和可拓展性，具备系统容量大、通信质量好、数据传输速率快、精确度高和覆盖范围广等特点，宜采用无线公网通信方式。

5）监控系统终端采用无线专网通信方式，应具有智能路由中继能力，路由方案可调，可实现灵活的通信组网方案。同时，实现数/话通信的兼容设计。

6）监控系统功能应满足设计要求，可根据不同功能需求实现群控、组控，自动或手动巡测、选测各种电参数的功能，并应能自动检测系统的各种故障，发出语音、声或光等防盗警报，系统误报率应小于1%。

7）智能终端应满足对电压、电流和用电量等电参数的采集需求，并应有对采集的各种数据进行分析、运算、统计、处理、存储和显示的功能。

8）监控系统具有软硬件相结合的防雷、抗干扰多重保护措施，确保监控设备运行的可靠性。

9）监控系统具有运行稳定、安装方便、调试简单、系统操作界面直观和可维护性强等特点。

10）城市照明监控系统无线发射塔设计应符合 GB 50017—2017《钢结构设计标准》的规定。

11）发射塔应符合下列规定。

①塔的金属构件必须全部热镀锌。

②接地装置应符合 GB 50169—2016《电气装置安装工程 接地装置施工及验收规范》要求，接地电阻不应大于 10Ω。

③避雷装置应符合 GB/T 50064—2014《交流电气装置的过电压保护和绝缘配合设计规范》要求，避雷针的设置应确保监控系统在其保护范围之内。

7.3　线路工程施工

7.3.1　地埋电缆线路

现代化城市容貌应是整洁和谐、优美安全的，因此，路灯电源采用地埋电缆是城市发展的必然趋势。地埋电缆线路具有一次性投资大、故障检测困难和修复时间长等特点，且要保证地埋电缆线路不受雷击、雨水侵害和机械碰撞等影响。因此，地埋电缆线路的位置应为经城市规划部门批准的永久性位置。

1. 施工流程

1）选择合适路径。主要从安全运行、经济合理、便于施工和维护检修等方面考虑。

①电缆投入运行后不致遭到各种损坏，如机械外力、振动、化学腐蚀、杂散电流和热影响。

②符合城市和电力系统规划要求，避免频繁改道。

2）详细了解地下和地上各种设施，并与有关单位签订协议书。与运行电缆同沟时，要详细了解运行电缆的现状和位置。

3）施工工艺流程。地埋电缆线路施工工艺流程如图 7 - 4 所示。

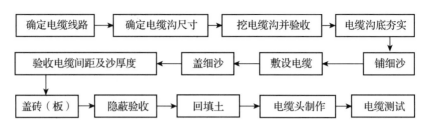

图7-4 地埋电缆线路施工工艺流程

2. 一般规定

1）电缆敷设的最小弯曲半径应符合表7-6规定。

表7-6 电缆最小弯曲半径

电缆类型		多芯	单芯
塑料电缆	有铠装	12D	15D
	无铠装	15D	20D

注：D为电缆外径。

2）电缆直埋或在保护管中不得有接头。

3）电缆敷设时，电缆应从盘的上端引出，不应使电缆在支架上及地面摩擦拖拉。电缆外观应无损伤，绝缘良好，不得有铠装压扁、电缆绞扭或护层折裂等机械损伤。电缆在敷设前应进行绝缘电阻测量，阻值应符合GB 50150—2016《电气装置安装工程 电气设备交接试验标准》的要求。

4）电缆敷设和电缆接头预留量宜符合下列规定。

①电缆的敷设长度宜为电缆路径长度的110%。

②当电缆在灯杆内对接时，每基灯杆两侧的电缆预留量宜各不小于2m；当路灯引上线与电缆T接时，每基灯杆电缆的预留量不应小于1.5m。

5）三相四线制应采用四芯电力电缆，不应采用三芯电缆另加一根单芯电缆或以金属护套作中性线。三相五线制应采用五芯电力电缆，PE线截面应符合表7-7规定。

表7-7 PE线截面 （单位：mm²）

相线截面 S	PE线截面
$S \leq 10$	S
$16 \leq S \leq 35$	16
$S \geq 50$	$S/2$

6）直埋电缆在直线段每隔 50 ~ 100m 处、电缆接头处、转弯处和进入建筑物等处，应设置明显的方位标志或标桩。

7）电缆埋设深度应符合下列规定。

①绿地、车行道下不应小于 0.7m。

②人行道下不应小于 0.5m。

③在冻土地区，应敷设在冻土层以下。

④在不能满足上述要求的地段应按设计要求敷设。

8）电缆接头和终端头整个绕包过程应保持清洁和干燥；制作前应将线芯及绝缘表面擦拭干净，塑料电缆宜采用自粘带、粘胶带、胶粘剂或收缩管等材料密封，塑料护套表面应打毛，粘接表面应用溶剂除去油污，粘接应良好。

9）电缆芯线的连接宜采用压接方式，压接面应满足电气和机械强度要求。

10）电缆标志牌的装设应符合下列规定。

①在电缆终端、分支处，工作井内有两条及以上的电缆，应设标志牌。

②标志牌上应注明电缆编号、型号规格和起止地点。标志牌字迹清晰，不易脱落。

③标志牌规格宜统一，材质防腐、经久耐用，挂装应牢固。

11）电缆从地下或电缆沟引出地面时应加保护管，保护管的长度不得小于 2.5m，沿墙敷设时采用抱箍固定，固定点不得少于 2 处；电缆上杆应加固定支架，支架间距不得大于 2m。所有支架和金属部件应热镀锌处理。

12）电缆金属保护管和桥架、架空电缆钢绞线等金属管线应有良好的接地保护，系统接地电阻不得大于 4Ω。

3. 电缆敷设要求

1）电缆直埋敷设时，沿电缆全长上下应铺厚度不小于 100mm 的软土细沙层，并加盖保护板，其覆盖宽度应超过电缆两侧各 50mm，保护板可采用混凝土盖板或砖块。电缆沟回填土应分层夯实。

2）直埋电缆宜采用铠装电力电缆。

3）直埋敷设的电缆穿越铁路、道路或道口等机动车通行的地段时应敷设在能满足承压强度的保护管中，并留有备用管道。

4）在含有酸、碱强腐蚀、有振动、热影响或虫鼠等危害性地段，应采取保护措施。

5）电缆之间、电缆与管道、道路和建筑物之间平行、交叉时的最小净距应符合表 7 - 8 规定。

表 7-8　电缆之间、电缆与管道、道路和建筑物之间平行、交叉的最小净距

项目		最小净距/m	
		平行	交叉
电力电缆间及控制电缆间	≤10kV	0.1	0.5
	>10kV	0.25	0.5
控制电缆间		–	0.5
不同使用部门的电缆间		0.5	0.5
热管道（管沟）及电力设备		2.0	0.5
油管道（管沟）		1.0	0.5
可燃气体及易燃液体管道（管沟）		1.0	0.5
其他管道（管沟）		0.5	0.5
铁路轨道		3.0	1.0
电气化铁路轨道	交流	3.0	1.0
	直流	10.0	1.0
公路		1.5	1.0
城市街道路面		1.0	0.7
杆基础（边线）		1.0	–
建筑物基础（边线）		0.6	–
排水沟		1.0	0.5

6）电缆保护管不应有孔洞、裂缝和明显的凹凸不平，内壁应光滑无毛刺，金属电缆管应采用热镀锌管、铸铁管或热浸塑钢管，直线段保护管内径不应小于电缆外径的 1.5 倍，有弯曲时不应小于 2 倍；混凝土管、陶土管和石棉水泥管其内径不宜小于 100mm。

7）电缆保护管的弯曲半径不应小于所穿入电缆的最小允许弯曲半径，弯制后不应有裂缝和显著的凹瘪现象，其弯扁程度不宜大于管子外径的 10%。管口应无毛刺和尖锐棱角，管口宜做成喇叭形。

8）硬质塑料管采用插接时，其插入深度宜为管子内径的 1.1～1.8 倍，在插接面上应涂以胶合剂粘牢密封；采用套接时套接两端应采用密封措施。

9）金属电缆保护管连接应牢固，密封良好；当采用套接时，套接的短套管或带螺纹的管接头长度不应小于外径的 2.2 倍，金属电缆保护管不宜直接对焊，宜采用套管焊接方式。

10）敷设混凝土、陶土和石棉等电缆管时，地基应坚实、平整，不应有沉降。电缆管连接时，管孔应对准，接缝应严密，不得有地下水和泥浆渗入。

11）交流单芯电缆不得单独穿入钢管内。

12）在经常受到振动的高架路、桥梁上敷设的电缆，应采取防振措施。桥墩两端和

伸缩缝处的电缆，应留有松弛部分。

13）电缆保护管在桥梁上明敷时应安装牢固，支持点间距不宜大于 3m。当电缆保护管的直线长度超过 30m 时，宜加装伸缩节。

14）当直线段钢制电缆桥架超过 30m，铝合金电缆桥架超过 15m 或跨越桥墩伸缩缝处宜采用伸缩连接板。

15）电缆桥架转弯处的转弯半径，不应小于该桥架上的电缆最小允许弯曲半径。

16）采用电缆架空敷设时应符合下列规定。

①架空电缆承力钢绞线截面不宜小于 $35mm^2$，钢绞线两端应有良好接地和重复接地。

②电缆在承力钢绞线上固定应自然松弛，在每一电杆处应留一定余量，长度不应小于 0.5m。

③承力钢绞线上电缆固定点的间距应小于 0.75m，电缆固定件应进行热镀锌处理，并应加软垫保护。

17）过街管道两端、直线段超过 50m 时应设工作井，灯杆处宜设置工作井，工作井应符合下列规定。

①工作井不宜设置在交叉路口、建筑物门口或与其他管线交叉处。

②工作井宜采用 M5 砂浆砖砌体，内壁粉刷应用 1:2.5 防水水泥砂浆抹面，井壁光滑、平整。

③井盖应有防盗措施，并满足车行道和人行道相应的承重要求。

④井深不宜小于 1m，并应有渗水孔。

⑤井内壁净宽不应小于 0.7m。

⑥电缆保护管伸进工作井壁 30~50mm，有多根电缆管时，管口应排列整齐，不应有上翘下坠现象。

18）路灯高压电缆的施工及验收应符合 GB 50168—2006《电气装置安装工程电缆线路施工及验收规范》及其他有关标准的规定。

7.3.2　架空线路

架空线路在供电区域之外的电源引入线路及部分供电区域内得到广泛应用。与地埋电缆线路相比，架空线路的成本低、投资少、安装容易、维护和检修比较方便，容易发现并排除故障。但它易受环境（如气温、大气质量、雨、雪、大风和雷电等）影响，一旦发生断线或倒杆事故，将可能引发次生灾害。此外，架空线路还要占用一定的地面和空间，有碍交通和整体美化，因而其使用受到一定限制。目前，现代化城市建设正在减少架空线路，采用地埋电缆线路方式或进入城市地下综合管廊。

1. 施工流程

架空线路施工工艺流程如图7-5所示。

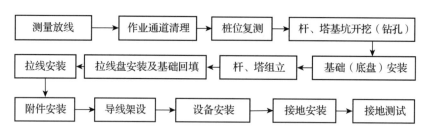

图7-5 架空线路施工工艺流程

2. 电杆与横担要求

1）基坑施工前定位应符合下列规定。

①直线杆顺线路方向位移不得超过设计档距的3%；直线杆横线路方向位移不得超过50mm。

②转角杆、分支杆的横线路、顺线路方向位移均不得超过50mm。

2）电杆基坑深度应符合设计规定，当设计无规定时，应符合下列规定。

①对一般土质，电杆埋深应符合表7-9规定。对特殊土质或无法保证电杆稳固时，应采取加卡盘、围桩、打人字拉线等加固措施。

②电杆基坑深度的允许偏差应为+0.1m、-0.05m。

③基坑回填土应分层夯实，每回填0.5m夯实一次。地面上宜设不小于0.3m的防沉土台。

表7-9 电杆埋设深度 （单位：m）

杆长	8	9	10	11	12	13	15
埋深	1.5	1.6	1.7	1.8	1.9	2.0	2.3

3）电杆安装前应检查外观质量，且应符合下列规定。

①环形钢筋混凝土电杆：表面应光洁平整，壁厚均匀，无露筋、跑浆和硬伤等缺陷；电杆应无纵向裂缝，横向裂缝的宽度不得超过0.1mm，长度不得超过电杆周长的1/3（环形预应力混凝土电杆，要求不允许有纵向和横向裂缝）；杆身弯曲度不得超过杆长的1/1000。杆顶应封堵。

②钢管电杆：应焊缝均匀，无漏焊。杆身弯曲度不得超过杆长的2/1000；应热镀锌，镀锌层应均匀无漏镀，其厚度不得小于65μm。

4）电杆立好后应垂直，允许的倾斜程度应符合下列规定。

①直线杆的倾斜不得大于杆梢直径的 1/2。

②转角杆宜向外角预偏，紧好线后不得向内角倾斜，其杆梢向外角倾斜不得大于杆梢直径。

③终端杆宜向拉线侧预偏，紧好线后不得向受力侧倾斜，其杆梢向拉线侧倾斜不得大于杆梢直径。

5）线路横担应为热镀锌角钢，高压横担的角钢截面不得小于 63mm×6mm，低压横担的角钢截面不得小于 50mm×5mm。

6）线路单横担安装应符合下列规定。

①直线杆应装于受电侧；分支杆、十字型转角杆及终端杆应装于拉线侧。

②横担安装应平整，端部上下偏差不得大于 20mm，偏支担端部应上翘 30mm。

③导线为水平排列时，最上层横担距杆顶为：高压担不得小于 300mm，低压担不得小于 200mm。

7）同杆架设的多回路线路，横担之间垂直距离不得小于表 7-10 规定。

表 7-10　横担之间的最小垂直距离　　　　　　　　（单位：mm）

架设方式及电压等级	直线杆		分支杆或转角杆	
	裸导线	绝缘线	裸导线	绝缘线
高压与高压	800	500	450/600	200/300
高压与低压	1200	1000	1000	–
低压与低压	600	300	300	200

8）架设铝导线的直线杆，导线截面在 240mm² 及以下时，可用单横担；终端杆、耐张杆/断连杆，导线截面在 50mm² 及以下时可用单横担，导线截面在 70mm² 及以上时可用抱担；采用针式绝缘子的转角杆，角度在 15°～30° 时，可用抱担，角度在 30°～45° 时，可用抱担断连型；角度在 45° 时，可用十字型双层抱担。

9）安装横担时，各部位的螺母应拧紧。螺杆丝扣露出长度，单螺母不得少于两个螺距，双螺母可与螺母持平。螺母受力的螺栓应加弹簧垫或用双母，长孔必须加垫圈，每端加垫不得超过 2 个。

3. 绝缘子与拉线

1）绝缘子及瓷横担安装前应进行质量检查，且应符合下列规定。

①瓷件与铁件组合紧密无歪斜，铁件镀锌良好无锈蚀、硬伤。

②瓷釉光滑，无裂痕、缺釉、斑点、烧痕和气泡等缺陷。

③弹簧销、弹簧垫完好，弹力适宜。

④绝缘电阻符合设计要求。

2）绝缘子安装应符合下列规定。

①安装时应清除表面污垢和各种附着物。

②安装应牢固，连接可靠，与电杆、横担及金具无卡压现象。

③盘形悬式绝缘子裙边与带电部位的间隙不得小于 50mm，固定用弹簧销子、螺栓应由上向下穿；闭口销子和开口销子应使用专用品。开口销子的开口角度应为 30°～60°。

3）拉线安装应符合下列规定。

①终端杆、丁字杆及耐张杆的承力拉线应与线路方向的中心线对正；分角拉线应与线路分角线方向对正；防风拉线应与线路方向垂直；拉线应受力适宜，不得松弛，繁华地区宜加装绝缘子或采用绝缘钢绞线。

②拉线抱箍应安装在横担下方，靠近受力点。拉线与电杆的夹角宜为 45°，受环境限制时，可调整夹角，但不得小于 30°。

③拉线盘的埋深应符合设计要求，拉线坑应有斜坡，使拉线棒与拉线成一直线，并与拉线盘垂直。拉线棒与拉线盘的连接应使用双螺母并加专用垫。拉线棒露出地面宜为 500～700mm。回填土应每回填 500mm 夯实一次，并宜设防沉土台。

④同杆架设多层导线时，宜分层设置拉线，各条拉线的松紧程度应一致。

⑤在有人员、车辆通行场所的拉线，应装设具有醒目标识的防护管。

⑥制作拉线的材料可用镀锌钢绞线、聚乙烯绝缘钢绞线，以及直径不小于 4mm 且不少于三股绞合在一起的镀锌铁线。

4）拉线穿越带电线路时，距带电部位不得小于 200mm，且必须加装绝缘子或采取其它安全措施。当拉线绝缘子自然悬垂时，距地面不得小于 2.5m。

5）跨越道路的横向拉线与拉线杆的安装应符合下列规定。

①拉线杆埋深不得小于杆长的 1/6。

②拉线杆应向受力的反方向倾斜 10°～20°。

③拉线杆与坠线的夹角不得小于 30°。

④坠线上端固定点距拉线杆顶部宜为 250mm。

⑤横向拉线距车行道路面的垂直距离不得小于 6m。

6）采用 UT 形线夹及楔形线夹固定安装拉线，应符合下列规定。

①安装前丝扣上应涂润滑剂。

②安装不得损伤线股，线夹凸肚应在尾线侧，线夹舌板与拉线接触应紧密，受力后无滑动现象。

③拉线尾线露出楔形线夹宜为 200mm，并用直径 2mm 的镀锌铁线与拉线主线绑扎 20mm；UT 形线夹尾线露出线夹宜为 300～500mm，并用直径 2mm 的镀锌铁线与拉线主线绑扎 40mm。

④当同一组拉线使用双线夹时，其尾线端的方向应一致。

⑤拉线紧好后，UT 形线夹的螺杆螺扣露出长度不宜大于 20mm，双螺母应并紧。

7）采用绑扎固定拉线应符合下列规定。

①拉线两端应设置心形环。

②拉线绑扎应采用直径不小于 3.2mm 的镀锌铁线。绑扎应整齐、紧密，绑完后将绑线头拧 3～5 圈小辫压倒。拉线最小绑扎长度应符合表 7－11 规定。

表 7－11　拉线最小绑扎长度

钢绞线截面积 /mm²	上段/mm	中段（拉线绝缘子两端）/mm	下段/mm		
			下端	花缠	上端
25	200	200	150	250	80
35	250	250	200	250	80
50	300	300	250	250	80

4. 导线架设

1）导线展放应符合下列规定。

①导线在展放过程中，应进行导线外观检查，不得有磨损、断股、扭曲和金钩等现象。

②放、紧线过程中，应将导线放在铝制或塑料滑轮的槽内，导线不得在地面、杆塔、横担、架构、瓷绝缘子或其他物体上拖拉。

③展放绝缘线宜在干燥天气进行，气温不宜低于 -10℃。

2）导线损伤补修处理应符合 GB 50173—2014《电气装置安装工程 66kV 及以下架空电力线路施工及验收规范》规定。对导线绝缘层的损伤处理应符合下列规定。

①绝缘层损伤深度超过绝缘层厚度的 10%，应进行补修。

②可采用自粘胶带缠绕，将自粘胶带拉紧拽窄至带宽的 2/3，以叠压半边的方法缠绕，缠绕长度宜超出损伤部位两端各 30mm。

③补修后绝缘自粘胶带的厚度应大于绝缘层损伤深度，且不少于两层。

④一个档距内，每条绝缘线的绝缘损伤补修不宜超过 3 处。

3）不同金属、不同规格和不同绞向的导线严禁在档距内连接。

4）架空线路在同一档内的导线接头不得超过一个，导线接头距横担绝缘子、瓷横担等固定点不得小于 500mm。

5）导线紧线应符合下列规定。

①导线弧垂应符合设计规定，允许误差为 ±5%。设计无规定时，可根据档距、导线材质、导线截面和环境温度查阅弧垂表确定弧垂值。

②架设新导线宜对导线的塑性伸长采用减小弧垂法进行补偿，弧垂减小的百分数为：

铝绞线 20%；钢芯铝绞线为 12%；铜绞线 7% ~ 8%。

③导线紧好后，同档内各相导线的弧垂应一致，水平排列的导线弧垂相差不得大于 50mm。

6）导线固定应符合下列规定。

①导线的固定应牢固。

②绑扎应选用与导线同材质的，直径不得小于 2mm 的单股导线做绑线。绑扎应紧密、平整。

③裸铝导线在绝缘子或线夹上固定应紧密缠绕铝包带，缠绕长度应超出接触部位 30mm。铝包带的缠绕方向应与外层线股的绞制方向一致。

7）导线在针式绝缘子上固定应符合下列规定。

①直线杆：导线应固定在针式绝缘子的顶槽内。低压裸导线可固定在针式绝缘子靠近电杆侧的颈槽内。

②直线转角杆：导线应固定在针式绝缘子转角外侧的颈槽内。

③直线跨越杆：导线应双固定，主导线固定处不得受力出角。

④固定低压导线可绑扎单十字，固定高压导线应绑扎双十字。

8）导线在蝶式绝缘子上固定应符合下列规定。

①导线套在蝶式绝缘子上的套长，以不解套即可摘掉蝶式绝缘子为宜。

②绑扎长度应符合表 7 - 12 规定。

表 7 - 12　导线在蝶式绝缘子上的绑扎长度

导线截面积/mm²	绑扎长度/mm
LJ - 50、LGJ - 50 以下	≥150
LJ - 70、LGJ - 70	≥200
低压绝缘线 50mm² 及以下	≥150

9）引流线对相邻导线及对地（电杆、拉线和横担）的净空距离不得小于表 7 - 13 规定。

表 7 - 13　引流线对相邻导线及对地的最小距离　　（单位：mm）

线路电压等级		引流线对相邻导线	引流线对地
高压	裸导线	300	200
	绝缘线	200	200
低压	裸导线	150	100
	绝缘线	100	50

10) 线路与电力线路之间，在上方导线最大弧垂时的交叉距离和水平距离不得小于表 7 - 14 规定。

表 7 - 14　线路与电力线路之间的最小距离

项目	线路电压/kV	≤1		10		35 ~ 110	220	500
		裸导线	绝缘线	裸导线	绝缘线			
垂直距离/m	高压	2.0	1.0	2.0	1.0	3.0	4.0	6.0
	低压	1.0	0.5	2.0	1.0	3.0	4.0	6.0
水平距离/m	高压	2.5	–	2.5	–	5.0	7.0	–
	低压							

11) 路灯线路与弱电线路交叉跨越时，必须路灯线路在上，弱电线路在下。在路灯线路最大弧垂时，路灯高压线路与弱电线路的垂直距离不得小于 2m，路灯低压线路与弱电线路的垂直距离不得小于 1m。

12) 导线在最大弧垂和最大风偏时，对建筑物的净空距离不得小于表 7 - 15 规定。

表 7 - 15　导线对建筑物的最小净空距离　　　　（单位：m）

类别	裸导线		绝缘线	
	高压	低压	高压	低压
垂直净空距离	3.0	2.5	2.5	2.0
水平净空距离	1.5	1.0	0.75	0.2

13) 导线在最大弧垂和最大风偏时，对树木的净空距离不得小于表 7 - 16 规定。

表 7 - 16　导线对树木的最小距离　　　　（单位：m）

类别		裸导线		绝缘线	
		高压	低压	高压	低压
公园、绿化区和防护林带	垂直	3.0	3.0	3.0	3.0
	水平	3.0	3.0	1.0	1.0
果林、经济林和城市灌木林		1.5	1.5	–	–
城市街道绿化树木	垂直	1.5	1.0	0.8	0.2
	水平	2.0	1.0	1.0	0.5

14) 导线在最大弧垂时对地面、水面等跨越物的垂直距离不得小于表 7 - 17 规定。

表 7 −17　导线对地面、水面等跨越物的最小垂直距离　（单位：m）

线路经过地区		电压等级	
		高压	低压
居民区		6.5	6.0
非居民区		5.5	5.0
交通困难地区		4.5	4.0
至铁路轨顶		7.5	7.5
城市道路		7.0	6.0
至电车行车线承力索或接触线		3.0	3.0
至通航河流最高水位		6.0	6.0
至不通航河流最高水位		3.0	3.0
至索道		2.0	1.5
人行过街桥	裸导线	宜入地	宜入地
	绝缘线	4.0	3.0
步行可以达到的山坡、峭壁和岩石		4.5	3.0

15）配电线路中的路灯专用架空线安装应符合下列规定。

①可与其他架空线同杆架设，但必须是同一个配变区段的电源，且应与同杆架设的其他导线同材质。

②架设位置不应高于其他相同或更高电压等级的导线。

7.4　路灯安装及基础工程施工

7.4.1　路灯安装

道路照明灯具布置应按照设计和相关标准要求，根据道路横断面形式、宽度和照明要求，选择布置方式、间距、安装高度和悬挑长度。路灯安装要注意灯杆与地面垂直等问题，保证灯杆使用的安全性。

1. 一般规定

1）灯杆位置应合理选择，与架空线路、地下设施及影响路灯维护的建筑物的安全距离应符合 CJJ 89—2012《城市道路照明工程施工及验收规程》导线架设和电缆敷设相关规定。

2）同一街道、广场和桥梁等的路灯，从光源中心到地面的安装高度、仰角和装灯方向宜保持一致。灯具安装纵向中心线和灯臂纵向中心线应一致，横向水平线应与地面平行。

3）道路照明灯具的效率不应低于 70%，泛光灯灯具效率不应低于 65%，灯具光源腔的防护等级不应低于 IP54，电器腔的防护等级不应低于 IP43，且应符合下列规定。

①灯具配件应齐全，无机械损伤、变形、油漆剥落和灯罩破裂等现象。

②反光器应干净整洁，表面应无明显划痕。

③透明罩外观应无气泡、明显的划痕和裂纹。

④封闭灯具的灯头引线应采用耐热绝缘导线，灯具外壳与尾座连接紧密。

⑤灯具的温升和光学性能应符合 GB 7000.1—2015《灯具　第 1 部分：一般要求与试验》规定，并应有灯具检测机构出具的合格报告。

4）LED 道路照明灯具除应符合上述有关规定外，还应符合下列规定。

①灯的额定功率分类应符合 GB/T 24907—2010《道路照明用 LED 灯　性能要求》的规定。

②灯在额定电压和频率下工作时，其实际消耗的功率与额定功率之差不应大于 10%，功率因数实测值不应低于制造商标准值的 0.05。

③灯的安全性能应符合 GB 24819—2009《普通照明用 LED 模块　安全要求》的要求，防护等级应达到 IP65。

④灯的无线电骚扰特性、输入电流谐波和电磁兼容要求属国家强制性标准，应符合 GB/T 17743—2017《电气照明和类似设备的无线电骚扰特性的限值和测量方法》、GB 17625.1—2012《电磁兼容　限值　谐波电流发射限值（设备每相输入电流≤16A）》、GB/T 18595—2014《一般照明用设备电磁兼容抗扰度要求》的规定。

⑤光通维持率在燃点 3000h 时不应低于 95%，在燃点 6000h 时不应低于 90%，同一批次的光源色温应一致。

⑥灯的光度分布应符合行业标准 CJJ 45—2015《城市道路照明设计标准》规定的道路照明标准值要求，制造商应完整提供灯的光学数据等计算资料。

⑦宜采用分体式道路照明用 LED 灯具，对于分体式 LED 灯中可替换的部件或模块光源，应符合 GB/T 24823—2017《普通照明用 LED 模块　性能要求》和 GB 24819—2009《普通照明用 LED 模块　安全要求》的规定。

5）灯泡座应固定牢靠，可调灯泡座应调整至正确位置。绝缘外壳应无损伤、开裂。相线应接在中心触点端子上，零线应接螺口端子。

6）灯具引至主线路的导线应使用额定电压不低于 500V 的铜芯绝缘线，最小允许线芯截面应不小于 1.5mm²，功率 400W 及以上的最小允许线芯截面不宜小于 2.5mm²。

7）在灯臂、灯杆内穿线不得有接头，穿线孔口或管口应光滑、无毛刺，并应采用绝缘套管或包带包扎（电缆、护套线除外），包扎长度不得小于200mm。

8）每盏灯的相线应装设熔断器，熔断器应固定牢靠，熔断器及其他电器电源进线应上进下出或左进右出。

9）气体放电灯应将熔断器安装在镇流器的进电侧，熔丝应符合下列规定。

①150W及以下应为4A。

②250W应为6A。

③400W应为10A。

④1000W应为15A。

10）气体放电灯应设无功补偿，宜采用单灯无功补偿。气体放电灯的灯泡、镇流器和触发器等应配套使用。镇流器、触发器等接线端子鼓形绝缘子不得破裂，外壳应密封良好，无锈蚀现象。

11）灯具内各种接线端子不得超过两个线头，线头弯曲方向，应按顺时针方向并压在两垫圈之间。当采用多股导线接线时，多股导线不能散股。

12）紧固各种螺栓时，宜加垫片和防松装置。紧固后螺栓露出螺母不得少于两个螺距，最多不宜超过5个螺距。

13）路灯安装使用的灯杆、灯臂、抱箍、螺栓和压板等金属构件应进行热镀锌处理，防腐质量应符合国家标准相关规定。

14）灯杆、灯臂等热镀锌后，外表涂层处理时，覆盖层外观应无鼓包、针孔、粗糙、裂纹和漏喷区等缺陷，覆盖层与基体应有牢固的结合强度。

15）玻璃钢灯杆应符合下列规定。

①灯杆外表面应平滑美观，无裂纹、气泡、缺损和纤维露出，并有抗紫外线保护层，具有良好的耐气候特性。

②灯杆内部应无分层、阻塞及未浸渍树脂的纤维白斑。

③检修门尺寸允许偏差宜为±5mm，并具备防水功能，内部固定用金属配件应采用热镀锌或不锈钢。

④灯杆壁厚根据设计要求允许偏差0～3mm，并应满足本地区最大风速的抗风强度要求。

16）路灯单独编号时应符合下列规定。

①半高杆灯、高杆灯、单挑灯、双挑灯、庭院灯和杆上路灯等道路照明灯都应统一编号。

②杆号牌可采用粘贴或直接喷涂等方式，号牌高度、规格宜统一，材质防腐、牢固耐用。

③杆号牌宜标注"路灯"二字和编号、报修电话等内容，字迹清晰、不易脱落。

2. 半高杆灯和高杆灯

1）中杆灯和高杆灯的灯杆、灯盘、配线和升降电动机构等应符合 CJ/T 457—2014《高杆照明设施技术条件》的规定。

2）半高杆灯和高杆灯宜采用三相供电，且三相负荷应均匀分配，每一回路必须装设保护装置。

3. 单挑灯、双挑灯和庭院灯

1）钢灯杆应进行热镀锌处理，镀锌层厚度不应小于65mm，表面涂层处理应在钢杆热镀锌后进行，因校直等因素涂层破坏部位不得超过2处，且修整面积不得超过杆身表面积的5%。

2）钢灯杆长度13m及以下的锥形杆应无横向焊缝，纵向焊缝应匀称、无虚焊。

3）钢灯杆的允许偏差应符合下列规定。

①长度允许偏差宜为杆长的±0.5%。

②杆身直线度允许误差宜小于3‰。

③杆身横截面直径、对角线或对边距允许偏差宜为±1%。

④检修门尺寸允许偏差宜为±5mm。

⑤悬挑灯臂仰角允许偏差宜为±1°。

4）直线路段安装单挑灯、双挑灯和庭院灯时，无特殊情况时，灯间距与设计间距的偏差应小于2%。

5）灯杆垂直度偏差应小于半个杆梢，直线路段单挑灯、双挑灯和庭院灯排列成一直线时，灯杆横向位置偏移应小于半个杆根。

6）钢灯杆吊装时应采取防止钢缆擦伤灯杆表面防腐装饰层的措施。

7）钢灯杆检修门朝向应一致，宜朝向人行道或慢车道侧，并应采取防盗措施。

8）灯臂应固定牢靠，灯臂纵向中心线与道路纵向成90°角，偏差不应大于2°。

9）庭院灯具结构应便于维护，铸件表面不得有影响结构性能与外观的裂纹、砂眼、疏松气孔和夹杂物等缺陷。镀锌外表涂层应符合热镀锌处理相关规定。

10）庭院灯宜采用不碎灯罩，灯罩托盘应采用压铸铝或压铸铜材质，并应有泄水孔；采用玻璃灯罩紧固时，螺栓应受力均匀，玻璃灯罩卡口应采用橡胶圈衬垫。

4. 杆上路灯

1）杆上路灯（含与电力杆等合杆安装路灯，下同）的高度、仰角和装灯方向应符合相关要求。

2）杆上路灯灯臂固定抱箍应紧固可靠，灯臂纵向中心线与道路纵向成90°角，偏差不应大于 2°。

3）引下线宜使用铜芯绝缘线和引下线支架，且松紧一致。引下线截面不应小于 2.5mm²；引下线搭接在主线路上时应在主线上背扣后缠绕 7 圈以上。当主导线为铝线时应缠上铝包带并使用铜铝过渡连接引下线。

4）受力引下线保险台宜安装在引下线离灯臂瓷绝缘子 100mm 处，裸露的带电部分与灯架、灯杆的距离不应少于 50mm。非受力引下线保险台应安装在离灯架瓷绝缘子 60mm 处。

5）引下线应对称搭接在电杆两侧，搭接处离电杆中心宜为 300～400mm，引下线不应有接头。

6）穿管敷设引下线时，搭接应在保护管同一侧，与架空线的搭接宜在保护管弯头管口两侧。保护管用抱箍固定，固定点间隔宜为 2m，上端管口应弯曲朝下。

7）引下线严禁从高压线间穿过。

8）在灯臂或架空线横担上安装镇流器应有衬垫支架，固定螺栓不得少于 2 只，直径不应小于 6mm。

5. 其他路灯

1）墙灯安装高度宜为 3～4m，灯臂悬挑长度不宜大于 0.8m。

2）安装墙灯时，从电杆上架空线引下线到墙体第一支持物间距不得大于 25m，支持物间距不得大于 6m，特殊情况应按设计要求施工。

3）墙灯架线横担应用热镀锌角钢或扁钢，角钢不应小于∟50×5；扁钢不应小于—50×5。

4）道路横向或纵向悬索吊灯安装高度不宜小于 6m，且应符合以下要求。

①悬索吊线采用 16～25mm² 的镀锌钢绞线或 φ4mm 镀锌铁丝合股使用，其抗拉强度不应小于吊灯（包括各种配件、引下线铁板和瓷绝缘子等）重量的 10 倍。

②道路横向吊线松紧应合适，两端高度宜一致，并应安装绝缘子。当电杆的刚度不足以承受吊线拉力时，应增设拉线。

③道路纵向悬索钢绞线弧垂应一致，终端、转角杆应设拉线，并应符合拉线安装相关规定。全线钢绞线应做接地保护，接地电阻应小于 4Ω。

④悬索吊灯的电源引下线不得受力。引下线如遇树枝等障碍物时，可沿吊线敷设支持物，支持物之间间距不宜大于 1m。

⑤墙灯、吊灯引下线和保险台的安装应符合杆上路灯安装相关规定。

5）高架路、桥梁等防撞护栏嵌入式路灯安装高度宜在 0.5～0.6m，灯间距不宜大于 6m，并应满足照度（亮度）、均匀度的要求。

6）防撞护栏嵌入式路灯应限制眩光，必要时应安装挡光板或采用带格栅的灯具，光源腔的防护等级不应低于 IP65。灯具安装灯体突出防撞墙平面不宜大于 10mm。

7）高架路、桥梁等易发生强烈振动和灯杆易发生碰撞的场所，灯具应采取防振措施和防坠落装置。

8）防撞护栏嵌入式过渡接线箱应热镀锌，门锁应有防盗装置。箱内线路排列整齐，每一回路挂有标志牌，标志牌应标明电缆型号、回路编号和电缆走向等内容，并应字体工整清晰、经久耐用、不易褪色。

7.4.2　基础工程施工

灯杆基础工程施工质量对于灯杆的安全使用意义重大，灯杆基础工程施工方法和相关规定如下。

1. 灯杆基础工程施工方法

井室的砌筑施工包括定点放线，人工开挖土石方，基坑修整，混凝土垫层及混凝土基础浇筑，预埋件的安装及养护等。

（1）测量定点　施工时按设计图要求用全站仪配合钢尺等测量工具进行放线，定出各基坑位的中心点，然后根据开挖深度计算后的开挖边线，在中心位置打上小木桩做好标记，并编上标记号。

（2）人工开挖土石方　施工时，按已测量放线后的开挖线，以人工方式进行开挖，一次性开挖到设计深度。在开挖时，边挖边用尺配合水准仪进行标高测量，并做好记录。在开挖过程中，每个操作人员应细心操作，不得超挖土石方，不得超挖后再回填夯实处理。保证基底、基坑工程施工质量。

（3）基坑修整　施工时以人工方式进行基坑修整，开挖时要从中间向侧边挖土，不得一次性开挖过大然后在坑边贴土补坑壁。要保证基坑的尺寸成型较好，坑壁平整。

（4）混凝土垫层及混凝土基础浇筑　在施工时，混凝土要严格按设计的配合比进行拌制，混凝土的和易性应符合设计和标准要求，同时也要符合施工需求。挖基础坑时，要了解地下管线情况，并采取防塌方措施；浇注混凝土基础前基础钢筋必须严格按要求绑扎，底脚螺栓的螺牙涂牛油并加以包扎；混凝土基础必须严格按要求一次连续浇筑，标号必须符合要求。基础预埋铁必须水平。同时，浇筑要密实，不得出现中空的混凝土和孔洞等现象。

（5）预埋件安装　在浇筑混凝土前，按设计要求提前做好预埋件，并经监理人员现场检验合格，才能用于现场安装。安装时，应在侧面边上打固定木桩，拉上中心线的控制线，并注明方向及偏角，同时要标明预埋件的标高，精确到 ±1cm 以内。

（6）养护　以人工浇水方式进行养护，在养护期间，确保不得有任何的碰撞和松动。在混凝土强度达到设计强度的75%以上时，方可进行基坑侧面的土方回填和夯实。

2. 一般灯杆基础工程施工要求

1）基础顶面标高应根据标桩确定。基础开挖后应将坑底夯实。若土质等条件无法满足上部结构承载力要求时，应采取相应的防沉降措施。

2）浇制基础前，应排除坑内积水，并应保证基础坑内无碎土、石、砖以及其他杂物。

3）钢筋混凝土基础宜采用C20等级及以上的商品混凝土，电缆保护管应从基础中心穿过，并应超过混凝土基础平面30~50mm，保护管穿电缆之前应将管口封堵。

4）灯杆基础螺栓高于地面时，灯杆紧固校正后，应对根部法兰、螺栓现浇厚度不小于100mm的混凝土保护或采取其他防腐措施，表面平整光滑且不积水。

5）灯杆基础螺栓低于地面时，基础螺栓顶部宜低于地面150mm，灯杆紧固校正后，将法兰、螺栓用混凝土包封或采用其他防腐措施。

3. 半高杆灯和高杆灯基础工程施工要求

1）基础顶面标高应高于提供的地面标桩100mm。基础坑深度的允许偏差应为-50~+100mm。当基础坑深与设计坑深偏差大于+100mm以上时，应按以下规定处理。

①偏差在+100~+300mm时，采用铺石灌浆处理。

②偏差超过规定值的+300mm以上时，超过部分可采用填土或石料夯实处理，分层夯实厚度不宜大于100mm，夯实后的密实度不应低于原状土，然后采用铺石灌浆处理。

2）地脚螺栓埋入混凝土的长度应大于其直径的20倍，并应与主筋焊接牢固，螺纹部分应加以保护，基础法兰螺栓中心分布直径应与灯杆底座法兰孔中心分布直径一致，偏差应小于±1mm，螺栓紧固时应加垫圈并采用双螺母，设置在震动区域应采取防振措施。

3）浇筑混凝土的模板宜采用钢模板，其表面应平整且接缝严密，支模时应符合基础设计尺寸的规定，混凝土浇筑前，模板表面应涂脱模剂。

4）基坑回填应符合下列规定。

①对适于夯实的土质，每回填300mm厚度应夯实一次，夯实程度应达到原状土密实度的80%及以上。

②对不宜夯实的水饱和粘性土，应分层填实，其回填土的密实度应达到原状土密实度的80%及以上。

7.5　城市照明工程监理

城市照明工程应按照 GB/T 50319—2013《建设工程监理规范》要求实施监理。

7.5.1　项目监理机构及其职责

项目监理机构是指工程监理单位派驻工程现场负责履行工程监理合同的组织机构。工程监理单位应根据工程监理合同约定的服务内容、期限，以及工程特点、规模、技术复杂程度和环境等因素确定项目监理机构人员配备及组织结构形式。项目监理机构应由总监理工程师、专业监理工程师和监理员组成，且专业配套、数量应满足工程监理工作需要，必要时可设总监理工程师代表。

根据 GB/T 50319—2013《建设工程监理规范》，各类监理人员岗位职责如下。

1. 总监理工程师岗位职责

总监理工程师是由工程监理单位法定代表人任命的负责履行工程监理合同，主持项目监理机构工作的注册监理工程师其主要职责如下。

1）确定项目监理机构人员及其岗位职责。

2）组织编制监理规划，审批监理实施细则。

3）根据工程进展及监理工作情况调配监理人员，检查监理人员工作。

4）组织召开监理例会。

5）组织审核分包单位资格。

6）组织审查施工组织设计、（专项）施工方案。

7）审查开复工报审表，签发工程开工令、暂停令和复工令。

8）组织检查施工单位现场质量、安全生产管理体系的建立及运行情况。

9）组织审核施工单位的付款申请，签发工程款支付证书，组织审核竣工结算。

10）组织审查和处理工程变更。

11）调解建设单位与施工单位的合同争议，处理工程索赔。

12）组织验收分部工程，组织审查单位工程质量检验资料。

13）审查施工单位的竣工申请，组织工程竣工预验收，组织编写工程质量评估报告，参与工程竣工验收。

14）参与或配合工程质量安全事故的调查和处理。

15）组织编写监理月报、监理工作总结，组织整理监理文件资料。

2. 总监理工程师代表岗位职责

总监理工程师代表是指经工程监理单位法定代表人同意，由总监理工程师授权，代表其行使部分职责和权力的监理人员。但总监理工程师不得将下列工作委托给总监理工程师代表。

1）组织编制监理规划，审批监理实施细则。

2）根据工程进展及监理工作情况调配监理人员。

3）组织审查施工组织设计、（专项）施工方案。

4）签发工程开工令、暂停令和复工令。

5）签发工程款支付证书，组织审核竣工结算。

6）调解建设单位与施工单位的合同争议，处理工程索赔。

7）审查施工单位的竣工申请，组织工程竣工预验收，组织编写工程质量评估报告，参与工程竣工验收。

8）参与或配合工程质量安全事故的调查和处理。

3. 专业监理工程师岗位职责

专业监理工程师是指由总监理工程师授权，负责实施某一专业或岗位监理工作，有相应监理文件签发权的监理人员。专业监理工程师的主要职责如下。

1）参与编制监理规划，负责编制监理实施细则。

2）审查施工单位提交的涉及本专业的报审文件，并向总监理工程师报告。

3）参与审核分包单位资格。

4）指导、检查监理员工作，定期向总监理工程师报告本专业监理工作实施情况。

5）检查进场的工程材料、构配件和设备质量。

6）验收检验批、隐蔽工程、分项工程，参与验收分部工程。

7）处置发现的质量问题和安全事故隐患。

8）进行工程计量。

9）参与工程变更的审查和处理。

10）组织编写监理日志，参与编写监理月报。

11）收集、汇总并参与整理监理文件资料。

12）参与工程竣工预验收和竣工验收。

4. 监理员岗位职责

监理员是指从事具体监理工作的人员。监理员主要职责如下。

1）检查施工单位投入工程的人力、主要设备的使用及运行状况。

2）进行见证取样。

3）复核工程计量有关数据。

4）检查工序施工结果。

5）发现施工作业中的问题，及时指出并向专业监理工程师报告。

7.5.2　工程监理工作程序及方式

1. 工程监理工作程序

建设单位与工程监理单位签订工程监理合同后，工程监理单位的工作程序如图7-6所示。

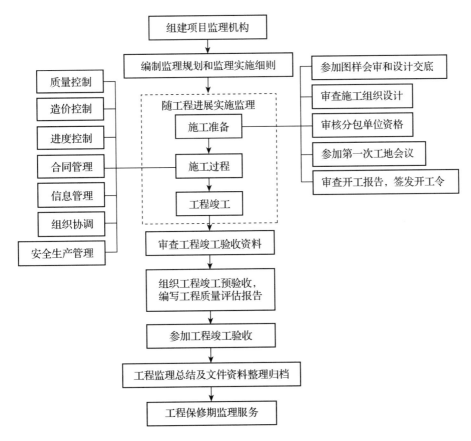

图7-6　工程监理工作程序

2. 工程监理主要工作方式

GB/T 50319—2013《建设工程监理规范》明确规定，项目监理机构应根据工程监理合同约定，采用巡视、平行检验、旁站和见证取样等方式对工程实施监理。

（1）巡视　巡视是指工程监理人员对施工现场进行定期或不定期的检查活动。通过巡视检查，监理人员能够及时发现施工过程中出现的各类质量、安全问题，对不符合要求的情况及时要求施工单位进行纠正并督促整改，将问题消灭在萌芽状态。工程监理人员在巡视检查时，应主要关注施工质量、安全生产两方面情况。

（2）平行检验　平行检验是项目监理机构在施工单位自检的同时，按照有关规定、工程监理合同约定对同一检验项目进行的检测试验活动。平行检验的内容包括工程实体量测（检查、试验和检测）和材料检验等内容。平行检验是项目监理机构控制工程施工质量的重要措施之一，也是工程质量预验收和工程竣工验收的重要依据。

（3）旁站　旁站是指工程监理人员对工程的关键部位或关键工序的施工质量进行的监督活动。旁站可以起到及时发现问题，第一时间采取措施，防止偷工减料，确保施工工艺、工序按施工方案进行，避免其他干扰正常施工的因素发生等作用。需要旁站的关键部位、工序应根据工程类别、特点及有关规定确定。

（4）见证取样　见证取样是指工程监理人员对施工单位进行的涉及结构安全的试块、试件及工程材料现场取样、封样并送检工作的监督活动。施工单位取样人员在现场抽取和制作试样时，工程监理人员需要在旁见证，且应对试样进行监护，并与送检人员一起采取有效的封样措施或将试样送至检测单位。见证取样的目的是使试件能代表母体的质量状况和取样的真实性，以确保工程质量检测工作的科学性、公正性和准确性。

7.5.3　工程监理主要工作内容

工程监理单位在建设单位授权范围内，主要工作内容是采用各种方法和手段控制工程质量、造价和进度，并履行建设工程安全生产管理法定职责。

1. 工程施工准备阶段监理工作内容

1）熟悉工程设计文件，并应参加建设单位主持的图样会审和设计交底会议。

2）审查施工单位报审的施工组织设计。

3）审核施工单位报送的分包单位资格。

4）参加由建设单位主持召开的第一次工地会议。

5）审查施工单位报送的工程开工报告，签发工程开工令。

此外，项目监理机构宜根据工程特点、施工合同、工程设计文件及经过批准的施工组织设计对工程风险进行分析，并应提出工程质量、造价、进度目标控制及安全生产管理的防范性对策。

2. 工程施工过程监理工作内容

（1）工程质量控制

1）审查施工单位现场质量管理组织机构、管理制度及专职管理人员和特种作业人员资格。

2）审查施工单位报审的施工方案。

3）审查施工单位报送的新材料、新工艺、新技术、新设备的质量认证材料和相关验收标准的适用性。

4）检查、复核施工单位报送的施工控制测量成果及保护措施，查验施工单位在施工过程中报送的施工测量放线成果。

5）检查施工单位为工程提供服务的试验室。

6）审查施工单位报送的用于工程的材料、构配件和设备的质量证明文件，并应按有关规定、工程监理合同约定，对用于工程的材料进行见证取样。

7）审查施工单位定期提交的影响工程质量的计量设备的检查和检定报告。

8）对关键部位、工序施工进行旁站。

9）对工程施工质量进行巡视。

10）应根据工程特点、专业要求及工程监理合同约定，对工程材料、施工质量进行平行检验。

11）对施工单位报验的隐蔽工程、检验批、分项工程和分部工程进行验收。

12）发现施工存在质量问题的，或施工单位采用不适当的施工工艺，或施工不当，造成工程质量不合格的，应及时签发监理通知单，要求施工单位整改。

13）对需要返工处理或加固补强的质量缺陷，应要求施工单位报送经设计等相关单位认可的处理方案，并应对质量缺陷的处理过程进行跟踪检查，同时应对处理结果进行验收。

14）对需要返工处理或加固补强的质量事故，应要求施工单位报送质量事故调查报告和经设计等相关单位认可的处理方案，并应对质量事故的处理过程进行跟踪检查，对处理结果进行验收。

（2）工程造价控制

1）协助建设单位编制资金使用计划。

2）按规定程序进行工程计量和付款签证。

3）编制月完成工程量统计表，并对实际完成量与计划完成量进行比较分析，预测资金使用趋势。

（3）工程进度控制

1）审查施工单位报审的施工总进度计划和阶段性施工进度计划。

2）检查施工进度计划的实施情况，并进行实际进度与计划进度的比较分析，预测未来施工进展趋势及工期延误风险。

（4）安全生产管理。

1）根据法律法规、工程建设强制性标准，履行建设工程安全生产管理的监理职责，并应将安全生产管理的监理工作内容、方法和措施纳入监理规划及监理实施细则。

2）审查施工单位现场安全生产规章制度的建立和实施情况，审查施工单位安全生产许可证及施工单位项目经理、专职安全生产管理人员和特种作业人员的资格，核查施工机械和设施的安全许可验收手续。

3）审查施工单位报审的专项施工方案。对于超过一定规模的危险性较大的分部（分项）工程的专项施工方案，还应检查施工单位组织专家进行论证、审查的情况，以及是否附具安全验算结果。

4）巡视检查危险性较大的分部（分项）工程专项施工方案实施情况。

3. 工程竣工验收监理工作内容

1）审查施工单位提交的单位工程竣工验收报审表及竣工资料，组织工程竣工预验收。

2）编写工程质量评估报告，并报建设单位。

3）参加由建设单位组织的竣工验收，在工程竣工验收报告中签署意见。

4）审核施工单位提交的工程竣工结算申请。

承担工程保修阶段服务工作时，工程监理单位应定期进行回访。对建设单位或使用单位提出的工程质量缺陷，应进行调查，并应与建设单位、施工单位协商确定责任归属。

第8章
城市照明工程竣工验收

08／

工程竣工验收是检验工程建设目标是否实现的关键阶段，也是照明工程从实施到投入使用的衔接转换阶段。竣工验收需要按程序和标准进行，以保证城市照明工程施工质量，确保照明设施运行安全经济。

8.1 竣工验收条件及程序

8.1.1 竣工验收条件

城市道路照明工程竣工验收应严格执行 CJJ 89—2012《城市道路照明工程施工及验收规程》规定。城市景观照明工程竣工验收也应根据实际情况，依据相应标准进行。

1. 城市道路照明工程竣工验收条件

城市道路照明工程变压器、箱式和地下式变电站、配电装置与控制工程、架空线路工程、电缆线路工程、安全保护工程及路灯安装工程的验收条件分别如下。

（1）变压器、箱式和地下式变电站安装工程验收条件

1）交接检查验收应符合下列规定。

①变压器、箱式和地下式变电站等设备、器材应符合规定，无机械损伤。

②变压器、箱式和地下式变电站应安装正确、牢固，防雷接地等安全保护合格、可靠。

③变压器、箱式和地下式变电站应在明显位置设置符合规定的安全警告标志牌。

④变电站箱体应密封，防水应良好。

⑤变压器各项试验应合格，油漆完整，无渗漏油现象，分接头的接头位置应符合运行要求，器身无遗留物。

⑥各部位接线应正确、整齐，安全距离和导线截面应符合设计规定。

⑦熔断器的熔体及自动开关整定值应符合设计要求。

⑧高低压一、二次回路和电气设备等应标注清晰、正确。

2）交接验收应提交下列资料和文件。

①工程竣工图等资料。

②设计变更文件。

③制造厂提供的产品说明书、试验记录、合格证件及安装图样等技术文件。

④安装记录、器身检查记录等。

⑤具备国家检测资质的机构出具的变压器、避雷器和高（低）压开关等设备的检验试验报告。

⑥备品、备件移交清单。

（2）配电装置与控制工程验收条件

1）交接检查验收应符合下列规定。

①配电柜（箱、屏）的固定及接地应可靠，漆层完好，清洁整齐。

②配电柜（箱、屏）内所装电器元件应齐全完好，绝缘合格，安装位置正确、牢固。

③所有二次回路接线应准确，连接可靠，标志清晰、齐全。

④操作及联动试验应符合设计要求。

⑤路灯监控系统操作简单，运行稳定，系统操作界面直观清晰。

2）交接验收应提交下列资料和文件。

①工程竣工图等资料。

②设计变更文件。

③产品说明书、试验记录、合格证及安装图样等技术文件。

④备品、备件清单。

⑤调试试验记录。

（3）架空线路工程验收条件

1）交接检查验收应符合下列规定。

①电杆、线材、金具和绝缘子等器材的质量应符合技术标准规定。

②电杆组立的埋深、位移和倾斜等应合格。

③金具安装的位置、方式和固定等应符合规定。

④绝缘子的规格、型号及安装方式、方法应符合规定。

⑤拉线的截面、角度、制作和标志应符合规定。

⑥导线的规格、截面应符合设计规定。

⑦导线架设的固定、连接、档距、弧垂以及导线的相间、跨越、对地、对树的距离应符合规定。

2）交接验收应提交下列资料和文件。

①设计图及设计变更文件。

②工程竣工图等资料。

③测试记录和协议文件。

（4）电缆线路工程验收条件

1）交接检查验收应符合下列规定。

①电缆型号应符合设计要求，排列整齐，无机械损伤，标志牌齐全、正确且清晰。

②电缆的固定间距、弯曲半径应符合规定。

③电缆接头、绕包绝缘应符合规定。

④电缆沟应符合要求，沟内无杂物。

⑤保护管的连接防腐应符合规定。

⑥工作井设置应符合规定。

2）隐蔽工程应在施工过程中进行中间验收，并做好记录。

3）交接验收应提交下列资料和文件。

①设计图及设计变更文件。

②工程竣工图等资料。

③各种试验和检查记录。

（5）安全保护工程验收条件

1）交接检查验收应符合下列规定。

①接地线规格正确，连接可靠，防腐层应完好。

②工频接地电阻值及设计的其他测试参数符合设计规定，雨后不应立即测量接地电阻。

2）交接验收应提交下列资料和文件。

①设计图及设计变更文件。

②工程竣工图等资料。

③测试记录。

（6）路灯安装工程验收条件

1）交接检查验收应符合下列规定。

①试运行前应检查灯杆、灯具、光源、镇流器、触发器和熔断器等电器的型号、规格是否符合设计要求。

②杆位合理，杆高、灯臂悬挑长度和仰角一致；各部位螺栓紧固牢靠，电源接线准确无误。

③灯杆、灯臂、灯具和电器等安装固定牢靠。杆上安装路灯的引下线松紧一致。

④灯具纵向中心线和灯臂中心线应一致，灯具横向中心线和地面应平行，投光灯具投射角度应调整适当。

⑤灯杆、灯臂的热镀锌和涂层不应有损坏。

⑥基础尺寸、标高与混凝土强度等级应符合设计要求，基础无视觉可辨识的沉降。

⑦金属灯杆、灯座均应接地（接零）保护，接地线端子固定牢固。

2）交接验收应提交下列资料和文件。

①设计图及设计变更文件。

②工程竣工图等资料。

③灯杆、灯具、光源和镇流器等生产厂家提供的产品说明书、试验记录、合格证及安装图样等技术文件。

④各种试验记录。

2. 城市景观照明竣工验收条件

景观照明工程全部施工完毕，经24h试运行合格，并经过预验，将在预验中提出的问题整改完成后，可进行验收。

（1）验收规定 与城市道路照明工程相同的变压器和箱式变电站、配电装置与控制、电缆线路敷设、安全保护等工程项目，验收质量标准按 CJJ 89—2012《城市道路照明工程施工及验收规程》要求进行。在建筑物、构筑物上的照明工程施工质量均按 JGJ/T 163—2008《城市夜景照明设计规范》等相关标准进行验收。部分地区的景观照明工程还应执行相应地方标准，如北京市地方标准 DB11/T 388.7—2015《城市景观照明技术规范 第7部分：施工与验收》等。

（2）验收文件和资料

1）行政主管部门批准的相关文件。

2）设计变更文件、洽商记录。

3）工程竣工图。

4）设备、器具及材料等的合格证明文件和进场验收记录。

5）隐蔽工程记录。

6）绝缘电阻、接地电阻和剩余电流动作保护器等测试记录。

7）景观照明通电试运行记录，接地电阻及绝缘遥测电阻记录。

8）平日、一般节假日和重大节日三种控制模式下的照明效果实景照片、照（亮）度测试数据（或评价结论）。

9）工程质量、竣工验收相关资料。

8.1.2 竣工验收一般程序

城市照明工程一般只进行一次全部工程竣工验收，验收程序主要包括竣工验收准备、初步验收及正式验收等，验收程序如图 8-1 所示。对于规模较大或较复杂的照明工程，也可分为单项或单位工程完工后的交工验收和全部工程完成后的竣工验收等阶段。

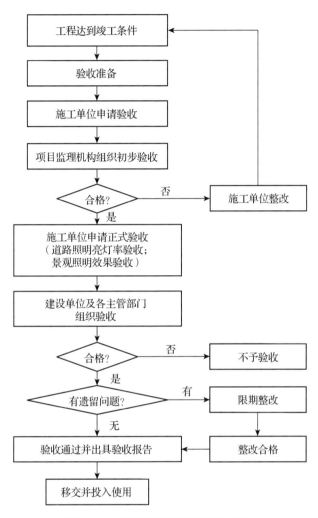

图 8-1　城市照明工程竣工验收程序

1. 竣工验收准备

施工单位申请竣工验收应做好如下准备工作。

1）项目收尾工作。包括有计划地拆除施工现场的各种临时措施、临时管线，清扫施工现场，组织清运垃圾和杂物等，并做好电气线路等交工前检查。

2）准备工程档案资料。组织工程技术人员绘制竣工图，清理和准备各项需向建设单位移交的工程档案资料，编制工程档案资料移交清单等。

3）编制竣工结算表。组织预算人员、生产、管理、技术、财务和劳资等管理人员编制竣工结算表。

4）准备工程竣工通知书、工程竣工报告和工程竣工验收证明书等。

5）组织工程自验。

2. 初步验收

工程施工中，对于关键工序、隐蔽工程，应通知运维单位参与中间验收，验收合格方可进行下一道工序。工程竣工后的初步验收应按以下要求进行。

1）施工单位将验收资料报送项目监理机构。

2）项目监理机构组织竣工初步验收（预验收），施工单位相关人员参加，并如实填写工程竣工验收申请单（见表 8-1）。

3）经过竣工初验，如果工程质量（除亮灯情况）符合验收标准和设计图样要求，相关人员在验收记录上签字确认合格后，组织接电亮灯。同时将初步验收资料报送建设单位。如果验收不合格，施工单位应在限定时间内整改并重新申请验收。

3. 正式验收

（1）竣工验收申请　工程竣工初步验收通过后，由施工单位经项目监理机构向建设单位报送竣工验收申请报告。在提交竣工验收资料时，应同步提供电子版的地理信息数据测绘导入文件（光盘），并作为工程必要条件，具体测绘资料内容可结合本地实际需求明确。

（2）建设单位组织验收　建设单位收到竣工验收申请单后，对竣工验收条件、初验情况及竣工验收资料进行核查，经核查符合竣工验收要求后，组织勘察、设计、施工、监理单位及相关质量管理部门等组成验收组，制定验收方案，组织竣工验收。景观照明工程验收应填写工程质量验收记录（见表 8-2）、工程质量控制资料检查记录（见表 8-3）、工程观感质量检查记录（见表 8-4）及工程质量竣工验收记录（见表 8-5），并最终形成工程竣工验收报告。

（3）工程移交　在验收过程中发现严重问题，达不到竣工验收标准时，验收组应责成责任单位立即整改，重新确定时间组织竣工验收；整改后仍有遗留问题的，应限期整改。经整改合格后，可通过验收并移交工程。

（4）资料备案　工程竣工验收后，由参加人员签字确认，留档备查，工程验收资料和设计、竣工图样等资料一并归档，由建设单位和相关单位保存。

8.2　竣工验收示范表及填写说明

8.2.1　道路照明工程竣工验收示范表

道路照明工程竣工验收示范表可参考表 8-1。

表 8 - 1　道路照明工程竣工验收申请单

工程名称				
工程编号				
施工单位				
工程地址				
开工日期		竣工日期		
申请人姓名		固定电话	移动电话	
工程主要工作量	主要工作量： 说明：1. 应填写工程竣工说明中的主要工作量（含拆迁工作量）。 　　　2. 拆迁电源应注明变压器的容量、位号和电表读数等详细信息。			
	施工单位（盖章）： 填表日期：　　年　　月　　日			
	受理人签字：　　　　　　年　　月　　日			

1）当合同约定采用的企业标准规定的检查内容多于国家标准规定的检查内容时，应按企业标准的规定补充检查内容，并按此检查验收。

2）当合同约定采用的企业标准规定的质量要求高于国家标准规定时，应按企业标准的规定修改检查表中相应的质量要求指标，并按此检查验收。

8.2.2　景观照明工程施工质量检验示范表

景观照明工程施工质量检验示范表主要包括：工程质量验收记录表（见表 8 - 2）、工程质量控制资料检查记录（见表 8 - 3）、工程观感质量检验记录（见表 8 - 4）和工程质量竣工验收记录（见表 8 - 5）等。

表8-2　工程质量验收记录

工程名称		编号	
验收部位			
施工单位		项目经理	
施工执行标准名称及编号			

施工质量验收规范的规定		施工单位检验记录	监理（建设）单位验收记录
验收项目	1		
	2		
	3		
	4		
	5		

专业工长（施工员）		施工班组长	

施工单位检查评定结果	项目专业质量检查员：　　　　　　　　　　年　月　日
监理（建设）单位验收结论	专业监理工程师： （建设单位项目专业技术负责人）　　　　　年　月　日

表 8 - 3　工程质量控制资料检查记录

工程名称		施工单位		
序号	资料名称	份数	核查意见	核查人
1	设计变更文件、洽商记录			
2	设备、器具和材料等的合格证明文件和进场验收记录			
3	隐蔽工程记录			
4	电气绝缘电阻测试记录			
5	接地电阻测试记录			
6	导管敷设质量验收记录			
7	金属槽盒质量验收记录			
8	电线、电缆敷设质量验收记录			
9	配电柜（箱、屏）安装质量验收记录			
10	灯具安装质量验收记录			
11	安全保护质量验收记录			
12	剩余电流保护器测试记录			
13	景观照明通电试运行记录			

结论：

施工单位项目经理：　　　　　　　　　　总监理工程师：
　　　　　　　　　　　　　　　　　　　（建设单位项目负责人）

　年　　月　　日　　　　　　　　　年　　月　　日

表 8 –4　工程观感质量检验记录

项目名称		施工单位						
序号	检查内容	抽查质量状况						质量评价意见
1	导管敷设							
2	封闭式金属槽盒敷设							
3	配电柜（箱、屏）安装							
4	灯具安装							
5	安全保护							
观感质量综合评价								

检查结论

施工单位项目经理：　　　　　　　　总监理工程师：
　　　　　　　　　　　　　　　　　　（建设单位项目负责人）

　　年　月　日　　　　　　　　　　　　　年　月　日

注：抽查质量状况，合格（√），不合格（×）。

表 8 – 5 工程质量竣工验收记录

工程名称						
施工单位		技术负责人			开工日期	
项目经理		项目技术负责人			竣工日期	

序号	项目	验收记录	验收结论
1	质量控制资料核查	共 项 经审查符合要求 项 经核定符合规范要求 项	
2	观感质量验收	共抽查 项 符合要求 项 不符合要求 项	
3	综合验收结论		

参加验收单位	建设单位 （公章） 单位（项目）负责人： 年 月 日	监理单位 （公章） 总监理工程师： 年 月 日	施工单位 （公章） 单位负责人： 年 月 日	设计单位 （公章） 单位（项目）负责人： 年 月 日

景观照明工程施工质量检验示范表填写说明如下。

1. 工程质量验收记录填写内容

工程质量验收记录应分别填写导管敷设、金属槽盒敷设、缆线敷设、配电柜（箱、屏）安装、灯具安装、安全保护、剩余电流保护器测试和通电试运行等内容，并验收合格。

2. 企业标准与国家标准不一致时的检查验收

1）当合同约定采用的企业标准规定的检查内容多于国家标准规定的检查内容时，应按企业标准的规定补充检查内容，并按此检查验收。

2）当合同约定采用的企业标准规定的质量要求高于国家标准规定时，应按企业标准的规定修改检查表中相应的质量要求指标，并按此检查验收。

3. 施工质量检验示范表的选用和内容填写

1）当某一检查项目的质量要求指标写明按"设计要求"时，应按工程施工图设计文件规定，明确填写工程设计规定的具体质量要求，并按此检查验收。

2）应根据具体检验内容选择相应表格。

3）填写记录时，"施工单位检验记录"应填写"符合要求"等合适的结论性肯定用词，对于有具体误差要求的，应填写清楚误差范围。

4）当同一表中的检查项目不能（或不应）在某一时间一次性检查验收时，施工、监理（建设）单位应按实际情况在过程前、过程中进行检查验收，并填写相应的检查（验收）栏目，但"验收结论"应在表列检查内容全部检查并填写完整后填写，日期以填写"验收结论"的日期为准。

8.3 工程技术文件资料管理

8.3.1 工程技术文件资料内容

工程技术文件资料是指在工程建设过程中形成的各种信息记录的统称。工程技术文件资料是全面反映工程建造过程和质量状况的文件资料。

1. 工程技术文件资料分类

工程技术文件资料可分为工程准备文件资料、工程监理文件资料、工程施工文件资料和竣工文件资料四大类。

（1）工程准备文件资料 包括决策立项文件、建设用地文件、勘察设计文件、招投标及合同文件资料、开工文件、商务文件资料等。

（2）工程监理文件资料 包括监理管理、质量控制、造价控制、进度控制、合同管理、安全生产管理和竣工验收等文件资料。

（3）工程施工文件资料 包括施工管理、施工技术、施工进度及造价控制、施工物资、施工记录、施工试验及检测、施工质量验收、竣工验收等文件资料。

（4）工程竣工文件资料 包括竣工验收、竣工结算与决算、竣工归档（含竣工图）、竣工总结等文件资料。

2. 工程技术文件资料形成过程

工程技术文件资料形成过程如图 8-2 所示。

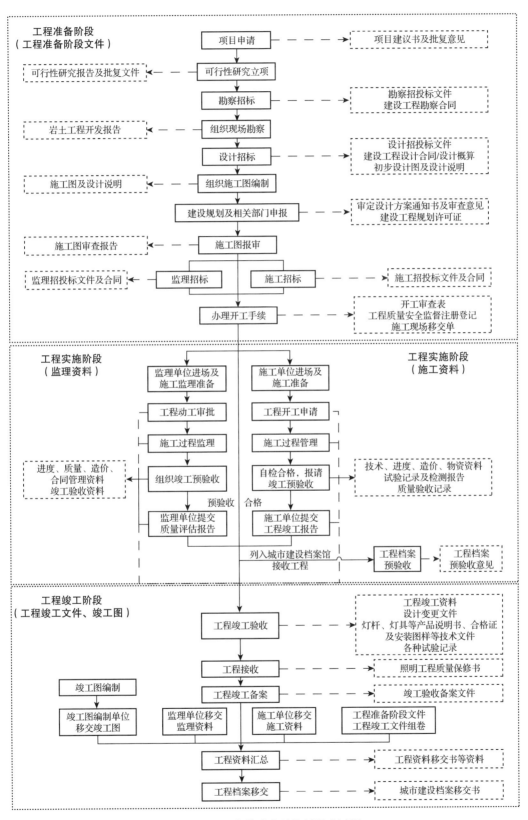

图 8-2 工程技术文件资料形成过程

8.3.2 工程技术文件资料管理要求

各参建单位应配备专职管理人员，遵循 JGJ/T 185—2009《建筑工程资料管理规程》规定对工程技术文件资料进行管理。

1. 基本要求

工程技术文件资料应与工程建设过程同步形成，并应真实反映工程建设情况和实体质量。工程技术文件资料管理应符合下列规定。

1）工程技术文件资料管理制度应健全，岗位责任明确，并应纳入工程建设管理各个环节和各级相关人员职责范围；工程技术文件资料的套数、费用和移交时间应在合同中明确；工程技术文件资料的收集、整理、组卷、移交及归档应及时。

2）工程技术文件资料的形成单位应对资料内容的真实性、完整性和有效性负责；由多方形成的资料，应各负其责；工程技术文件资料的填写、编制、审核、审批和签认应及时进行，其内容应符合相关规定；工程技术文件资料不得随意修改；当需修改时，应实行划改，并由划改人签署；工程技术文件资料的文字、图表和印章应清晰。

3）工程技术文件资料应为原件；当为复印件时，提供单位应在复印件上加盖单位印章，并应有经办人签字及日期。提供单位应对资料的真实性负责。

4）工程技术文件资料应内容完整、结论明确且签认手续齐全。

5）工程技术文件资料宜优先采用计算机管理，使管理规范化、标准化和电子信息化。有条件的应采用网络或多媒体技术管理。

2. 工程技术文件资料的填写、编号、编制、审核及审批

1）工程准备文件资料和工程竣工文件资料的填写、编制、审核及审批应符合国家有关标准的规定。

2）工程监理文件资料的填写、编制、审核及审批应符合 GB/T 50319—2013《建设工程监理规范》的有关规定。

3）工程施工文件资料的填写、编制、审核及审批应符合国家有关标准的规定；监理文件资料用表和施工文件资料用表应符合《建筑工程资料管理规程》规定。

4）工程技术文件资料应及时进行编号填写，专用表格的编号应填写在表格右上角编号栏中；非专用表格应在资料右上角的适当位置注明资料编号。

5）工程竣工图的编制及审核应符合下列规定。

①新建、改建和扩建工程均应编制竣工图；竣工图应真实反映竣工工程的实际情况。

②竣工图的专业类别应与施工图对应。

③竣工图应依据施工图、图样会审记录、设计变更通知单和工程洽商记录（包括技

术核定单）等绘制。

④当施工图没有变更时，可直接在施工图上加盖竣工图章形成竣工图。

⑤竣工图应有竣工图章及相关责任人签字。

⑥竣工图绘制应符合国家有关标准的规定。

⑦竣工图应按《建筑工程资料管理规程》附录 D 的方法绘制，并按附录 E 的方法折叠。

3. 工程技术文件资料的收集、整理与组卷

1）工程技术文件资料的收集、整理与组卷应符合下列规定。

①工程准备阶段文件资料和工程竣工文件资料应由建设单位负责收集、整理与组卷。

②工程监理文件资料应由监理单位负责收集、整理与组卷。

③工程施工文件资料应由施工单位负责收集、整理与组卷。

④工程竣工图应由建设单位负责组织，也可委托其他单位。

2）工程技术文件资料的组卷还应符合下列规定。

①工程技术文件资料组卷应遵循自然形成规律，保持卷内文件、资料的内在联系。

②工程技术文件资料可根据数量多少组成一卷或多卷。

③工程准备阶段文件资料和工程竣工文件资料可按建设项目或单位工程进行组卷。

④工程监理文件资料应按单位工程进行组卷。

⑤工程施工资料应按单位工程组卷，并应符合下列规定。专业承包工程形成的施工文件资料应由专业承包单位负责，并应单独组卷；当施工文件资料中部分内容不能按一个单位工程分类组卷时，可按建设项目组卷；施工文件资料目录应与其对应的施工文件资料一起组卷。

⑥工程竣工图应按专业分类组卷。

工程技术文件资料组卷还应编制封面、卷内目录及备考表，其格式及填写要求可按 GB/T 50328—2014《建设工程文件归档规范》的有关规定执行。

4. 工程技术文件资料移交与归档

工程技术文件资料移交与归档应符合国家有关法规和标准的规定；当无规定时，应按合同约定进行。

1）工程技术文件资料移交应符合下列规定。

①施工单位应向建设单位移交施工文件资料。

②实行施工总承包的，各专业承包单位应向施工总承包单位移交施工文件资料。

③工程监理单位应向建设单位移交监理文件资料。

④工程技术文件资料移交时应及时办理相关移交手续，填写工程技术文件资料移交

书、移交目录。

⑤建设单位应按国家有关法规和标准的规定向城市建设档案管理部门移交工程档案，并办理相关手续。有条件时，所移交的工程档案应为原件。

2）工程技术文件资料的归档应符合下列质量要求。

①归档的纸质工程技术文件资料应为原件。

②工程技术文件资料的内容及其深度应符合国家有关工程勘察、设计、施工和监理等标准的规定。

③工程技术文件资料的内容必须真实、准确，应与工程实际相符合。

④工程技术文件资料应采用碳素墨水、蓝黑墨水等耐久性强的书写工具记录，不得使用红色墨水、纯蓝墨水、圆珠笔、复写纸和铅笔等易褪色的书写工具记录；计算机输出文字和图件应使用激光打印机，不应使用色带式打印机、水性墨打印机和热敏打印机。

⑤工程技术文件资料应字迹清楚、图样清晰且图表整洁，签字盖章手续应完备。

⑥工程技术文件资料中的文字材料幅面尺寸规格宜为 A4 幅面（210mm×297mm）；图纸宜采用国家标准图幅。

3）工程技术文件资料的归档期限应符合下列规定。

①工程技术文件资料归档保存期限应符合国家有关标准的规定；当无规定时，不宜少于 5 年。

②建设单位工程技术文件资料归档保存期限应满足工程维护、修缮、改造和加固的需要。

③施工单位、监理单位工程技术文件资料归档保存期限应满足工程质量保修及质量追溯的需要。

5. 工程技术文件资料保管

目前，工程技术文件资料归档可采用纸质、光盘载体汇总移交，并逐步过渡到采用光盘、微缩品载体移交和档案保存。无论是纸质资料、电子化资料，都要注意资料的安全防护。形成、保管单位应制定适合本单位的资料安全管理制度，防止工程技术文件资料在形成过程、保管期间遭到损坏和泄密。主要应做好如下几点。

1）实行岗位责任制，资料管理必须专人管理、责任到人。

2）建立资料收发制度，记载资料流程情况。

3）机密资料实行密码管理，并符合保密法规的规定。

4）资料调阅、复印实行责任人审批制度。

第四篇
运行管理篇

　　城市照明工程作为城市重要的基础设施建设工程之一，不仅能提高城市夜间安全性，美化城市环境，还能提升城市文化水平，促进相关产业发展。城市照明设施在实际运行中，不仅受风吹、日晒和雨淋等自然因素影响，还会受到盗窃、故意损毁等人为因素的破坏，引发漏电、短路和起火等现象，严重时会危及广大市民人身安全，同时造成重大经济损失和严重社会影响。因此，城市照明设施运行维护管理具有重要的经济价值和社会意义。

　　本篇分两章分别阐述了城市照明设施运行管理及其信息化。"城市照明设施运行管理及维护"一章着重介绍了城市照明设施运行管理、城市照明设施检修、城市照明物资管理的内容和方法。"城市照明系统运行管理信息化"一章分别概括了照明监控系统、生产管理系统和资产管理系统的特点、功能、组成和结构，还阐述了城市照明信息系统安全相关内容。

第 9 章

城市照明设施运行管理及维护

09

城市照明运行管理及维护是保证城市照明设施完好，满足城市照明
质量需要，实现城市照明节能环保的关键环节。为此，应建立完善的城
市照明运行管理制度，做好城市照明设施检修及物资管理工作。

9.1 城市照明设施运行管理

9.1.1 运行管理组织及制度

《城市照明管理规定》明确指出，城市照明主管部门可以采取招标、投标的方式确
定城市照明设施维护单位，具体负责政府投资建设的城市照明设施的维护工作。非政府
投资建设的城市照明设施则由建设单位负责维护，符合下列条件的，办理资产移交手续
后，可移交城市照明主管部门管理。①符合城市照明专项规划及有关标准；②提供必要
的维护、运行条件；③提供完整的竣工验收资料；④城市人民政府规定的其他条件和
范围。

维护单位可根据运维面积、设备规模确定组织机构和工作人员数量。如果规模小、
设备数量少，每 10 000 盏灯配备一辆高空作业车和 4 位夜间巡修人员，同时配备一辆工
程车和 4 人作为 24h 应急抢修人员和必要的后备力量（合作单位），还需有一辆工程车
和 3 人以上负责设备的白天巡查和日常配合工作。即内部要做到闭环，既有工作开展又
有工作检查，既有现场作业又要进行必要的台账资产管理。以北京地区 30 万盏路灯为
例，此规模可进行如下机构配置。

1. 运行管理组织机构及职责

城市照明设施维护单位应根据照明设施运行维护需求，建立合理的组织机构，明确
各部门职责，确保城市照明设施能够安全、经济且高效地运行。除设立人力资源管理、
财务资产管理、质量安全管理、监察审计和综合行政事务等职能部门外，城市照明设施
维护单位需要设立照明设施运维检修部门，还可下设城市照明监控指挥中心、运行管理

中心及检修管理中心等业务实施部门。

（1）照明设施运维检修部门主要职责 作为照明设施运维业务的职能管理部门，负责统筹、协调和调度监控指挥中心、运行管理中心及检修管理中心相关业务。具体职责包括：负责所辖设施安全运行职能管理；负责照明设施、设备全过程技术监督归口管理；负责编制运维检修计划并组织实施；负责照明设施运维检修业务外包管理；负责政治保障活动的组织开展；负责技改项目的立项申报工作；负责技改项目的合同签订、资金支付及组织实施；负责防汛及迎峰度夏（冬）的组织工作；负责科技、信息管理；负责相关设备电费管理；负责组织技术规范的制定及修编工作；负责组织数据统计及上报工作。

（2）监控指挥中心、运行管理中心及检修管理中心主要职责

1）监控指挥中心主要职责。负责所属设施抢修工作的指挥调度、监督执行和质量监管；负责所属设施停送电调度管理工作；负责所属照明设施运行状态监测，对有关数据、信息进行统计、分析；负责完成重大活动期间及特殊天气条件下所属照明设施启或闭的控制工作；负责接听和受理市民来电，接收各类故障报修信息和城市运行保障信息，对故障工单进行派发、处理、督办和归档；负责解答客户对路灯业务的咨询工作，对客户的投诉、建议和举报项目进行派发和回访；负责路灯报装业务的接待、受理工作；负责运维信息化支撑系统的日常操作、使用及运维管理工作；负责组织实施运维信息化支撑系统的建设、保障和升级改造工作；完成运维检修部门下达的各项工作任务。

2）运行管理中心主要职责。运行管理中心是照明设施运维核心业务的实施部门，主要职责有：负责城市照明设施的专责管理；负责非核心业务监管；负责实施"反外力损（破）坏"工作；负责与在运城市照明设施相关的配合工作；完成运维检修部门下达的各项工作任务。

3）检修管理中心主要职责。检修管理中心是城市重要区域和道路的设施运维非核心常态业务的实施部门，主要职责有：负责上述区域内设施的安全可靠运行；负责管辖区内夜景照明设施的安全可靠运行；完成运维检修部门下达的各项工作任务。

2. 运行管理核心制度

城市照明设施运行管理核心制度包括生产管理制度、巡回检查制度、维护保养制度、故障管理制度及运行分析制度等。

（1）生产管理制度 生产管理制度能强化生产调度工作，保证生产组织系统高效、有序、顺畅进行，最大限度地发挥生产能力，提高经济效益。为保证城市照明设施正常运行，必须重点做好以下工作。

1）建立健全生产指挥系统，切实做好调度工作。调度质量对城市照明设施的安全经济运行十分重要，要职责清晰明确。

2）建立责权利相结合的经济责任制，使各级岗位人员明确自身任务，并将工作成果与奖惩挂钩。

3）运行、检修等各个环节按科学方法使之规范化、制度化，制定和实施各种技术管理规程，使员工有章可循。

4）定期进行安全和经济活动分析，检查生产计划和各项指标完成情况。

（2）巡回检查制度　巡回检查是指运行值班人员在值班过程中，依据运行规程定期对所管辖的城市照明设施进行检查。城市照明设施维护单位应根据城市照明设施的运行特点，制定各岗位巡回检查路线、重点检查对象及检查周期。巡回检查的重点包括：试验中的安全措施、设施故障消除后的运行情况、运行异常的设施、新装及长期停运后投入运行的设施等，并注重防火检查。在巡回检查中，发现照明设施损坏、缺失或发生故障时，应及时上报并处理，防止发生事故，并做好维修情况和措施记录。

（3）维护保养制度　照明设施的使用和维护保养在于日常控制和管理，正常的设施若得不到良好的维护保养，就容易出现故障，缩短使用寿命。因此，城市照明设施维护单位应做好城市照明设施的维护保养工作，检查并及时处理供配电设备隐患，确保照明设施性能和运行安全。对照明设施要进行有效的维护与保养，应做到以预防为主，坚持科学维护与日常保养相结合，以提高照明设施工况的稳定性。维护保养的内容一般包括日常维护、定期维护、定期检查和精度检查等。

（4）故障管理制度　城市照明设施发生故障后，城市照明设施维护单位应及时组织处理，使设施恢复正常运行状态，并将相关情况进行记录和上报。暂时不具备条件的，必须制订防护措施和治理计划。应逐项确认设施故障并进行完整、准确的记录，遇到紧急情况时，应及时采取措施，启动应急管理。此外，还应通过设施安全检查工作，对设施故障进行检查、鉴定，定期总结照明设施故障治理情况并上报。

（5）运行分析制度　运行分析是加强运行管理及生产指标管理，保证设备安全经济运行，提高经济效益的必要过程。利用计算机等先进手段进行经济分析、诊断和优化调整，实现在线监测和能耗分析，指导运行操作。城市照明设施维护单位应定期查看照明设施运行日志，并进行安全经济分析，以便发现设施运行过程中的隐患，要有针对性地开展专题分析，对影响安全性、经济性和可靠性的问题提出改进运行操作、加强运行管理的措施，并提出相应的维修和改造建议。对于在巡视过程中发现的问题，应结合管理人员反映的情况、运行方式、运行参数的变化等进行及时分析和优化，找出设施运行薄弱环节，提出相应处理对策，使照明设施始终处于安全、经济运行状态。

9.1.2　运行安全及应急管理

为保证城市照明设施运行安全，城市照明设施维护单位应确立安全生产管理目标，落实安全生产管理责任制，进行安全生产监督管理，严格执行安全生产管理规章制度，并定期进行人员安全培训。同时，建立完善的应急管理机制应对突发事件，对城市照明突发问题进行快速、准确反应。

1. 运行安全管理

依据《中华人民共和国安全生产法》，城市照明设施运行安全管理应坚持"安全第一、预防为主、综合治理"的方针，严格执行运行安全管理的工作票制度、操作票制度、巡回检查制度、检查及交底制度和工作监护制度，并制定相应的运行安全管理监督考核办法。此外，应加强对运行人员和运行管理人员的安全教育工作，加强自我防范，认真落实和执行安全规程、规定和防范措施，做好城市照明设施运行期间的状态记录和事故预防。

（1）安全生产管理目标　城市照明设施维护单位应加强安全生产监督管理，防范生产安全事故，保证员工人身安全，保证照明设施的安全稳定运行和可靠工作，保证国家和投资者资产免遭损失。具体包括：不发生人身死亡事故，不发生重大电网及设备事故，不发生重大火灾事故，不发生重大信息系统事件，不发生对单位和社会造成重大影响的事故或事件等。

（2）安全生产管理责任制　城市照明设施维护单位应建立健全安全生产管理责任制，各部门、各岗位应有明确的安全生产管理职责，并实行下级对上级的安全逐级负责制。安全保证体系对业务范围内的安全工作负责，安全监督体系负责安全工作的综合协调和监督管理。

（3）安全生产监督管理　安全监督管理机构应对各职能和业务部门的安全生产工作进行综合协调和监督，组织制定安全生产监督管理和应急管理方面的规章制度，牵头并督促其他职能部门开展安全性评价、隐患排查治理、安全检查和安全风险管控等工作，积极探索和推广科学、先进的安全生产管理方式和技术。监督涉及照明设施、设备和信息安全的技术状况，以及涉及人身安全的防护状态。对监督检查中发现的重大问题和隐患，及时下达安全监督通知书，限期解决，并向主管领导报告。监督城市照明工程项目安全设施"三同时"（与道路主体工程同时设计、同时施工、同时投入生产和使用）的执行情况等。

（4）安全生产管理规章制度　严格执行"两票（工作票、操作票）三制（工作许可制、检查及交底制、工作监护制）"等安全生产管理规章制度。

1）工作票制度。工作票是在电力生产现场、设备和系统上进行检修作业的书面依据和安全许可证，是检修、运行人员双方共同持有，共同强制遵守的书面安全约定。工作票制度主要内容如下。

①根据工作性质和工作范围不同，可分为第一种工作票和第二种工作票。

②工作票的主要内容包括：工作内容、工作地点、停电范围、停电时间、许可开始工作时间、工作终结时间及安全措施等。

③工作范围应在工作票中用单线系统图加以注明，用不同颜色标明停电及带电部分。

④工作票签发人应由电气负责人或生产领导人及指派有实践经验的技术负责人担任。

⑤紧急事故处理可不填工作票，但应履行工作许可手续，做好安全措施并应有人监护。

2）操作票制度。操作票是在生产设备及系统上进行操作的书面依据和安全许可证，是保证运行人员正确进行操作、防止发生误操作的有效技术措施之一。操作票制度主要内容如下。

①刀闸操作应由两人进行，其中一人唱票与监护，另一人复诵与操作。

②操作前，必须先核对线路及设备的名称、编号，并检查开关、刀闸的通、断位置与操作票所写的内容是否相符。

③操作时要严格执行监护、唱票和复诵制，应做到"一指二比三操作"，每项操作完成，应由监护人在操作项目前做"√"记号，全部操作完毕后应进行全面复查。

④操作过程中若发现错误或异常情况，应立即停止操作并向值班调度员或值班负责人报告，弄清问题后再进行操作，不能擅自更改操作票，不能随意解除闭锁装置。

3）工作许可制度。工作许可制度是工作许可人根据低压工作票或低压安全措施票的内容采取设备停电安全技术措施后，向工作负责人发出工作许可命令的制度。工作许可人（值班员）在实施施工现场安全措施后，还应会同工作负责人到现场再次检查所采取的安全措施，并用验电笔对已停电设备进行验电，以证明设备确无电压；对工作负责人指明带电设备的位置和注意事项；与工作负责人一起在工作票上分别签名，发放工作票。完成上述许可手续后，工作班方可开始工作。工作负责人、工作许可人任何一方不得擅自变更安全措施，值班员不得变更有关检修设备的运行接线方式。工作中如有特殊情况需要变更时，应事先征得施工方同意。

4）检查及交底制度。工作负责人在工作前，应根据工作任务和现场情况进行以下工作。

①查清电源、工作范围和设备编号等，制定安全措施，填写好工作票。

②提出所用的安全工具、起重工具和材料等，并指定专人检查。

③查清电杆的基础情况，必要时采取临时加固措施。

④在工作开始前，根据工作票内容向全体工作人员交代工作人员、计划工作时间、工作质量要求、人员分工、停电范围和各项安全措施。

5）工作监护制度。工作监护制度是保证人身安全及操作正确的主要措施，监护人的职责是保证工作人员在工作中的安全。监护内容如下。

①城市照明设施部分停电时，监护所有工作人员的活动范围，使其与带电设备保持规定的安全距离。

②监护所有工作人员的工具使用是否正确，工作位置是否安全及操作方法是否正确。

③工作中，监护人因故离开现场时，必须另外指定监护人并告知工作人员，使监护工作不致中断。

④监护人发现工作人员有不正确的动作或违反规程的做法时，应及时指出并纠正，必要时可令其停止工作，并立即向上级报告。

（5）安全教育与培训　安全教育与培训是为了培养相关工作人员的安全意识和安全技能。城市照明设施维护单位应建立健全安全教育与培训管理制度，加强需求分析、计划制定、组织实施和效果评估等环节管理工作。应把安全教育培训工作纳入全年培训计划，不断完善培训条件，记录培训考核情况，确保培训质量。

1）各级培训教育。从事城市照明运行管理的人员根据各岗位要求必须参加三级安全教育培训，主要学习内容如下。

①单位级。国家、地方和行业照明管理部门关于安全生产的法律、法规、制度和标准；本单位安全工作特点和安全形势；职业危害及其预防措施；典型事故案例分析；国内外先进的安全生产管理经验。

②工区级。安全生产规程、规定；安全生产情况；专业安全技术要求；专业工作组织措施、技术措施和危险点分析；本单位应急管理、应急预案编制及应急处置的内容和要求；安全防护工器具和个人防护用品的使用；安全防护知识等。

③班组级。班组专业生产特点和安全技能要求；现场作业组织措施、个人安全防护要求；自救、互救和急救方法，疏散和现场紧急情况的处理；机械、工器具性能和使用方法；安全文明生产要求等。

2）特殊工种教育。从事特种作业的人员必须经过专门的安全知识与安全操作技能培训，并经过考核；在实施新工艺、新技术或使用新设备、新材料时，必须对有关人员进行相应有针对性的安全教育；照明设施维护单位应经常进行专业性安全技术和灾害事故案例教育，不断提高安全技术水平。

3）日常安全教育。应对员工进行经常性的安全思想、安全知识和安全技能教育，增强安全意识，提高安全素质，使员工自觉地遵纪守法，履行安全职责，确保安全生产；要积极开展形式多样的安全教育和培训活动，并利用网络、电视和安全简报等多种形式，广泛进行宣传教育；对危险性作业，作业前必须对施工人员进行安全教育，提出具体要求，进行危险源辨识，并采取预控措施。

2. 应急管理

为最大程度地预防和减少突发事件造成的危害，积极应对可能发生的突发安全事故，有序开展事故抢险、救援工作，减少人员伤亡和财产损失，快速恢复照明设施、设备正常运行，城市照明设施维护单位需建立完善的应急管理制度，不断提高抗风险能力和综合管理水平。应急管理制度主要包括确定突发事件等级、建立预警和预防机制、制定分级应急处置程序及进行事件责任追究等。

（1）突发事件分级　城市照明系统突发事件是指由非正常原因导致的城市道路或景观照明设施部分或全部熄灭等突发事故，以及由此引发的次生灾害事故等。根据城市照明系统构成情况，按照突发事件发生所在道路的级别、事件影响的性质及数量、对社会造成的危害程度等因素，可将城市照明突发事件分为特大（Ⅰ级）、重大（Ⅱ级事件）、较重大（Ⅲ级事件）和一般（Ⅳ级事件）等不同等级。由于各城市实际情况不同，突发事件的具体分级有所差异。

1）特大突发事件。是指突然发生，事态非常复杂，对城市公共安全、政治稳定和社会经济秩序带来严重危害或威胁，已经或可能造成人员特别重大伤亡、财产特别重大损失或重大生态环境破坏，需要城市政府部门统一组织协调，调度城市各方面资源和力量进行应急处置的紧急事件。包括发生在城市重点区域或安全敏感部位（如北京市天安门地区、长安街和驻华使领馆周边），会造成重大国际影响的；在重大国事活动和庆典活动开始前，场所周边和出入道路沿线出现全线路灯无法开启或意外熄灭的；事件引发的次生灾害足以使道路交通全面瘫痪的，以及其他行业发生特大突发事件需城市照明给予配合的突发事件等。

2）重大突发事件。是指突然发生，事态复杂，对一定区域内的公共安全、政治稳定和社会经济秩序造成严重危害或威胁，已经或可能造成人员重大伤亡、财产重大损失或严重生态环境破坏，需要调度多个部门、区县和相关单位力量和资源进行联合处置的紧急事件。包括城市主干线和重点区域（如北京市长安街延长线、重要交通枢纽和重大群众活动集中地等）的照明设施发生全部或大部分无法开启或意外熄灭，将严重影响交通安全与危及公共安全的；由于城市照明的直接原因造成重大交通事故，以及事件的次生灾害严重影响到交通安全的；因供电系统（包括上游及中游）出现问题造成整个城市照明异常的事件，导致全市大部分城市照明系统不能正常运行的；在城市交通干道和大型公共建筑或人群聚集区如广场、车站、医院、机场、大型商场超市、重要活动会议的会场及代表驻地等重要地区的照明设施无法开启或意外熄灭的突发事件等。

3）较重大突发事件。是指突然发生，事态较为复杂，对一定区域内的公共安全、政治稳定和社会经济秩序造成一定危害或威胁。已经或可能造成人员较大伤亡、财产较大损失或生态环境破坏，需要调度辖区内多个部门或街道的力量和资源就能够处置的事件。包括因计算机系统遭受停电、病毒入侵和失控导致监控系统瘫痪的；城市主干线路灯发生部分无法开启或意外熄灭，将严重影响交通安全与危及公共安全的；非主干线、远郊区县路灯发生大范围无法开启或意外熄灭的突发事件等。

4）一般突发事件。是指突然发生，事态比较简单，仅对较小范围内的公共安全、政治稳定和社会经济秩序造成严重危害或威胁，已经或可能造成人员伤亡和财产损失，只需要调度区内个别部门或街道的力量和资源就能够处置的事件。包括个别城市照明设施出现故障、火灾和断电等事件，能够通过照明设施维护单位启动应急预案及时处置，且不会对社会造成较大影响的；因照明设施被盗、灯杆被撞造成路灯无法开启或意外熄灭，且受影响的路灯不会造成交通事故的突发事件等。

上述突发事件的级别可根据实际情况进行调整，除此之外，发生的其他与城市照明有关的事件，应由相应的城市照明设施维护单位和设施产权单位自行解决。此类事件主要包括：个别路灯无法开启或意外熄灭，且道路通行不会造成影响的；因设备故障造成少数路段路灯无法开启或意外熄灭的；因路灯设施正常施工造成短时间内照度不足，或因正常施工暂时影响周边环境的；经城市照明设施维护单位判断与路灯无关的事件。

（2）突发事件的预警和预防　由政府有关部门牵头，建立政府主管部门、城市照明设施维护单位、产权单位和广大群众间的信息交流平台，充分利用各种资源优势，搜集、分析各种对城市照明系统有可能产生不利影响的因素，实现信息共享，为突发事件的应急决策提供快速的信息支持。同时，加强照明系统巡视检查，利用信息化监控系统及时了解照明设施的运行情况，及时准确预警、预报照明突发事故信息。建立突发事件信息库，分析事故发生原因，进行全市范围内的安全宣传教育，减少和预防类似事件的发生。

（3）突发事件的应急响应　城市照明设施维护单位应组建应急指挥小组，一旦发生突发事件，应立即启动应急工作预案，对事故等级作出判断，进行分级响应，控制事态发展，以减少人员伤亡和财产损失。

1）应急处置指挥小组及其职责。针对城市照明系统突发事件，应设立应急处置指挥小组，负责城市照明突发事件应急处置工作。应急处置指挥小组的职责主要包括：负责城市照明突发事件应急预案的编制、培训、演练和宣传教育工作；负责制订应对城市照明突发事件的保障措施；负责组织城市照明突发事件调查，提出应急处理意见；负责组织现场施救，排障除险；负责制订修复计划，尽快恢复正常照明；负责统一通报城市照明突发事件具体情况，统一对上、对外发布信息；负责启动和关闭处置程序。

2）分级响应。发生城市照明突发事件后，现场人（目击者、单位或个人）有责任和义务向城市照明设施维护单位和产权单位或相关单位报告，城市照明设施维护单位接到报告后，应立即按要求赶赴现场进行先期处置并判断事件等级，同时将情况上报相应的应急指挥小组办公室，由其确认事件等级，启动应急预案。对于不同等级的城市照明突发事件，应进行分级响应。例如，对于特大突发事件或重大突发事件，主管市领导、主管部门领导应赶赴现场，并成立现场指挥部，指导、协调和督促有关部门开展工作；对于较重大突发事件，必要时由市应急办派人到场，参与制定方案，并协调有关部门配合开展工作；当确认为一般事故时，应急指挥小组办公室可责成城市照明设施维护单位按应急预案自行处置并上报处置情况。同时，要针对不同的响应级别确定本单位到岗人员、到岗时间和到岗地点（指挥部和现场），对应突发事件分类所负责牵头的部门，防止出现有响应无组织的乱象。

3）应急处置程序。按照突发事故等级和响应分级，处置程序也相应分为四级。例如，对于特大突发事件，指挥机构应立即部署警力，在城市照明突发事件现场及周边有关道路实施交通管制，保证抢险通道畅通，并组织疏散该区域内居民迅速撤离。指挥机构根据现场情况，协调安全保卫、灾害救援、医疗救护和市政抢险等部门做好抢险救援工作。城市照明设施维护单位在完成先期处置后，立即组织技术部门查明突发事件原因，并尽快制定最终修复方案，涉及城市照明与其他学科交叉的突发事件，组织各方面专家制定修复方案，尽最大可能减少社会影响。对于重大突发事件或较重大突发事件，各成员单位接到报告后，应立即启动相关应急预案，迅速赶赴现场，按照突发事件的性质和现场情况，在指挥机构的统一指挥下，依据各自职责组织并实施抢险救援工作。对于一般突发事件，依据城市照明设施维护单位制订的应急预案由指挥机构负责指挥，并实施抢险救援工作，需要其他部门共同救援的城市照明突发事件，会同相关部门制定修复方案。处置结束后，由城市照明设施维护单位或产权单位将事件相关情况上报。

（4）突发事件的善后处置及责任追究　在突发事件应急处置和抢险救援过程中，新闻报道及城市照明中断、恢复的公示工作，由市政府统一进行组织。突发事件的现场抢险结束后，由市政府责成相关部门，做好伤亡人员救治、慰问及善后处理工作，尽快恢复受灾群众正常生活。同时，由市级市政管理、公安、安全生产管理及相关部门组织专家对突发事件进行调查分析，做出突发事件调查报告，避免再次发生类似突发事件，并作为完善应急预案依据。此外，明确突发事件处置过程中主要负责人、分管负责人和各科室负责人的具体职责，凡科室或个人存在擅离职守、瞒报误报和执行不力等情况，致使市民群众生命财产受到严重损害，或对单位形象造成不良影响的，依照相关法律法规进行责任追究。

9.1.3　常见故障及其处理

受天气、环境、负荷变化和人为因素的影响，城市照明设施发生故障的频率较高。常见故障有电器元件故障、线路故障、变压器故障及监控系统故障等，各类故障原因及其处理方法如下。

1. 电器元件故障及其处理

（1）常见故障　城市照明设施中的电器元件包括：光源、镇流器、触发器、补偿电容和交流接触器等，常见故障有短路、断路和接触不良等。

1）光源故障。故障原因主要有：外壳破损、与灯头接触不良、漏气、LED 光源坏损和寿命到期等。

2）镇流器故障。故障原因有：线包的线径过细、线包局部漆水脱落、线包间绝缘性能不良、线包出线焊接不良和硅钢片质量不好等。

3）触发器故障。故障原因主要是触发器内部的触发电路发生故障，如触发线路太长造成触发电压过低。

4）补偿电容故障。故障原因主要是电解液干涸，电容的绝缘层老化被击穿，使电容失去补偿作用。

5）交流接触器故障。故障原因主要是调整不当，造成噪声太大、线圈匝间短路、断路，静、动触头烧坏或粘牢，或因电压过高造成大电流烧坏线圈所致。

（2）故障处理方法　对于电器元件故障，主要排除方法有观察法、对比法和测试法。观察法主要是观察故障电器元件的外观，看有无异常状况；对比法是指用相同规格、型号的元件代替被拟为故障的原有元件，看故障是否被排除；测试法是使用仪器进行检测，如用万用表、钳形表等仪器对电器元件进行测试，从而找出故障所在。根据故障情况，采取更换灯泡、重新接线、更换镇流器及熔断器等方法进行处理。

2. 线路故障及其处理

城市照明线路主要包括架空线路和地埋线路，架空线路的常见故障有漏线短路、断线、导线接头故障、拉线带电和绝缘子污闪或损坏等；地埋线路的常见故障有单相接地、相间短路、相间短路接地、漏电和断芯等。

（1）架空线路故障及其处理　架空线路发生故障的主要原因有：线路架设高度过低，被装载过高的车辆刮碰导线；在外力作用下（交通事故）倒杆断线；电杆档距过大，线间距离过小或导线垂度过大；风雨中导线与树枝相碰或风吹导线摆动造成导线碰撞；瞬间负荷电流过大造成电动力使导线摆动；重物掉落打断导线；绝缘子、横担等支持物破损、脱落造成导线碰撞；导线绝缘层破损等。

对于架空线路故障，首先应确认故障区段或故障点，按照影响停电范围最小的原则，通过操作开关对故障区段或故障点进行隔离，在做好安全措施的情况下，参照检修项目作业指导书进行故障处理，如：①引线或导线断，按照检修工艺要求进行连接或更换；②绝缘子故障，按照检修工艺要求更换处理；③电力电缆故障，将故障电缆隔离，有条件的情况下将负荷转移，查找电缆故障点进行处理等。

（2）地埋线路故障及其处理　地埋线路发生故障的主要原因有：敷设电缆时，因拖拉或受到挤压，使导线绝缘层损坏；安装电缆时超过允许弯曲半径的规定，损坏电缆绝缘层；电缆芯线受损或绝缘层老化使芯线裸露；线路过电压，芯线被击穿；安装或维修时，带电作业人员造成人为碰线或错接；雷击过电压击穿绝缘层的薄弱部位造成芯线短路；对于直埋电缆，还可能受到高温、潮湿或腐蚀等作用，使电缆芯线的绝缘失去作用等。

对于地埋线路故障，首先需要判断故障类型，然后用地埋线故障探测仪找到故障点。以故障点为圆心，在直径约1m的范围内挖土，挖掘时不可伤及地埋线。如果地埋线外皮损坏，可先将受损外皮清洁干净并烘干，再用粘胶塑料袋紧紧缠绕8～10层即可；如果地埋线烧坏，可将烧坏的电线剪掉，换接一段新线，如本地或本企业有禁止做中间电缆接头的规定，则必须重新在灯和灯或灯和电源之间更换新电缆。故障处理后，应做好记录，如有必要，可将处理后的电线接头置于接线盒内。最后，用绝缘电阻测试仪测量绝缘电阻，合格后再回埋。

3. 变压器故障及其处理

变压器故障可分为绕组故障、铁心故障、套管故障、分接开关故障和变压器油故障等。

（1）绕组故障　变压器绕组故障主要包括：匝间短路、层间短路、对地短路（绕组对油箱、夹件间击穿）、相间短路和线圈断电，处理方法一般是重绕线圈，若引线断则需重新接线。

（2）铁心故障　变压器铁心故障主要有铁心片间绝缘损坏、铁心片间局部熔毁和硅钢片有异响，处理方法一般是吊心处理、夹紧夹片或重新进行叠片等。

（3）套管故障　变压器套管故障主要包括对地击穿和套管间放电，处理方法一般是更换套管。

（4）分接开关故障　变压器分接开关故障主要包括触点表面熔化与灼伤、相间触点放电或各分接头放电，处理方法一般是每年1～2次，在停电后转动分接开关几周，使其接触良好。

（5）变压器油故障　变压器油故障主要是指油质变坏，处理方法一般是定期试验、检查，根据结果判断是否需要过滤或换油。

4. 监控系统故障及其处理

监控系统故障通常包括监控信息异常、控制过程异常、数据通信异常和设备运行异常等。

（1）监控信息异常　主要有遥测数据不更新、遥测数据错误或偏差大、遥测数据跳变、遥信遗漏、遥信不刷新、遥信频繁变位、遥信误发、遥测遥信数据不对应和遥测遥信信息定义错误等。

（2）控制过程异常　监控系统的控制对象主要有照明开关、断路器、隔离开关和变压器的有载调压分接头等。其异常现象主要有：误遥控、误遥调、遥控命令发出后遥控拒动、遥控返校错误或遥控超时、遥控执行正确但结果未返回、程序化操作异常中断和事件发生后监控系统接收信息不全等。

（3）数据通信异常　监控系统的数据通信异常主要有插件通信中断、装置通信中断和与远方调度主站通信中断等。

（4）设备运行异常　主要包括：装置运行指示灯不亮、液晶屏幕显示不清楚、装置电源指示灯不亮、计算机开机无法检测到硬盘、计算机开机提示内存错误、计算机开机无法检测到网卡或网卡指示灯不亮、后台机操作系统无法正常启动、冗余配置系统不能自动切换和装置对时不准等。

根据监控系统异常现象，可以利用监控系统中各子系统功能及其相关性，通过综合分析来判断故障子系统，进一步排查出具体故障设备。还可使用网络分析设备，对监控系统各环节（各级调度主站和数据通信网关机、站控层和间隔层、间隔层和过程层设备）网络通信报文进行监听、记录和分析，以此来分析、判断异常或故障。发现故障后，可通过用备品、备件直接替换受损部件来恢复设备功能。此外，监控系统中的大多数装置都采用微计算机系统，计算机在长时间运行中，不可避免因环境、软件和硬件等原因出现死机现象，可以尝试使装置重新启动以恢复正常运行。随着城市照明运行管理智能控制技术的发展，通信异常现象将更具隐蔽性，运行维护人员应注意研究探索数据通信故障排查及缺陷分析的新手段和方法。

9.2　城市照明设施检修

9.2.1　检修方式

对城市照明设施检修是为了保证其运行的安全性、可靠性和可用性，主要包括事后检修、定期检修及状态检修三种方式。随着城市照明系统的快速发展，照明设施的产品结构、技术性能和运行特点已发生较大变化，传统的事后检修方式已不能满足当前城市照明发展的需要，定期检修与状态检修成为主要检修策略，对提高照明设施检修效率、减小维修维护及故障成本起到关键作用。

1. 事后检修

事后检修是指照明设施发生故障或者性能下降至合格水平以下时采取的非计划性维修，或对事先无法预计的突发故障采取的维修方式。由于未采取预防措施，照明设施故障通常直接导致设施停机或城市照明中断。为此，维修人员应通过小修保证照明设施尽快重新投运，还应在照明设施长期停用期间对相关部件一并进行检修。事后检修需要提前做好人员、材料和技术等维修准备工作。这一策略具有可充分利用磨损储备的优势，但故障发生时间和相应检修工作无法预先安排，有可能发生继发性损坏。事后检修方式适用于设施损坏后直接损失、间接损失都不大，维修期间影响小的照明设施。

事后检修是一种被动检修方式，不能有效保障城市照明设施的安全运行，难以及时高效解决城市照明系统中的故障问题，很少单独使用。

2. 定期检修

定期检修是一种以时间为基础的预防性检修，根据照明设施磨损和老化的统计规律，实现确定检修等级、检修间隔、检修项目、需用备件及材料等的检修方式。城市照明设施由于受天气、环境、负荷变化和人为因素的影响，发生故障的频率较高。因此，必须对城市照明设施进行定期检修，保证其正常运行。定期检修的优点是能事先筹划检修工作，可以保证高度可靠性，但同时不能充分利用磨损储备，也会产生较高成本。

定期检修的关键在于制订一个切实可行的城市照明设施维护与管理计划，定期清扫、擦洗和检查城市照明装置，更换损坏的光源，维修损坏的照明设施，保证城市照明设施在全寿命期内能够有效地工作。

1）巡查维修制度分为周巡查和月巡查两种。周巡查维修项目包括重点工程、形象工程等，应每日安排人员巡查。月巡查维修项目包括所有维护工程项目，每月巡查一次，发现问题并及时维修。

2）定期做好季节性维护检修。例如北京地区，每年汛期前，应做好雨季检修工作；7、8月期间，应做好雷雨季节检修工作；11月底以前应做好防寒、防冻检修工作。

3）对于易燃、易爆场所照明装置的维护与检修，一般每季度应不少于一次。

4）对于荧光灯镇流器等发热元件，应在运行一年后进行抽查，检查有无烤焦灯台、导线烧焦等现象，必须对全部照明灯具采取防火措施。

5）每次暴雨、大风、暴雪等极端天气后，应进行巡视与检修工作。

6）对业主单位自行维修的景观亮化设施，需定期检查其使用情况。

定期检修的不足主要体现在两个方面：一是设备存在潜在的不安全因素时，因未到检修时间而不能及时排除隐患；二是设备状态良好，但已到检修时间，就必须检修，存在很大的盲目性，造成人力、物力浪费，检修效果也有待提高。

3. 状态检修

状态检修是通过测试、检查、离线诊断测量或在线监测来确定照明设施状态的检修策略。结合事后检修和定期检修的优点，可获得高可靠性并充分利用磨损储备。城市照明系统实行状态检修是城市照明迅速发展的需要，改变城市照明设施单纯以时间周期为依据的检修制度，实施状态检修，可以弥补目前定期检修的不足，实现减员增效，降低运行维护费用，提高照明设施运行可靠性。

（1）设备状态　分为正常状态、注意状态、异常状态和严重状态四种类型。

1）正常状态。指设备各状态量处于稳定且在相关标准规定的警示值、注意值内，可以正常运行。

2）注意状态。指设备单项（或多项）状态量变化趋势朝接近标准限值方向发展，但未超过标准限值。此时仍可继续运行，但需加强运行监视。

3）异常状态。指设备单项重要状态量变化较大，已接近或略微超过标准限值。此时应监视运行，并适时安排停电检修。

4）严重状态。指设备单项重要状态量严重超过标准限值，需要尽快安排停电检修。

（2）检修类别　实行状态检修需要根据照明设施评级、气象条件、自然条件和污秽等级对照明设施进行等级划分。按工作性质内容与工作涉及范围不同，照明设施检修工作分为四类：A 类检修、B 类检修、C 类检修、D 类检修。

1）A 类检修。指对照明设施主要构件进行大量整体性更换、改造等。

2）B 类检修。指对照明设施主要构件进行少量整体性更换及加装，照明设施其他构件的批量更换及加装。

3）C 类检修。指综合性检修及试验。

4）D 类检修。指对照明设施进行不停电检查、检测、维护或更换。

（3）状态检修策略　照明设施状态检修既包括年度检修计划的制定，也包括缺陷处理、试验和不停电的维护等。检修策略应根据照明设施状态评价的结果动态调整。年度检修计划每年至少修订一次。根据最近一次照明设施状态评价结果，参考照明设施风险评估因素，确定下一次停电检修时间和检修类别。

1）"正常状态"检修。被评价为"正常状态"的照明设施，执行 C 类检修。根据照明设施实际状况，C 类检修可按照正常周期或延长一年执行。在 C 类检修之前，可根据实际需要适当安排 D 类检修。

2）"注意状态"检修。被评价为"注意状态"的照明设施，若用 D 类检修可将照明设施恢复到正常状态，则可适时安排 D 类检修，否则应执行 C 类检修。如果单项状态评价结果为"注意状态"时，应根据实际情况提前安排 C 类检修。如果仅由照明设施所有状态量合计扣分或总体评价导致评价结果为"注意状态"时，可按正常周期执行，并根据照明设施的实际状况，增加必要的检修或试验内容。

3）"异常状态"检修。被评价为"异常状态"的照明设施，根据评价结果确定检修类型，并适时安排检修。

4）"严重状态"检修。被评价为"严重状态"的照明设施，根据评价结果确定检修类型，并尽快安排检修。

9.2.2 检修策略

检修策略的选择通常由所采用的目标函数决定，例如可靠性最优、系统检修费用最少及检修与停电成本之和最小等。检修策略的选择流程如图 9 - 1 所示，包括确立检修目标、明确检修依据和选择检修策略等。

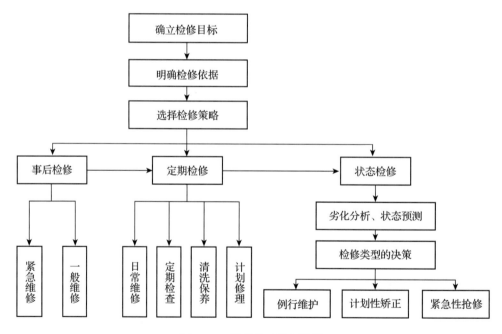

图 9 - 1　检修策略选择流程

1. 确立检修目标

城市道路照明设施检修的首要目标就是保证照明设施的安全性和可用性，此外，还包括降低检修成本，提高检修效果等目标。城市照明系统的检修目标可被分解为若干子目标，如照明效果（亮度、照度和亮灯率）、照明设施的可用性（产品质量、产品寿命和产品安全性）和节能效果（节能量、节能率）等。

2. 明确检修依据

城市照明设施的检修既要做好照明设施的维护，使其在最佳运行状态下工作；也要在照明设施出现故障时，及时恢复其照明功能，减少给生活和生产带来的不便。因此，检修的主要依据是城市照明设施的维护参数，主要包括照度维护系数、光通量维持率及亮灯率等。

（1）照度维护系数　照度维护系数是指照明装置使用一定时间后，在规定表面上的平均照度或平均亮度与该装置在相同条件下，新安装时的平均照度或平均亮度之比。城市照明计算中使用的照度维护系数为

$$M = \frac{E}{E_0} \tag{9-1}$$

式中　E——设计照度；

E_0——初始照度。

由于光源在使用过程中光通量下降、照明器和光源由于污染而使实际效率下降，以及由于室外环境的污染程度不同，照度维护系数会有不同的值。

$$M = M_1 M_d M_w \tag{9-2}$$

式中　M_1——由于光源老化部分的维护系数；

M_d——由于光源和照明器污染部分的维护系数；

M_w——由于室外环境污染程度的维护系数。

城市道路照明的照度维护系数，不仅涉及到光源光通量的衰减情况，而且还要考虑建筑所处的环境，照明器承受污染的性能及清扫维护周期等因素。一般污染环境下的照明装置，设计时常取维护系数为 0.6 ~ 0.7，如果空气污染严重或者不能定期执行维护计划，设计计算时维护系数取 0.5，用以补偿光通量的损失。在城市道路照明设计计算时，可按照道路照明装置安装环境的空气洁净程度，照明装置的清扫周期和照明装置承受污染的性能来适当选取维护系数。

CJJ 45—2015《城市道路照明设计标准》规定，室外照明照度维护系数一般根据灯具防护等级确定。当防护等级大于 IP65 时，维护系数一般取 0.7；防护等级小于 IP65 时，维护系数一般取 0.65，维护周期为 2 次/年。

（2）光通量维持率　光通量维持率是指光源在其寿命期内给定时间点的光通量与初始光通量之比。光源在使用过程中，随着时间推移，光通量逐渐缓慢降低。一般以光源点燃 100h 的光通量为基准，与经过一定时间后的光通量之比，称为此时的光通量维持率 $f(t)$。

$$f(t) = F(t)/F(100) \times 100\% \tag{9-3}$$

式中　$F(t)$——光源点燃 t 小时灯的光通量（lm）；

$F(100)$——光源点燃100h灯的光通量（lm）。

光通量维持率越高，经过时间的变化越小，初期设备费和电力费就越少。通常当出现光颜色明显改变、光度显著降低或不再启动的情况时，则认为气体放电光源已达到其使用寿命极限，此时标志着光源达到其终了寿命，其光源光通量低于额定光通量的80%。

（3）亮灯率 以开始使用时的灯数为基准，与经过一定时间后还保留点亮的灯数之比，称为亮灯率$n(t)$。

$$n(t) = N(t)/N(0) \times 100\% \tag{9-4}$$

式中 $N(t)$——点燃t小时后亮灯灯数；

$N(0)$——初期点灯时的灯数。

3. 选择检修策略

城市照明设施维护单位可从设备运行可靠性及经济性出发，合理选择检修策略，以降低检修费用，提高检修效率。

（1）基于照明设施重要性的检修策略 需要确定关键照明设施及区分非关键照明设施。关键照明设施是指城市照明系统中的核心设施、重大设施、检修费用较高的设施及影响安全生产的设施。要根据照明设施故障对安全、环境的影响，故障发生的难易程度，对其他照明设施的间接损坏程度，系统复杂度等进行关键照明设施判断。关键照明设施发生故障后，会影响和危及照明系统的运行，或对使用人员和环境造成危害，因此，在技术和经济可行条件下，首选状态检修策略，不可行时也必须采取定期检修策略。而非关键照明设施发生故障，不会直接影响整个照明系统运行过程，除在故障突发的特殊情况下采用事后检修外，宜采用定期检修策略。

（2）基于照明设施寿命的检修策略 照明设施的寿命期可分为三个阶段，不同阶段可采用不同的检修策略。一般而言，照明设施寿命周期内的故障概率水平可用浴盆曲线表示，如图9-2所示。根据浴盆曲线，可将照明设施寿命期依次划分为初始故障期、偶发故障期和损耗故障期三个阶段。

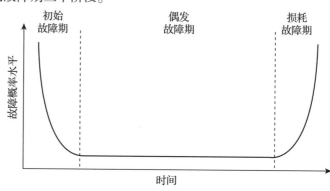

图9-2 照明设施寿命周期内的故障概率浴盆曲线

1）初始故障期。设备的初始故障期是指从设备安装投入使用后到运行稳定的这段时间，短则几个月，长则一两年。新设备投入运行初期将开始暴露原先未曾发现的缺陷，表现出较高的故障概率，此阶段也称为"磨合期"。随着时间的推移，设备缺陷的消除，设备性能逐渐稳定，其故障概率将迅速下降。初始故障期的长短，与设备的设计、用材及制造工艺等密切相关。此期间发生的故障，主要由设计、制造缺陷所致，或是由使用环境不当所造成。在设备初始故障期，主要采用的检修策略是加强设备巡视检查、带电检测、原因分析和消除缺陷，必要时定期进行停电试验和检修。对于关系到设备安全运行和寿命的重大缺陷，则有可能导致设备返厂检修甚至退货处理。

2）偶发故障期。设备在此阶段处于稳定运行状态，故障发生是偶尔的、随机的，设备故障概率最低。因此可以说，这是设备的最佳状态期或正常工作期，此阶段也称为"有效寿命"。灰尘、松动、外部冲击或影响、操作失误及维修失误等是造成偶发故障的主要原因。为此，通过提高设计质量，改进运行管理，加强设备监测与维护保养等工作，可使故障概率降到最低水平。设备的偶发故障期与设备的工作环境及运行维护水平有关。在此阶段，实行状态检修方式不仅是科学合理的，而且也是经济高效的。

3）损耗故障期。在此阶段，由于设备组部件的磨损、疲劳、腐蚀和老化等原因，设备故障开始增加，故障概率逐渐上升。为此，应加强对设备的带电检测，并侧重对设备进行修复性的主动检修（技术改造），尽可能将设备性能恢复到能够安全、可靠运行的状态。当设备处于损耗故障期最后阶段，已失去检修价值时，将其报废也许是最合适的选择。

（3）基于故障特征的检修策略　按城市照明设施故障模式特征选择检修策略，主要从后果是否严重、状态是否渐变、状态是否聚集和状态是否可测等方面判断并合理选择检修策略。对于后果不严重、状态突变的设施故障，主要采用事后检修策略；对于状态渐变、离散且不可测的设施故障，主要采用定期检修策略；对于后果严重、状态渐变、聚集且可测的设施故障，在技术经济可行的条件下，应采用状态检修策略。

9.2.3　检修管理

城市照明设施检修管理流程主要包括照明设施信息收集、状态评价与风险评估、检修决策、检修计划、检修实施及绩效评估等环节，如图 9-3 所示。生产班组、生产工区及运维检修管理部门各司其职，保证检修管理流程的规范性，提高检修管理效率，保证检修目标的实现。

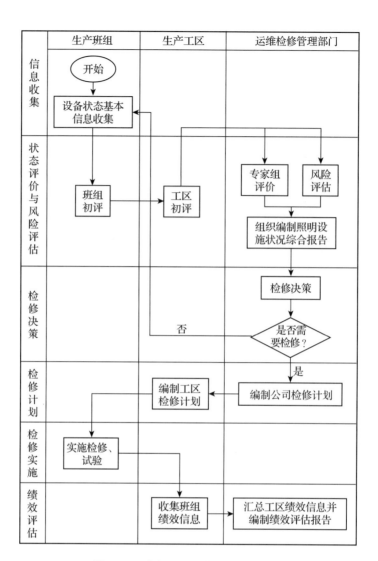

图 9-3　城市照明设施检修管理流程

1. 信息收集

收集设施的基本情况信息，为检修方案的制定实施和最终的效果评估提供翔实资料。汇总的内容主要包括：照明设施基本属性；照明设施性能参数；照明设施检修基本情况；照明设施检修期望目标；照明设施检修工作考核指标等。

2. 状态评价与风险评估

状态评价与风险评估是指从成本、效益和安全等角度系统评价不同照明设施在整个照明系统中的重要性；确定各类设施的薄弱环节、关键部位和重要程度，各种可能的潜在性故障及应采取的措施；揭示各种故障模式及其内部联系，指导故障诊断和检修方案的制定，确定系统检测装置的最佳配备等。

3. 检修决策

在对照明设施分类之后，选择正确的检修策略前，首先要进行技术可行性分析。尤其是对于状态检修，由于对状态监测技术和故障诊断技术要求很高，因而需要分析这些技术是否有效、准确和可靠。在技术经济等条件允许的范围内，要分析事后检修策略的利弊，还需要在照明设施损坏后确定采取紧急维修还是一般维修；如果判断事后检修策略不可行，考虑定期检修策略的可行性，定期检修的基本内容就是"日常检修、定期检查、清洗保养、计划修理"；如果定期检修策略造成"检修过剩"或"检修不足"的现象比较严重，而状态检修策略可将故障和重大事故消灭在萌芽状态，也可控制检修费用，即可实施状态检修策略。通过照明设施劣化分析、状态预测后，可采取例行维护、计划性矫正或紧急性抢修等措施实现状态检修。

4. 检修计划

在实施检修之前，要考虑照明设施的特点和实际使用负荷情况，安排检修工艺，并制订照明设施检修计划。检修计划决策的优先目标可归纳为高安全性、低环境危险性、高使用规范性和低维修费用。检修计划需要在检修实践中不断完善，以满足城市照明发展要求。同时，检修计划应是动态的。

5. 检修实施

由检修班组人员完成照明设备的计划性及临时性检修工作，负责并参与完成突发事件或重大政治活动保电的检修与抢修工作。检修实施过程中应做好检修记录，定期总结上报给运维检修管理部门。

6. 绩效评估

实施照明设施检修绩效评估的目的是强化对检修实施过程及结果的跟踪评价，促进检修评估工作科学、规范地开展，持续改进检修工作，提高检修的针对性和实效性。开展检修绩效评估工作时，应审查各种基础信息、检修试验报告和巡视记录等客观数据记录，通过科学合理的评价指标体系，验证设备状态评价、检修策略、计划完成度、检修效果和检修效益是否达到预期目标。对可靠性指标升高或降低的原因进行分析，找出设备内在规律，预测发展趋势，提出合理的设备运行、检修计划与策略，提高综合效益。

9.3　城市照明物资管理

物资管理是城市照明运行管理的重要组成部分，城市照明物资采购管理、存储及调配管理是物资管理的关键环节。

9.3.1 物资采购管理

物资采购管理是保证照明物资采购质量，控制物资采购成本，保证物资及时供应的重要环节。使用政府财政性资金的城市照明物资采购，采购金额达到政府采购限额标准时，需按照政府采购方式进行采购。

1. 采购方式选择

政府采购是指使用财政性资金采购政府集中采购目录中或者采购限额标准以上的货物、工程和服务的行为，采购方式包括公开招标、邀请招标、竞争性谈判、单一来源采购、询价和国务院政府采购监督管理部门认定的其他采购方式。其中，公开招标应作为政府采购的主要方式。对于政府集中采购目录外且未达到采购限额标准的货物、工程和服务，可自行采购。

（1）招标采购方式　招标采购可分为公开招标和邀请招标两种方式，是指由物资管理部门提出需用材料设备的数量、品种、规格、质量和技术参数等招标条件，编制材料、设备采购招标文件，由各供应（销售或代理）商投标，表明对采购招标文件中相关内容的满足程度和方法，经评标委员会评定后，确定供应（销售或代理）商及其供应产品。公开招标和邀请招标的具体程序和方式详见本书第6章。

（2）非招标采购方式　按照《招标投标法实施条例》，有下列情形的，可以不进行招标：①需要采用不可替代的专利或者专有技术；②采购人依法能够自行建设、生产或者提供；③已通过招标方式选定的特许经营项目投资人依法能够自行建设、生产或者提供；④需要向原中标人采购工程、货物或者服务，否则将影响施工或者功能配套要求；⑤国家规定的其他特殊情形。采用非招标采购材料、设备的方式有：竞争性谈判、单一来源采购和询价等方式。

1）竞争性谈判。是指谈判小组与符合资格条件的供应商就采购物资事宜进行谈判，供应商按照谈判文件的要求提交响应文件和最后报价，采购人从谈判小组提出的成交候选人中确定成交供应商的采购方式。依据《中华人民共和国政府采购法》（以下简称《政府采购法》），符合下列情形之一的货物可采用竞争性谈判方式采购：①招标后没有供应商投标或者没有合格标的或者重新招标未能成立的；②技术复杂或者性质特殊，不能确定详细规格或者具体要求的；③采用招标所需时间不能满足用户紧急需要的；④不能事先计算出价格总额的。

2）单一来源采购。是指采购人从某一特定供应商处采购货物的采购方式。依据《政府采购法》，符合下列情形之一的货物，可采用单一来源方式采购：①只能从唯一供应商处采购的；②发生不可预见的紧急情况不能从其他供应商处采购的；③必须保证原有采购项目一致性或者服务配套的要求，需要继续从原供应商处添购，且添购资金总额不超过原合同采购金额 10% 的。

3）询价。是指询价小组向符合资格条件的供应商发出采购货物询价通知书，要求供应商一次报出不得更改的价格，采购人从询价小组提出的成交候选人中确定成交供应商的采购方式。采购的货物规格、标准统一，现货货源充足且价格变化幅度小的政府采购项目，可依照《政府采购法》采用询价方式采购。

2. 采购管理流程

城市照明物资采购管理流程主要包括提出采购需求、制定采购策略、编制采购计划、实施采购及进行采购控制与评估等环节，采购管理流程如图 9-4 所示。

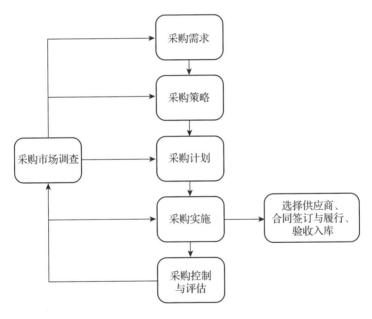

图 9-4　采购管理流程

（1）提出采购需求　城市照明设施维护单位内部各业务生产部门提出采购需求，经审核后交归口管理人员进行汇总。

（2）制定采购策略　收集市场环境信息，不同物资在不同时期的需求量不同，存在着一定价格波动，通过制定采购策略，避免在需求旺盛期采购紧俏物资，从而降低采购成本。

（3）编制采购计划　归口管理部门对提交的采购需求进行汇总整理后，统筹平衡，制订物资采购清单，确定采购批次和方式，制订采购计划。

（4）实施采购　对于集中采购目录内的物资采购，可选择协议供货流程、定点服务流程、网上竞价流程或批量集中采购流程实施采购；对于集中采购目录外的物资采购，可选择公开招标流程、竞争性谈判流程、单一来源采购流程或询价流程实施采购。其中，供应商选择、采购合同签订与履行及采购物资验收是实施采购的关键环节。

1）供应商选择。收集供应商信息，获取报价单并进行比较，最终选定供应商。结合所采购物资的具体情况，如运距、材质、时效性与安全性需求等，选择物流方案。随着智慧城市及智慧照明的发展，城市照明所需的材料、设备数量及种类更多、规格更复杂且性能指标要求更高，受市场价格波动、资金限制等多种因素影响，对供应商的要求也在不断提高。

2）采购合同签订与履行。供应商确定后，需通过合同谈判依法签订物资采购合同。合同双方签字盖章后的合同要进行统一存档管理，并根据合同条款具体组织开展物资采购活动，定期检查合同履行进展情况。

3）采购物资验收。应由相应的物资管理人员根据采购清单会同财务部门对采购物资进行检查验收，对照核查物资的名称、数量、生产厂家、规格型号和技术参数等是否与采购清单一致。

（5）采购控制与评估 可考虑从采购业务的组织情况、预算控制与计划管理、采购验收合格率和以前采购物资的使用情况等方面建立评价指标体系，实施物资采购管理绩效评价，从而有针对性地开展优化工作。

9.3.2 物资存储及调配管理

加强城市照明物资存储及调配管理，可以降低城市照明系统运行管理成本，保障城市照明系统安全运行，提高城市照明系统运行管理的经济效益。

1. 物资存储管理

物资存储管理主要从选择存储场所、码放物资、安全消防及物资清查等方面着手。

（1）选择存储场所 存储物资的场所一般在库房或者货棚中。库房是指四周有围墙、有门窗，可以完全将库内空间与室外隔离开来的建筑物。如镀锌板、镀锌管、薄壁电线管、水泥、胶粘剂、电线电料和灯具等必须存放在库房中。货棚是指上面有顶棚，四周有1~3面围墙，但未完全封闭起来的构筑物，如灯杆、石材制品等可以存放在货棚内。物资存储场所的设置应根据照明系统规模、用料品种和数量等实际情况来确定，保证物资的合理储备，布局合理安全，交通便利，减少倒运次数，计量、消防器具要齐备。

（2）码放物资 码放物资关系到物资存储中所保持的状态。因此，物资码放形状和数量必须根据照明物资的性能、特点及体积选择，并满足照明物资的性能要求。

（3）安全消防 根据物资的性质进行安全消防设置。一般固体物品应采用高压水灭火，若同时伴有有害气体挥发，则应用黄砂灭火并覆盖。一般液体物品燃烧，使用干粉灭火器或黄砂灭火，避免液体外溅扩大火势和危害。

（4）物资清查　物资清查工作原则上每年至少组织一次。清查工作根据实际需要可以临时安排不定期清查。物资清查需编制清查工作方案，包括清查范围、时间和人员安排等。清查工作方案经审核后，由物资管理部门会同物资使用部门相关人员进行盘点，财务资产管理部门就盘点情况进行复核，检查各项物资是否真实存在，账实是否相符，检查物资保管、使用和维护情况，如实记录物资情况。对于盘亏、盘盈情况作进一步核实，查找原因，并提交书面清查报告。

2. 物资调配管理

物资调配管理包括一般性物资发放及应急状态下的紧急调配管理。

（1）物资发放　物资发放应按照先进先出、先零后整和交旧领新的原则进行。各部门根据物资使用情况提出需求，并进行物资领用申请，经审核后，物资管理人员将物资发放给需求部门。无计划或超计划领料须经主管物资的负责人批准。在发放物资时，应严格检查物资品种、规格和数量的相符性，复核后办理出库手续。同时，需完整填写相关单据，便于物资成本核算，保证物资使用的可追溯性。

（2）物资紧急调配　要建立物资保障机制，在突发事件发生时，触发物资需求预警，快速响应和供应物资。

1）物资保障。城市照明设施维护单位在重点管辖范围内配备必须的紧急设施、装备、车辆和通信联络设备，并保持良好状态，以保障在紧急处置中，可以按现场指挥部要求，紧急调用物资设备。

2）应急物资需求及预警。将城市照明重点物资信息导入物资管理平台，并明确应急管理各环节的预警规则，据此设置物资供应关键节点。当发生突发事件时，能触发预警机制，快速响应和受理物资需求。

3）应急物资供应。应急物资需求提出与受理后，相关人员可以实时查看存货类、资产类应急物资储备信息，通过物资管理平台，选择最优物资调配方案，及时满足应急物资需求。

第 10 章

城市照明系统运行管理信息化

10

随着城市照明系统规模的日益扩大,照明服务范围也日益广阔。在"遥测、遥信、遥控、遥调、遥视"系统的基础上,充分应用大数据、物联网、云计算、移动互联网和地理信息系统等现代信息技术进行城市照明系统运行管理,有利于提升城市照明监控水平和管理效率,为城市照明系统运行管理人员的决策提供更精准的数据支持,同时也为发展智慧照明奠定坚实基础。与此同时,随着网络互连的进一步增强,网络安全问题也日益凸显,给城市照明设施及运行系统带来较大的安全风险和隐患。在大力发展城市照明运行管理信息系统的同时,应逐步加强信息系统全寿命期安全性,做好信息安全防护,确保城市照明设施和系统的正常运行。

10.1　照明监控系统

10.1.1　系统特点与功能

照明监控系统是指能够实现照明控制、信息采集、异常监测处理和实时状态监控的系统。目前,我国城市照明监控系统以三遥(遥测、遥信、遥控)控制系统为主,四遥(与三遥相比,增加"遥调"功能)和五遥(与四遥相比,增加"遥视"功能)的应用也逐渐增多。部分城市还结合地理信息系统(GIS),采用 GIS 数字地图,融合单灯控制和物联网技术,对城市照明进行更高效、精细化的运行管理。

1. 照明监控系统特点

照明监控系统具有自动化、智能化、实时性、节能性及可视化等特点。

(1)自动化　照明监控系统可根据不同类型的监控终端控制要求,将所有监控终端分成若干组,分别采用时控方案或时控和光控相结合的控制方案,在预置的时间区段内根据光照度自动遥控开关终端。监控中心可根据程序设定的开关灯时间，自动发出群控开关命令；操作员在监控中心进行操作，实现群控、部分群控和单点开关灯控制；分控点根据预先设定的时间独立定时开关灯；监控中心定时向分控点下发时钟核准命令，分控点按核正后的时间自动开关灯。

（2）智能化　城市照明控制系统可实现对气候条件、自然光照度的智能监测。例如，当天气状况不佳、天黑时间提前或天亮时间延迟，或是在白天遇到浓云蔽日、突降暴雨等情况时，就需要随时开启或延迟关闭道路照明。照明监控系统能将采集到的数据自动进行存储、统计，并能随时进行查询和打印，对开关灯时间进行大数据统计分析，为城市照明的启闭提供科学、可靠的决策依据，有利于人性化及规范管理。

（3）实时性　城市照明监控系统的实时性主要体现在开关灯命令、照明设施及网关状态、故障告警和设备运行数据查询的实时性，包括数据传输的实时性和数据展示的实时性。监控中心的远程控制命令可通过通信网络实时传送到集中控制器，设备终端很快能够解析命令，实现开关运行；终端采集的运行数据同样也可通过通信网络上传到监控中心数据库，当发现运行异常时实时告警，通知相关调度人员进行处理，从而保证照明设施的可靠运行。

（4）节能性　城市照明监控系统可从优化照明策略和照明管理方式两方面实现照明节能。通过分析不同时间段、不同路段的照明要求，调节照明光照度，达到按需取光，改变传统的整夜光照度都不变的做法，不仅能充分满足人们的照明需求，还能节约能源。照明管理方式也由传统的人工巡查转变为系统实时监控，减少人力、物力浪费，在节约人工成本的同时，可提高管理效率。

（5）可视化　通过 GIS 技术可实现城市照明系统的可视化管控。将变压器、计控箱、灯杆、管线和电缆井等设施的技术数据反映在 GIS 地图上，当发生故障时，可对大量设施数据（如设施类型、地址、安装时间和网络关系等）进行收集、处理，迅速判断故障原因，并基于 GIS 查明故障地点和影响范围。通过调度功能，选择合理的操作流程，将有关信息快速传递给相关维护检修人员，并根据可视化的故障定位，进行快速响应和解决。

2. 监控系统功能

城市照明监控系统具有远程控制、遥测、遥信、遥调、遥视、数据采集和处理、辅助设备维护等功能。其系统功能结构如图 10 - 1 所示。

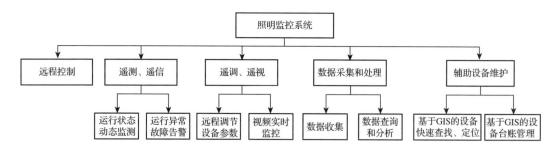

图 10 –1 照明监控系统功能结构

（1）远程控制 远程控制是利用无线或电信号对远端设备进行操作的一种技术。城市照明监控系统可以实现光控及压控等远程控制。

1）光控。根据季节和天气的变化进行光控，通过分站集中控制器调节特殊天气和时段的功率，从而实现照明光照度的改变，达到光控目的，不仅节约能源，也能延长灯具和光源的使用寿命。

2）压控。根据路灯上的传感器进行压控，通过感应道路行车和行人的声音、速度，将这些信息反馈给监控中心，由监控中心决定是否开灯，以及开灯的数量和光照度，这种方式主要应用在道路照明中。

此外，其还可对任意一盏路灯（点控）、一个控制箱下所有路灯、一条道路的所有路灯（线控）和一定区域（任意选择方式，包括地图圈选等）内的所有路灯（面控）等进行控制。而且，系统允许交叉使用个别控制、全体控制及分组控制。针对一些特殊情况，也可对选定的照明设施设定自定义运行模式，设定自主单灯控制的配置数据，在开灯后实现自主运行。

（2）遥测、遥信 通过遥测、遥信功能对运行状态进行动态监测，并进行异常故障报警。

1）运行状态动态监测。城市照明监控系统基于 GIS 平台，可通过终端的单灯控制模块对每盏灯的运行状态进行动态、快速监测。系统可按列表或者地图方式，显示所有区域选定或特定灯的运行指标，如实时电压、电流、接触器状态、有功功率、无功功率、功率因数和用电量等，再由电力线载波通信和无线通信技术，将数据反馈给远程监控中心，进而在 GIS 平台上可视化地分析各区域内各照明设施的工作情况，了解其实际使用功率、开关次数、光照度、亮灯率及节电情况等。

2）运行异常故障告警。城市照明监控系统可进行故障实时报警，解决了传统的"巡灯查找故障"效率低、成本高等问题。通过远程监控中心发送控制命令，集中控制器对区域内各照明设施进行实时监控和巡查，如果发现异常运行状态，利用通信模块将运行指标反馈给监控中心。监控中心在 GIS 模块的帮助下可以迅速、清晰地显示出故障点区域信息，在单灯控制模块的帮助下大致分析故障情况。如果提前设定了异常状态报警等级，就可自动选择不同方式报警，如界面报警、语音报警和短信报警等。照明监控中心的调度人员在接收到报警信息后，可直接联系相关维修人员前往故障点。通过这种方式，减少传统"巡灯查找故障"的人力、物力损耗，降低维修成本，缩短故障处理时间，提高故障管理和处理突发事件的能力。

（3）遥调、遥视　通过远程调节设备参数，对照明设施状态进行控制，并通过远程视频传输，直观查看设备、设施状态。

1）远程调节设备参数。系统可通过遥调功能实现对远程监控终端的管理，可以调整监控终端的工作参数，从而改变工作状态，以便对照明设施进行更好的监控和管理。主要内容包括：异常告警上下限及正常值的设定；开关灯时间的修订，照度和经纬度设定；改变某终端配置，初始化某终端配置；对监控终端进行校时等。

2）视频实时监控。远程视频传输可对远程照明实况、地下电源工作情况、现场故障及处理情况等，以视频方式传输到监控指挥中心，确保对现场设备、设施工况的准确了解，并对应急抢修、保障等现场情况进行及时掌控。在重点主次干道、景观照明的终端灯具处安装专用摄像头，对光照度、开灯效果等照明状态及灯具、附近路灯电力井盖和配电箱等物理设备进行实时监控。管理人员在监控中心可直接查看重点区域某一单灯的工作照明状态，也可查看某一线路整体照明概况，从而提高照明服务质量和照明安全功能。同时，在灯具终端增装遥视装置，便于值班人员发现监控路段的设备偷盗现象，与执法机关联动，可有效地打击和防范盗窃犯罪活动。

（4）数据采集和处理　包括数据收集、查询和分析等功能。

1）数据收集。城市照明监控系统能将单灯控制采集的实时数据和信息存储在数据库中，并以日报表、月报表和年报表的形式进行统计汇总，如照明设施运行历史数据记录，某区域内照明开关、持续工作时间、亮灯率、故障率，设备的分类统计等；也可对业务数据基于 GIS 进行统计汇总，如城区某一范围内的灯盏数、功率、灯杆数和线路长度等汇总信息。

2）数据查询和分析。对采集到的运行数据，根据年、月、日时间维度或区位、设备种类、故障等其他维度进行数据查询，并以表格、曲线和直方图等形式显示出来。同时也可将其打印出来进行分析和研究，应用相关管理软件，可对实测数据和信息进行分类，更加直观地了解整体运行情况。例如，按自然辖区、维护管理分区和道路等级等不同分类方式，对区域动态亮灯率进行统计分析，可为其他运行维护管理提供量化参考。

（5）辅助设备维护　实现基于 GIS 的设备快速查找、定位及台账管理。

1）基于 GIS 技术的设备快速查找、定位。在进行设备数据查询时，系统可根据查询结果，将 GIS 内的地图按一定比例尺缩放到当前查询结果处，并高亮突出显示。在地图上能够以点选、矩形框选和多边形框选等多种方式进行基于地理范围选择，从而支持设备的快速查询和定位。

2）基于 GIS 技术的设备台账管理。照明系统中的设备设施非常繁杂，按其运行特征可分为简单设备、复杂设备和线路。简单设备包括大灯、布道灯和高杆灯等；复杂设备包括箱式变压器、落地表箱、配电房和接线井等；线路包括电力线、控制线等。城市照明监控系统可提供基于 GIS 技术的设备台账管理功能，包括各种设备台账信息的增、删、改和查等数据维护。

10.1.2 系统组成与结构

从逻辑构成考虑，城市照明监控系统一般分为主站层、管理层和控制层 3 个层次，其系统结构如图 10 - 2 所示。控制层通过配置道路照明和景观照明控制器实现每个灯具的状态采集，并通过 ZigBee 等网络通信技术将数据上传给管理层。管理层通过在管理终端收集灯具运行信息，并通过系统间协议将照明信息上传至主站层。主站层收集管理终端运行信息后，通过对内与 GIS 系统和数据库的关联，进行综合数据处理，进而实现远程遥控、遥测、遥信、数据采集、分析、运行管理和辅助维护等功能。

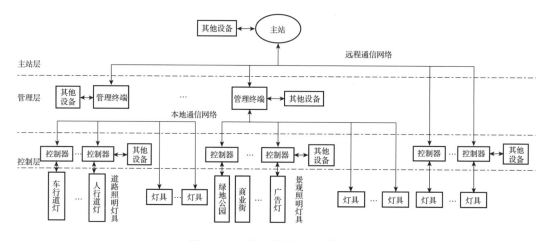

图 10 - 2 城市照明监控系统结构

城市照明监控系统主要由管理控制中心（主站）、照明控制管理终端、控制器以及通信网络等组成。

1. 管理控制中心（主站）

主站作为整个监控系统的中枢和核心，是监控人员与照明监控系统的交互窗口，担负着对照明运行实时控制、监测和管理的功能，主要包括数据采集层、数据管理层及综合应用层三类功能。

（1）数据采集层　数据采集层由通信前置、通信协议解析软件等构成，可以支持多种通信方式接入路灯控制器和管理终端，可以对采集的数据进行初步处理。

（2）数据管理层　数据管理层主要由数据库服务器、数据存储和备份设备、接口设备及数据库管理软件等构成，应支持对采集数据进行加工处理、分类存储，根据需要建立和管理数据平台。除此之外，还应支持与其他辅助系统或模块交流数据，如 GIS、大数据处理平台等，以提高监控系统的运行和管理智能化水平。

1）GIS 平台。在城市照明监控系统中，由于照明设施分散且遍布区域较大，其运行管理工作与地理位置密切相关，因此，建立城市照明 GIS 平台是整个监控系统建设的重要一环。通过引入 GIS 平台，构建"数字城市照明平台"，实现对城市照明基础设施的地图式显示，随时可以直观了解城市道路照明、景观照明、配电箱、电缆和电线的运行情况，从而保证及时对设备、设施进行维护和有效管理。

2）数据库。数据库主要从控制器获取设备物理参数、运行参数、开关策略和错误信息等数据，以便管理人员把握照明系统的运行状态和进行管理分析。根据内容不同，监控中心数据库主要分为城市照明设施专题数据库、业务管理数据库和基础地理信息数据库。

①城市照明设施专题数据库。负责存储与管理全市范围内所有监控的城市配电控制终端和照明设施数据，包括这些设施的静态空间信息、属性信息和动态运行信息等。

②业务管理数据库。负责存储该系统运维保障、设备台账和系统管理等业务关键信息，如收集、汇总分析故障告警事件，为现有照明系统升级改造提供参考。

③基础地理信息数据库。负责存储城市基础地理数据，包括行政区划、路网和建筑物等信息，在条件许可的情况下，还可包括遥感影像数据，这些地理信息构成城市照明监控管理的空间基础。

（3）综合应用层　综合应用层需要具有路灯控制策略、节能分析、故障告警处理、系统管理和防窃电分析等模块，由应用服务器、应用工作站和 Web 服务器等构成。

2. 管理终端

管理终端是根据主站下发的方案管理各个照明控制器，收集各控制器或电能表数据，并进行处理、储存，同时能与主站或手持设备进行数据交换的设备。管理终端的主要工作有数据采集、参数设置和查询、控制及数据传输。

（1）数据采集　管理终端除可定时采集控制器数据外，还可采集电能表、扩展设备数据，采集的主要项目有：电能表的电压、电流、有功功率及电量等数据；扩展设备的参数变更、运行状态及故障信息等。

（2）参数设置和查询　管理终端可以由主站设置和查询终端参数、控制器参数和总表参数，包括：终端的地址、配置和通信等参数；控制器的编号、名称、地址、类型、所在回路和性质等参数；总表的编号、抄表通道、地址和规约类型等参数。

（3）控制　管理终端可以根据主站下发的控制策略定时输出继电器控制信号，控制相应交流接触器开关，进而控制整个分支电路的供电，或者对控制器进行实时控制，来控制城市照明系统的运行。

（4）数据传输　管理终端会按设定的通信间隔抄收和存储控制器数据，根据主站命令发送采集的数据和异常事件，并将主站下发的控制策略发到控制器，完成双向通信工作。

3. 照明控制器

照明控制器是指安装在灯具侧，能够实现数据采集和状态监测，可对灯具进行开关或调光控制，同时能与主站或管理终端进行数据交换的设备。控制器可以采集测量电压、电流、有功功率和功率因数等运行数据和地理位置信息，借助通信手段传输到管理终端和主站，供查询和加工分析，生成更科学的照明控制、管理策略。当工作状态异常，出现过载、过电压、欠电压等情况时，生成记录并上报主站进行及时处理。同样，当主站有远程控制命令时，控制器可以及时响应并执行灯具的开关或调光的控制命令。控制器硬件主要由数据采集模块、照明控制模块、无线信号传输模块、指令执行模块和供电模块组成，其硬件结构如图 10 - 3 所示。数据采集模块负责将现场采集的模拟信号通过模数转换器（ADC）转换为数字信号，并发送到照明控制模块；照明控制模块对传送过来的现场数据进行存储、分析，根据系统设定的控制方案确定操作策略，发送亮度调解、开关等操作指令；无线信号传输模块与其他传感器节点的数据传输和信号交换控制采用 ZigBee 等网络通信技术实现；供电模块采用轻型化、大容量电池给其他硬件模块和传感器节点提供电能。

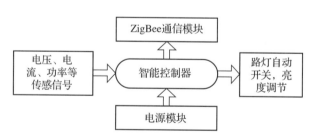

图 10 - 3　单灯控制器硬件结构

4. 通信网络

城市照明监控系统通信主要分为两层，包括控制器与管理终端之间的通信、管理终端与主站之间的通信。常用的通信方式包括无线网络和电力线载波。

（1）无线网络　目前，实际中可以接触到的无线传输技术有以下几种：红外线、蓝牙、无线数传电台、WIFI、GPRS、3G、UWB 及 ZigBee 等。由于在城市照明的现实场景中，照明设施一般处于离散的分布状态，分布面积比较大，所处环境比较复杂，一些传输方式在传输距离上无法满足要求，因此，常选择 GPRS 和 ZigBee 两种方式作为主要的无线通信模式，同时借助已有的公网对数据进行传输。

1）GPRS。GPRS 网络是由移动运营商投资兴建的通信网络，具有通信技术成熟、覆盖面广（城市范围内全方位覆盖）、通信速率高并支持双向通信、接入响应时间短、实时在线、流量计费、快捷登录和自如切换等特点，在城市照明监控系统中适用于远距离通信需求，主要负责主站与管理终端之间的通信。

2）ZigBee。ZigBee 协议是一种低功耗、低成本、低速率且容量大，适用于短距离的双向无线通信协议。利用电磁波信号进行数字信号通信，需在一个路灯段内每一个路灯杆上的路灯镇流器中都内置一个 Zigbee 无线通信模块，可用来实现管理终端与路灯控制器间的通信。

（2）电力线载波　电力线载波技术即指利用现有的路灯供电线路作为通信信道来传输数字信号，通过 LC 谐振电路和功率放大电路将信号调制到高频载波上进行传输的一种通信方式。即路灯之间仅使用现有的电力线作为基础架构，就可以实现数据通信，不需要重新做任何布线和修改。该技术主要用在管理终端与路灯控制器间的通信。

10.2　生产管理系统

10.2.1　系统特点与功能

生产管理系统主要为城市照明运行管理单位的生产业务提供信息化支撑，有利于提高生产业务管理水平和人员劳动效率。

1. 生产管理系统特点

生产管理系统具有集成化和高效率的特点。

（1）集成化　城市照明生产管理系统集工单管理、政治保障管理、工程管理和用电监测等业务于一体，与便民热线系统、市政信息平台及照明监控系统等存在接口关系。基于互联网协议（Internet Protocol，IP）传输网络的通信系统能够提供完整的开发接口，便于进行二次开发，实现与其他应用系统的集成，能够更好地满足用户的各种专业需求。

（2）高效率　业务人员可根据监控中心发布的业务信息，通过生产管理系统快速安排检修队伍，进行快速处置，实现对各项业务的高效管理。通过各种接入服务，实现与视频会议、视频监控、公网手机和公网固定电话等多种通信网络的接入，使得调度台可以汇集各方信息，便于开展调度判别工作。引入自动应答服务，可在调度指挥状态下，相关人员自动进行信息查询、服务互动和拨入会议等各种调度指挥服务，对于提高应急指挥效率成效巨大。同时，通过定期统计，分析业务人员工作量情况、工单受理情况和生产作业车辆定位图等，发现管理中存在的问题并进行有针对性的优化。

2. 生产管理系统功能

以某城市照明管理单位的生产管理系统为例，其系统主要包括工程管理、运维管理、工单管理、集群调度管理、城市照明用电量管理和生产作业车辆定位等功能模块，为照明工程、运行检修和紧急抢修等生产业务提供信息化支撑。各功能模块及其对应生产业务如图 10 - 4 所示。

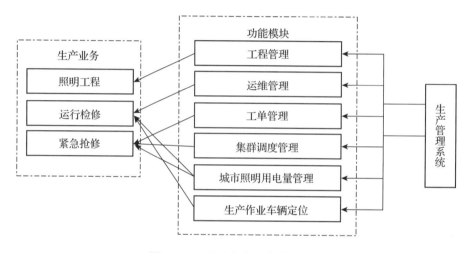

图 10 - 4　照明生产系统功能模块

（1）工程管理　对道路及景观照明新建、改造和迁移等工程进行全过程管理，管理模块功能板块包括报装设计、工程待工、工程立项、工程招投标、工程任务、工程施工及工程验收等。

1）报装设计。主要功能是实现灯基（或灯迁）工程从报装到图样设计，并签订设计合同。可以实现报装申请、设计信息维护、设计合同页签、审批及流转等功能。

2）工程待工。主要功能是完成工程预算和工程合同的签订。可以实现工程待工的审批、信息维护、信息浏览和招投标专工判断等功能。

3）工程立项。主要功能是实现灯改工程的立项业务流转，包括立项工程信息维护、立项工程方案指导、立项工程设计信息及立项工程设计概算等。

4）工程招投标。主要进行招标工程确认，做出工程预算，签订工程合同及收齐工程首付款等，包括工程招投标信息维护、工程预算维护和工程合同信息维护等功能。

5）工程任务。主要实现办公室下达灯增任务的受理和设计。可以实现信息维护、工程汇总浏览等功能。

6）工程施工。主要功能是完成组织施工前所有资料手续的办理，包括开工信息、前期手续、施工组织计划、电源信息及在施工过程中是否需要洽商环节等。

7）工程验收。主要功能是完成工程验收、工程结算，并将工程资料归档。

此外，还可以实现施工单位管理、实施工程查询和工程信息查询等功能。

（2）运维管理　采用射频识别（Radio Frequency Identification，RFID）、移动终端等技术手段，对照明设备、设施的巡视、检修工作进行支持，确保照明设备、设施处于良好运行状态。运维管理包括四个板块，分别为万维网（World Wide Web，WEB）管理平台、掌上电脑（Personal Digital Assistant，PDA）平台、车载便携式设备（Portable Device，PAD）和读卡器管理。

1）WEB 管理平台。该平台具有管理平台、数据字典管理、巡视信息、任务管理、数据填报、数据导出、缺陷管理、计划管理、材料管理和统计报表等功能。管理平台主要实现有效和有权限用户的登录；数据字典管理可以实现灯具管理、电源管理、材料管理、灯杆厂家管理、灯具厂家管理和电缆类型管理等；巡视信息主要是对巡视照明设施信息进行列表及查询；任务管理可以实现任务创建和任务下发；数据填报可进行线路运行维护月报的填写，亮灯率自查月报的填写等；数据导出是将线路运行维护月报、低压带电检修工作月报、材料班周汇报表、材料领取记录表等有关表格进行导出；缺陷管理用以实现待签收缺陷票查看、审核；通过计划管理，添加计划详细信息，并添加文档类、区域类计划；材料管理是对材料的出库和入库进行管理；统计报表可对照明设施情况、处理任务和巡视结果等进行统计。

2）PDA 平台。主要实现灯杆标签扫描、提交缺陷、分配任务、处理任务、查看计划、查看历史巡修任务、查看历史提交缺陷、查看巡修帮助文档及临时照相等功能。包括进行灯杆、变压器巡检数量统计；对报修问题进行描述和说明，同时上传报修照片，获得相应的位置信息；实现系统设置，设置服务器 IP、端口、扫描功率和写卡功率等，连接数据同步服务器；查看该账户历史巡检记录；读取 RFID 标签，识别灯杆类型和变压器类型。

3）车载 PAD 管理。主要实现灯杆标签扫描、提交缺陷、提交巡修信息、查看计划、查看历史提交缺陷和查看巡修帮助文档等功能。

4）读卡器管理。实现 RFID 标签的信息写入、读取、加密和加锁用户写入日志等功能。具体功能有单个写入、批量写入、灯杆编码、电源编码和发卡日志等功能。

（3）工单管理　工单管理系统应用于应急抢修队抢修工作中，可以实时获取任务工单，及时执行任务工单，将工单故障详情及时上报工单中心。对来自照明服务热线、供电服务热线及城市管理信息平台等多渠道故障报修信息进行统一受理和派发，实现工单与客服电话录音的自动关联，并支持移动终端进行远程处置，提高工单信息流转的及时性、准确性，提升服务效率。

（4）集群调度管理　将固定电话、移动电话等通信方式融合起来，形成监控中心内部快速有效的指挥调度技术体系，具体分为系统功能和应急事件两个模块。

1）系统功能模块。系统功能模块又分为调度机和调度台。①调度机功能主要有调度功能和管理功能，调度功能主要包括呼叫、挂断、强插、强拆、代接和监听；对讲、禁话和转接（人工、自动）；组播、会议；短信编辑发送。管理功能主要包括设置人员属性、调度员权限管理、可预设分组、对配置进行备份和恢复、日志管理、调度机远程配置和分级调度管理等。②调度台主要功能有状态监管、应急组播、循环播报和追呼机制。状态监管是指在多媒体调度台上，每一个用户的状态都可监管，如在应急会议中，可以看见哪些人员在会议中，哪些人员离开会议，方便人员交流，做到人员可控，让信息在应急过程中不同人员之间高速流转。应急组播是通过整合多种通信手段，如电话广播、短信平台、文字转换语音播报等，确保应急事故发送时，让应急值班人员可以通过组播形式，及时将突发事件情况告知所有相关负责人员，缩短逐一通知的时间，提升人员应急感知能力。循环播报是指组播出去的内容在播放时，支持循环播放的机制，保障现场声音存在嘈杂的情况时内容清晰明了。追呼机制是指在应急处置过程中，很多重要信息都需要汇总到决策者，如果决策者的手机或者其他终端出现占线情况，追呼机制就帮助应急值班人员快速有效地通知，避免出现联系不上相关决策者的局面。

2）应急事件模块。包含语音录制功能和调度通信记录模块。①语音录制功能采用软件录音方式，具有坐席同步录音、录音记录和录音回放等功能；②在调度通信记录模块中，支持同步记录调度的整个过程，不论是电话、视频、短信或即时消息等通信，将号码全部记录下来；支持时间、人员、号码和通信方式等的检索查询，不但可以检索到通信过程，而且可以查询到通信内容；通信过程和内容以一定的方式进行存储，可以方便地进行导出、备份。

（5）城市照明用电量批量管理　对城市照明耗电量和电费进行动态监测，加强对绿色照明节能指标管理，主要包括电量监测和统计分析功能。

1）电量监测。实现电量电费信息管理、电量电费信息查询和电量异常信息查询。①电量电费信息管理主要是对产生的电量电费信息导入到系统中进行管理，具体包括新增、删除、查看、送审电量电费信息，以及维护电表变更信息等；②电量电费信息查询支持按年度、属地公司、变压器位号和电表号码进行查询，支持对查询结果进行导出和打印操作；③电量异常信息可查询历史电量电费信息中出现同比异常、环比异常的电量电费信息。

2）统计分析。具体功能有统计查询变压器电量、区域照明能耗密度统计、供电公司电量电费统计和变压器电量电费统计等。①按查询条件统计变压器电量的数据；②按查询条件统计区域照明能耗密度的统计数据；③按查询条件形成各供电公司的电量电费信息统计图，统计图信息分为柱形图、折线图和数据表格三种类型；④按查询条件形成变压器的电量电费信息统计图，统计图信息分为柱形图、折线图和数据表格三种类型。

（6）生产作业车辆定位　通过在抢修车辆上安装车载 GPS 设备，能够在地图背景上显示各抢修车辆的 GPS 跟踪信息，包括当前位置、历史轨迹、车牌号、联系人及当前任务等。具体功能有现场位置监视、移动终端管理和系统管理。

1）现场位置监视。可查看作业车辆的位置信息和历史轨迹等信息，具体功能包括监视外出车辆和 PDA 信息情况，可在地图上查看车辆的当前位置信息；进行历史轨迹查询、工单轨迹查询和形式路线查询。

2）移动终端管理。主要是对所要监测定位的车辆、PDA 设备的信息进行维护，使得在地图上监测的设备有详细信息，具体包含巡视车辆管理、巡视 PDA 管理、抢修车辆管理和抢修 PDA 管理。

3）系统管理。主要是对系统的一些辅助功能及部门、人员的数据维护，包括背景地图设置、轨迹参数设置、定位图标设置、标签颜色设置、部门管理和人员管理等功能。

10.2.2　系统组成与结构

生产管理系统主要由用户层、业务层、数据层、网络层和采集层组成，其结构如图 10 - 5 所示。

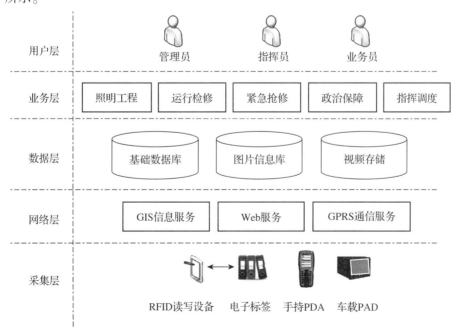

图 10 - 5　生产管理系统结构

（1）用户层　用户层面向对象主要有涉及生产业务的运行管理部门及其所辖班组、工程建设部门联络人、办公室联络人和应急抢修人员等。

（2）业务层　用来完成相关生产业务，包括照明工程、运行检修、紧急抢修、政治保障和指挥调度等。通过大数据分析，结合 GIS 进行相关业务的管理，如提前预测照明故障范围与发生时间，并进行前期管理和预警等。

（3）数据层　对相关基础数据库、图片信息库和视频存储库等进行访问，进行相应数据操作，为大数据分析和决策提供基础。

（4）网络层　通过 GIS 信息服务、Web 服务和 GPRS 通信服务等进行数据传输。

（5）采集层　应用物联网 RFID 技术，通过 RFID 读写设备获取和载入相关物品的各类信息，应用手持 PDA 和车载 PAD 提交和查看巡检维修及工程状态等相关信息。

10.3　资产管理系统

10.3.1　系统特点与功能

城市照明资产管理是对变压器（柱变、箱变）、配电室、灯杆、光源、工井、电缆及架空线等照明设施的全寿命期管理，涉及规划、采购、建设、运行及报废等阶段。传统的资产管理采用条码技术，可能出现账实不符、清点货物时效低、所需资源量大和缺乏实时监控等问题。随着信息技术的发展和广泛应用，基于物联网、大数据及 GIS 的资产管理系统逐步发展起来，可有效解决资产实物清查问题，能够快速、合理配置资源，提高管理效率。

1. 系统特点

照明管理部门是资产密集型单位，资产运营管理是单位的核心业务之一。基于物联网的资产管理系统具有高效性、规范性、安全性和先进性特点。

（1）高效性　基于物联网的资产管理系统通过 RFID 技术实施业务管理活动，可提高工作效率。用同一套软件，管理物质属性各不相同的资产，使得固定资产管理的使用部门、归口管理部门及财务部门的固定资产账表之间实时保持一致，从而彻底解决了资产管理部门与财务部门之间对账难的问题。基于大数据管理理念，综合利用城市照明资产大数据库及优化管控设备，构建以 GIS 为基础，照明设施资源为线索的照明资源模型，可有效整合地理信息、资源信息、运行信息和管理信息等，为城市照明管理决策提供充分可靠的数据支撑，提高各项业务的管理效率。

（2）规范性　系统建立起严密的账、表体系，将职责、权限落实到每一个单位和人员；从业务流程到管理范围，从权限分配到数据库管理，都可建立严格的内控制度。严格遵照国家有关财务管理与仪器设备管理制度要求，制定规范的体系结构、业务流程和管理信息项。系统根据网络化管理要求，对固定资产管理的主要业务进行规范，设计出规范的管理流程，一项资产增（减）业务须由多个管理部门参与完成，这些操作都可在网上实时进行，从而实现事中实时控制和事前的前馈控制功能。

（3）安全性　资产管理系统设有全面、规范的数据库安全管理措施，使数据库更为安全可靠，杜绝任意修改数据库的不规范操作。为保护数据的物理安全（指机器或硬盘损坏、病毒破坏、误操作删除数据等），系统可采用数据定期备份、备份数据的妥善异地保存、服务器开机密码、数据库操作密码、RFID 标签加密写入相关信息等安全措施。为了保护数据的使用安全（指数据的意外修改、超范围使用等），资产管理系统采取的主要措施包括系统登录密码验证、菜单权限管理、数据备份与恢复、不相容权限控制、操作日志和业务流程控制等。城市照明设施资产管理部门可根据管理需要设置用户操作权限、数据管理权限及管理部门权限等多种类型的权限管理，对操作人员、系统管理人员及各管理部门的操作权限和管理范围都可作具体细致的控制，以满足单位内部管理岗位分工，实施内部控制的需要。同时，通过系统流程控制在资产管理部门之间形成权力制约关系。

（4）先进性　充分利用先进的物联网、大数据和 GIS 等技术手段，在考虑技术成熟性的同时，采用计算机管理平台，并对软硬件进行智能化处理，使之简单易用。通过信息化管理，使过去集中在归口管理部门的资产增加、变动和处置等大部分基础性录入操作，分散到各个部门中，化简原有繁重的归口管理工作。结合先进的 RFID 技术进行固定资产管理、盘点、定位和出入库告警，使资产清查工作能节省大量的人力、物力和财力，有效提高工作效率，降低劳动强度和管理成本，促进管理水平的提高。

2. 系统功能

基于 GIS 和大数据的资产管理系统主要包括资产申领、资产盘点、资产运行管理、资产维修、资产报废、信息查询与统计、地理信息管理和大数据可视化管理等功能模块，其功能模块结构如图 10-6 所示。

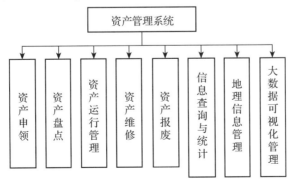

图 10-6　资产管理功能模块结构

（1）资产申领　实现城市照明设施从申请到领用过程的管理，主要包括资产信息维护、资产申请、资产入库和资产领用四部分。

1）资产信息维护。资产信息维护是对照明设施的属性、分类信息、配置标准、折旧年限、价值及启用、运行、维修、保养和报废等基础信息的记录与维护，如照明设施的安装时间、安装单位、附着物、生产厂家、组成要素（光源、灯具和灯杆）的种类、大小及长度等信息。

2）资产申请。资产申请是照明设施使用部门根据实际需要，通过系统提交照明设施需求申请，提交相关部门审核。

3）资产入库。资产入库是指在购置照明设施后，对其进行验收核实，如果通过验收，则由资产管理部门加上标签，送入资产仓库并进行财务新增资产操作。入库流程应包含以下重要信息：资产名称、资产编号、资产类型、对应标签信息、资产入库时间、使用部门和存放地点。在新增标签时，将会与物联网的 RFID 技术及产品电子代码（Electronic Product Code，EPC）编码技术进行融合。

4）资产领用。资产领用是资产进行财务新增后，资产需求人提出资产领用申请，经相关人员审批后，可领取使用。

（2）资产盘点　资产盘点是企业资产管理系统中的重要模块，是保证资产账实相符的重要手段。资产盘点主要依靠"资产盘点工单"规范整个资产盘点流程，现场道路照明和景观照明设施的盘点将会结合物联网嵌入式技术实现基于物联网的资产智能盘点。盘盈、盘亏部分主要是将盘点现场数据与系统记录进行比较。如果现场盘点得出的照明设施数量大于原有照明设施数量，则为盘盈；如果现场盘点数量小于原有资产数量，则为盘亏，盘盈和盘亏均需列明资产清单及其原因。

（3）资产运行管理　主要是实现资产在运行使用过程中的管理。例如，电费是资产运行费用的重要部分，因此，要在照明设施运行阶段加强电费支出管理，提高资金使用效益，根据季节变化，采用科学手段进行用电管理。如运用计算机技术合理安排照明时间和开启数量，按时开启和关闭，杜绝白天灯火通明和黑夜有灯无明现象的发生。

（4）资产维修　该功能模块是为了实现照明设施维修过程中的管理。当照明设施损坏，需要送修时，相关使用部门须在系统中进行提单，资产管理部门和设备维护部门须及时在系统中做相应的记录和跟踪。整个功能模块主要包括照明设施送修原因、送修地点、送修时间、预计维修时间及维修进度等信息。

（5）资产报废　照明设施由于长期使用中的有形磨损，达到规定使用年限后，不能修复继续使用；或者由于技术改进，必须以新的、更先进的照明设施来替换原有照明设施时，需要报废原有照明设施。资产报废一般包括报废申请、报废审批和报废处理三部分。

（6）信息查询与统计　城市照明资产管理系统可用于查询和统计相关资产信息，包括资产的属性信息和空间信息。

1）信息查询。属性查询功能是指可查询照明设施的基本属性，如安装时间、安装单位、附着物、生产厂家，组成要素（光源、灯具和灯杆）的种类、大小及长度等信息；空间查询功能则可查询城市照明所处的模糊空间位置等。

2）信息统计。属性统计功能是指对市区道路进行选择，再选择统计形式，即系统操作者已知当前照明设施资产的模糊位置信息，点击查询即可出现该区内某条道路上所有照明设施信息的详情分布、总和等统计结果。空间统计功能是指可实现对照明设施的详细位置、安装时间、安装单位和生产厂家等分类信息的统计分析，并绘制统计图。

（7）地理信息管理　建立地理信息基础地图和卫星地图，直观、清晰地追踪和查询城市照明相关信息。构建地理信息数据库，建立城市照明管理的空间数据库，在地理信息系统上显示城市道路照明、景观照明的载体信息、资产信息和控制管理信息等详细信息。同时，通过建设地理信息共享库，实现信息资源来源的唯一性，满足不同部门对城市照明地理信息的需求，促进相关业务、部门之间的协同联动管理，增强相关业务部门横向联系，提高协作水平。

（8）大数据可视化管理　即从不同业务层面、不同角度挖掘系统的应用场景，形成具有一定主题的可视化内容，并从相关业务系统中获取数据支撑。例如，从维护单位、道路和时间等多维度分析照明管理单位所管辖的专变、开关箱和路灯等信息，在行政区划图上展示维护班组位置及班组管理设备数量、车辆物资信息等。展示分析系统历史运行指标，包括历年累计开灯小时数和历年终端累计运行小时数和历年采集终端采集率等，实时监视灯、网运行状态。

10.3.2　系统组成与结构

基于物联网的城市照明资产管理系统结构如图 10-7 所示，包括应用层、网络层、业务层和数据层。

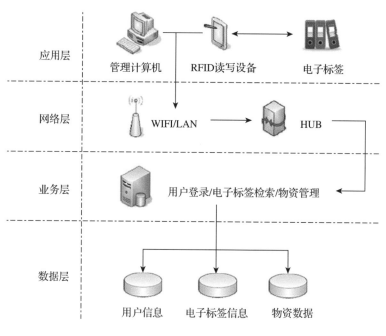

图 10 - 7　资产管理系统结构

（1）应用层　应用层也称表现层，是用户和系统交互的界面，通过读写设备、物品管理计算机设备，完成和用户的会话和数据处理。为不同身份的登录者（物资管理员、申请部门和管理人员）提供不同的接口和界面。用户通过接口和界面访问实现对物体的智能识别、定位、管理和监控。

（2）网络层　根据不同的业务需求、使用环境，管理系统有多种不同的通信方式，主要由有线局域网和无线通信网络组成，实现 RFID 读写设备和管理计算机访问统一资源。

（3）业务层　用于封装系统的业务服务，负责表示层的应用请求，包括用户识别、电子标签的读写操作、物资管理和数据报表等功能模块的业务服务请求。

（4）数据层　数据层集合了各种数据的数据库，为系统应用提供数据来源。主要包括：用户信息库、电子标签信息库、基础物资信息数据库、业务处理方法库和业务处理记录库。

10.4　城市照明信息系统安全

10.4.1　信息系统安全现状及重要性

城市照明是重要的公共基础设施，城市照明信息系统承载着重要的城市道路、景观照明信息，对城市照明信息系统实施安全等级保护，是维护国家安全、社会稳定和公共利益的必要手段。随着信息技术的发展，网络安全事件日益增多，信息安全形势日趋严峻。确保城市照明信息系统安全性，是保障城市照明正常运行的关键内容。

1. 信息系统安全现状

目前，网络空间安全已受到普遍重视，成为国家安全的重要组成部分。城市照明作为城市运行的重要组成，其信息系统安全与社会稳定、人民生活息息相关，应按照信息安全等级保护相关标准进行建设管理。随着信息技术和安全技术的快速发展，城市照明信息系统逐步更新换代，系统功能日趋强大，信息安全等级日渐提高。但仍有部分城市照明信息系统硬件投运时间长、系统构架落后，存在后期更新维护成本高、安全级别相对低等问题，信息系统的硬件故障易导致业务不能正常开展，从而造成照明设施的非正常运行。城市照明信息系统亟待进行信息安全等级保护安全建设。

2. 信息系统安全的重要性

1）保护数据信息，保障照明系统正常运行。城市照明信息系统承载着重要的城市照明工作相关信息，其中包括大量数据信息，一旦遭受攻击，或遇到大规模网络病毒爆发，网页遭到篡改或遭受设备损坏，可能导致系统无法提供服务，数据信息受到损坏，甚至重要资料被窃取，严重时会影响城市照明系统的正常运行，影响社会秩序稳定。

2）提高信息传递效率，满足照明管理业务要求。城市照明信息系统承担城市照明管理工作的信息监测、信息共享、信息传送和信息公开功能，保障信息系统的安全，能够最大程度满足照明管理业务的要求，促进各项管理业务的信息流通，提高业务处理水平，提升管理效率。

10.4.2　信息系统安全等级保护

对城市照明信息系统实施信息安全等级保护，是对与城市照明有关的专有信息和公开信息以及存储、传输和处理这些信息的信息系统分等级实行安全保护，对信息系统中使用的信息安全产品实行按等级管理，对信息系统中发生的信息安全事件分等级响应、处置。其核心是对信息安全分等级、按标准进行建设、管理和监督。

1. 安全等级保护建设原则及目标

（1）安全等级保护建设原则　进行城市照明信息安全等级保护建设工作应遵循以下原则。

1）综合防范、分级保护。坚持管理与技术并重，从人员、管理和安全技术手段等多方面着手，建立综合防范机制，实现整体安全。从实际出发，综合评估信息的价值和系统所面临风险大小等因素，科学划分网络与信息系统安全等级。依据安全等级进行安全建设和管理，综合平衡安全成本和风险，优化信息安全资源配置，提高信息安全保障的有效性。

2）设计先进、适应性强。信息等级保护建设应采用先进的安全技术，同时，由于安全技术发展极为迅速，还应确保其具有良好的可扩展性，适应网络性能及安全需求的变化，充分保护当前的投资和利益。此外，由于增加安全设置会影响网络和系统的性能，例如对网络传输速率的影响，对系统本身资源的消耗等。还需提出最为适当的安全问题解决建议，降低建设影响，减少建设成本。

3）动态保护、预防为主。为了适应网络安全环境的不断更新，信息安全保护也应随着网络安全技术的发展与时俱进，从保护手段、工具、制度和组织等方面不断调整完善，建立动态保护机制，响应不断变化的信息安全需求。在实施过程中，应采取必要的预防措施，防止安全事件的发生。一旦发生安全事件，应积极响应，最大限度地降低安全事件带来的影响。

（2）安全等级保护建设目标

1）确保系统安全可靠。全面识别现有城市照明信息系统在技术层面存在的不足和差距，借鉴国内外先进的安全实践和理论，提出合理的安全技术措施，确保城市照明信息系统的安全可靠。全面了解信息系统可能面临的所有安全威胁和风险，发现可能对信息系统资产或所在组织造成损害事故的潜在原因。从物理安全、网络安全、主机安全、应用安全和数据安全等方面，完成等级保护建设工作。

2）满足业务需要。按照信息安全等级保护的基本要求和相关标准，建立安全、稳定、共享、规范和高效的信息系统安全保障体系，充分保护网络与基础设施，保护区域边界与外部连接，保护计算机环境，保护支撑性基础设施，实现城市照明信息系统安全防护，满足各项照明管理的业务需要。

3）加强风险应对能力。随着网络攻击技术的迅速发展，攻击的技术门槛随着自动化攻击工具的应用不断降低，照明管理单位为提升安全保障能力，需相应增加运行维护的人力、物力和资金投入，确保系统安全性满足城市照明运行管理的要求。同时，提高安全人员素质，建立健全日常安全管理制度，加强安全风险应对能力，降低系统安全维护成本。

2. 安全等级保护总体框架

从安全技术、安全管理和安全服务三个维度构建安全等级保护总体框架，如图 10 - 8 所示。

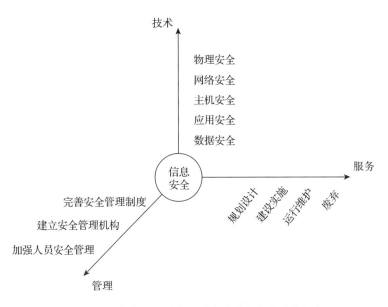

图 10 - 8　城市照明信息系统安全等级保护总体框架

（1）安全技术　安全技术主要包括物理环境安全、网络安全、主机安全、应用安全和数据安全等方面。

1）物理环境安全。保护计算机网络设备、设施及其他媒体免遭地震、水灾和火灾等环境事故、人为操作失误或错误及各种计算机犯罪行为导致破坏的过程，包括物理位置的选择、物理访问控制、防盗窃和防破坏、防雷、防火、防水和防潮等。

2）网络安全。包括进行网络架构设计及安全域划分，区域边界隔离及访问控制，网络安全审计，网络入侵防范以及恶意代码防范等。

3）主机安全。包括进行身份鉴别、访问控制、运维审计、恶意代码防范及终端入网统一认证管理等。

4）应用安全。包括身份鉴别、访问控制、应用安全审计、剩余信息保护以及通信完整性和保密性等。

5）数据安全。主要是指数据完整性和保密性以及数据备份恢复等。

（2）安全管理　建立完善的安全管理体系，制定信息安全管理制度，建立信息安全管理机构，设置相应的信息安全管理岗位。安全管理主要包括对组织、人员、制度、资产和事件等多方面的协调管理。

1）完善安全管理制度。建立信息安全工作总体方针、安全策略，以方针策略为依据建立配套的安全管理制度及流程规范，由专门的组织机构负责管理制度的制订、发布和贯彻落实。定期对制度进行评审和修订，确保安全管理制度的适用性。

2）建立安全管理机构。加强和完善安全机构的建设，设立指导和管理信息安全工作的信息安全领导小组，设立安全主管、安全管理各个方面的负责人，明确定义各个工作岗位的职责。建立各种安全管理活动的审批程序，明确对内对外的沟通协作方式，建立对各项安全管理活动的监督审核机制。

3）加强人员安全管理。对内外部人员进行安全管理，加强安全意识教育和培训，提高安全运维人员的安全管理和技术水平。对于一般员工、非技术人员以及相关信息系统的用户进行安全意识培训，提高其信息安全意识和信息安全防护能力，使其充分了解既定的安全策略并能够切实执行。面向网络和系统管理员、安全专职人员和技术开发人员等，通过培训掌握基本的安全攻防技术，提升其信息安全技术操作水平，培养解决信息安全问题和杜绝信息安全隐患的能力。对于外部人员，加强系统访问管理。

（3）安全服务　安全服务贯穿于信息系统的全寿命期，包括规划设计、建设实施、运行维护及废弃等阶段，如图 10-9 所示，各个阶段的安全服务内容如下。

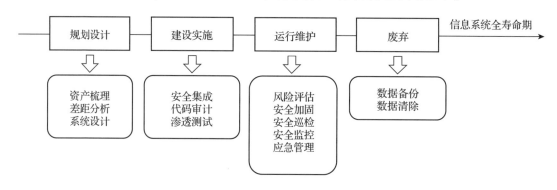

图 10-9　信息系统全寿命期安全服务

1）规划设计阶段。遵循国家信息系统安全等级保护相关标准，结合网络架构和业务需求，对网络架构进行安全规划及设计，使其能够满足相应的安全防护要求，在保障信息系统安全的同时，能够贴合业务实际，适度防护。在规划设计阶段，安全服务主要包括进行资产梳理、差距分析和系统设计等。

2）建设实施阶段。即进行信息系统的安全集成、代码审计及渗透测试等。通过代码审计，识别代码中的安全漏洞、性能瓶颈和逻辑错误等问题，帮助开发人员在应用系统错误蔓延前发现问题，发现代码中有可能被恶意攻击的安全防护缺陷，从源头防范应用系统的安全问题。渗透测试即使用专业的测试工具，针对系统所在的网段、被保护主机进行相关渗透测试服务，发现业务系统在编码、设备配置等方面存在的安全隐患，分析各项安全漏洞遭黑客利用的难易程度及可能带来的负面影响，提出相应的安全整改方法，并根据检测结果提供详尽的测试报告。

3）运行维护阶段。包括风险评估、安全加固、安全巡检、安全监控和应急管理等服务内容。通过风险评估，对信息系统的安全现状与问题进行风险分析，了解目前安全技术防护和管理状况，确定可能对资产造成危害的威胁，形成安全风险评估报告。根据风险评估结果，有针对性地进行安全加固，进行网络结构优化调整、系统设备脆弱性加固及加固效果跟踪评价。通过定期人工安全巡检，对系统平台的服务器以及与系统相关的网络核心层、汇聚层设备和安全设备的运行状态进行收集，分析历史状态和事件记录，发现系统组件运行中的安全隐患，并及时落实修补措施，可有效解决一般性安全问题，预防重大安全事件的发生。同时，通过远程网站监测服务，进行远程安全监测、安全检查、实时响应和人工分析，一旦网站遇到风险状况后，安全监测团队需在第一时间进行确认，并提供专业的解决方案建议。此外，建立应急管理制度，制订应急预案，进行应急演练和应急响应等，确保当信息系统发生安全事件时，相关人员按照应急预案及时响应、快速执行，及时消除信息系统安全事故，减少损失和负面影响，提高业务连续性。

　　4）系统废弃阶段。在系统废弃阶段，应防范系统数据被非法恢复和利用，对信息系统的数据进行清除，防止数据丢失、泄密，保证数据的安全。在开始数据清除之前，应对必要数据进行备份，再应用数据清除工具进行信息系统相关数据的清除，利用软盘扇区扫描清除技术和特殊软盘扇区算法，可以准确定位及消除指定的文件、文件夹信息以及逻辑软盘内的整体信息。同时，清除上网痕迹、文件操作痕迹和 U 盘使用痕迹等常见痕迹，根据需要对特定文件、文件夹、逻辑软盘以及整个软盘（包括硬盘、移动硬盘、U 盘和 CF 卡等多种存储介质）的信息进行深度清除，经过系统深度清除的内容即使采用专用恢复软件也无法恢复。

第五篇
照明测量及节能篇

城市照明测量是保障视觉工作要求，确保工作效率与安全，加强节能与环保，确定维护和改善照明设施的必要环节。同时，随着城镇化建设的快速发展，城市照明能耗不断增加。在满足城市照明功能需求的基础上，开发利用先进节能技术，进一步完善节能政策及标准体系，积极探索市场化节能管理模式，已成为城市照明管理迫切需要解决的问题。

本篇分两章分别介绍了城市照明测量和城市照明节能。"城市照明测量"一章在介绍城市照明测量内容、方法和仪器的基础上，分别介绍了道路照明现场测量和景观照明测试与评价。"城市照明节能"一章分别介绍了城市照明的节能技术、节能政策及标准、节能管理模式。

第11章
城市照明测量

11 /

城市照明测量是城市照明管理不可缺少的重要环节，通过测量可以比较各种照明设施的实际照明效果，测定照明随时间变化的情况，检验照明设施所产生的照明效果与照明设计标准、设计要求的符合情况。

11.1 照明测量内容和方法

11.1.1 测量内容

根据 GB/T 5700—2008《照明测量方法》有关要求，城市照明测量应包括以下内容。

1. 光照度

地面或作业面上一点的光照度是指入射在包含该点的面元上的光通量 $d\Phi$ 与该面元面积 dA 之比，单位为勒克斯（lx），用 E 表示。

2. 光亮度

地面、作业面或构筑物表面的光亮度是由公式 $L = \dfrac{d\Phi}{dA\cos\theta d\Omega}$ 定义的量，单位为坎德拉/米²（cd/m²）。其中，$d\Phi$ 表示由指定点的光束元在包含指定方向的立体角元 $d\Omega$ 内传播的光通量，单位为流明（lm）；dA 表示包括给定点的光束截面积，单位为米²（m²）；θ 表示光束截面法线与光束方向间夹角，单位为度（°）；$d\Omega$ 表示指定方向的立体角元，单位为球面度（sr）。

3. 反射比

反射比是指在入射光线的光谱组成、偏振状态和几何分布指定条件下，地面、作业面或构筑物表面反射的光通量与入射光通量之比。

4. 色温、相关色温和显色指数

某一光源的色温是指该光源的色品与某一温度下的完全辐射体（黑体）的色品完全相同时，该完全辐射体（黑体）的绝对温度，单位为开尔文（K）。某一光源的相关色温是指该光源的色品点不在完全辐射体（黑体）轨迹上时，光源的色品与某一温度下的完全辐射体（黑体）的色品最接近时，该完全辐射体（黑体）的绝对温度，单位也为开尔文（K）。显色指数则是对光源显色性的度量。

5. 电气参数

照明现场的电气参数包括两个方面：一是单个照明灯具的电气参数，如工作电流、输入功率、功率因数和谐波含量等；二是照明系统的电气参数，如电源电压、工作电流、线路压降、系统功率、功率因数和谐波含量等。

11.1.2　测量方法

1. 照度测量

光照度的测量方法主要有中心布点法和四角布点法两种。

（1）中心布点法　一般将照度测量区域划分成由许多网格组成的矩形，单个网格宜为正方形，然后在网格中心点测量照度，其中"○"表示测点，如图 11 - 1 所示。该布点方法适用于水平照度、垂直照度或摄像机方向的垂直照度测量。垂直照度应标明照度测量面的法线方向。

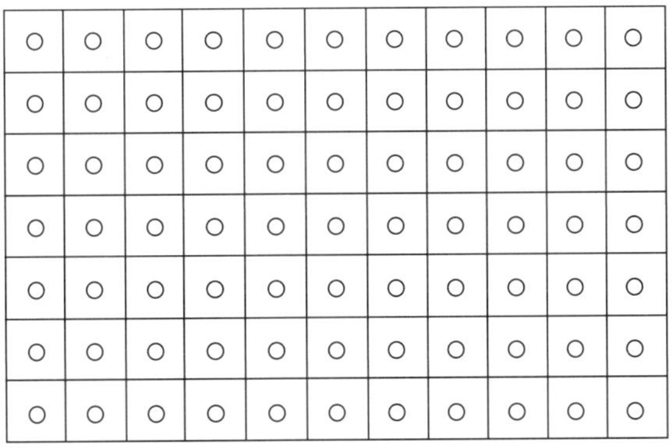

图 11 - 1　网格中心布点示意

中心布点法的平均照度按下式计算，即

$$E_{av} = \frac{1}{MN} \sum_{i=1}^{MN} E_i \tag{11-1}$$

式中　　E_{av}——平均照度（lx）；

　　　　E_i——在第 i 个测点上的照度（lx）；

　　　　M——纵向测点数；

　　　　N——横向测点数。

（2）四角布点法　一般将照度测量区域划分成由许多网格组成的矩形，单个网格宜为正方形，然后在网格四个角点上测量照度，其中"○"表示场内点，"△"表示边线点，"□"表示四角点，如图 11 - 2 所示。该布点方法同样适用于水平照度、垂直照度或摄像机方向的垂直照度测量。垂直照度应标明照度测量面的法线方向。

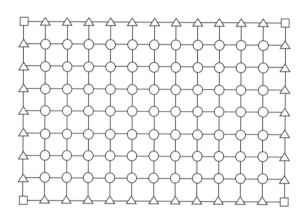

图 11 - 2　网格四角布点示意

四角布点法的平均照度按下式计算，即

$$E_{av} = \frac{1}{4MN}\left(\sum E_{\theta} + 2 \sum E_{0} + 4 \sum E \right) \tag{11 - 2}$$

式中　　E_{av}——平均照度（lx）；

　　　　M——纵向测点数；

　　　　N——横向测点数；

　　　　E_{θ}——测量区域四个角点处的照度（lx）；

　　　　E_{0}——除 E_{θ} 外，四条边线上的测点照度（lx）；

　　　　E——四条边线内的测点照度（lx）。

2. 亮度测量

亮度一般应采用亮度计直接测量。对于受条件限制的地方，可采用间接方法测量亮度。当采用亮度计直接测量亮度时，亮度计的放置高度以观察者的眼睛高度为宜，通常站姿为 1.50m，坐姿为 1.20m，特殊场合应按实际要求确定。

道路亮度测量方法具体可参见本书 11.3.2。

建筑夜景立面的亮度应选择代表建筑特征的表面进行测量，同一代表面上的测量点不得少于 3 点。

3. 反射比测量

照明现场反射比的测量可采用便携式反射比测量仪器直接测量，也可采用间接方法，即用亮度计加标准白板、亮度计加照度计或单独使用亮度计的方法进行测量。每个被测表面一般选取 3 ~ 5 个测量点进行测量，再求其测量值的算术平均值，作为该被测面的反射比。

（1）亮度计加标准白板的测量方法　将标准白板放置在被测表面，用亮度计读出标准白板的亮度；保持亮度计位置不动，移去标准白板后，用亮度计读出被测表面的亮度后，按下式求出反射比，即

$$\rho = \frac{L_{被测}}{L_{白板}} \times \rho_{白板} \tag{11-3}$$

式中　ρ——反射比；

$L_{被测}$——被测表面的亮度（cd/m^2）；

$L_{白板}$——标准白板的亮度（cd/m^2）；

$\rho_{白板}$——标准白板的反射比。

（2）照度计加亮度计的测量方法　对漫反射表面，分别用亮度计和照度计测出被测表面的亮度和照度后，由下式求出反射比，即

$$\rho = \frac{\pi L}{E} \tag{11-4}$$

式中　ρ——反射比；

L——被测表面的亮度（cd/m^2）；

E——被测表面的照度（lx）。

（3）单独使用照度计的测量方法　选择不受直接光影响的被测表面，将照度计的接收器紧贴被测表面的某一位置，测其入射照度 E_R，然后将接收器的感光面对准同一被测表面的原来位置，逐渐平移离开，待照度值稳定后，读取反射照度 E_f，如图 11-3 所示。其中，"1"表示被测表面，"2"表示接收器，"3"表示照度计。按下式求出反射比，即

$$\rho = \frac{E_f}{E_R} \tag{11-5}$$

式中　ρ——反射比；

E_f——反射照度（lx）；

E_R——入射照度（lx）。

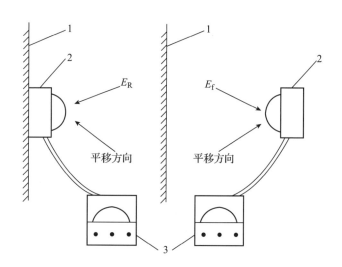

图 11 - 3 采用照度计间接测量反射比示意

4. 现场色温、相关色温和显色指数测量

现场色温和显色指数应采用光谱辐射计进行测量，每个场地不应少于 9 个测量点，然后求各个测量点测量值的算术平均值，作为该被测照明现场的色温和显色指数。测量时应监测电源电压，对于实测电压偏离光源额定电压较大时，应对测量结果进行修正。现场相关色温一般使用色温照度计等仪器进行测量。照明现场的色温、相关色温和显色指数测量应符合 GB/T 7922—2008《照明光源颜色的测量方法》规定，计算应符合 GB/T 5702—2003《光源显色性评价方法》规定。

5. 照明电气参数测量

照明现场的电气参数测量宜采用有记忆功能的数字式电气测量仪表。

单个照明灯具电气参数的测量，宜采用量程适宜、功能满足要求的单相电气测量仪表；照明系统的电气参数测量，宜采用量程适宜、功能满足要求的三相测量仪表；也可采用单相电气测量仪表分别测量，再用分别测量数值计算出总的数值，作为照明系统电气参数相关数据。

6. 照明功率密度的计算

照明功率密度由下式求出，即

$$LPD = \frac{\sum p_i}{S} \tag{11-6}$$

式中 LPD——照明功率密度（W/m²）；

$\sum p_i$——被测量照明场所中第 i 个照明灯具的输入功率（W）；

S——被测量照明场所的面积（m²）。

11.2　照明测量仪器

11.2.1　（光）照度计

（光）照度计也称为勒克斯计，是用来测量照度的仪器。典型（光）照度计外观如图 11 - 4 所示。

图 11 -4　典型（光）照度计外观

1.（光）照度计技术要求

GB/T 5700—2008《照明测量方法》规定：照明的照度测量，应采用不低于一级的（光）照度计；对于道路和广场照明的照度测量，应采用分辨力不超过 0.1lx 的（光）照度计。

对于一个合格的（光）照度计，其应具有光谱频率响应修正、余弦响应修正、响应的线性程度高、不易受环境温度影响和疲劳误差小等特点，并按 JJG 245—2005《光照度计检定规程》进行检定。各级（光）照度计应满足的技术要求见表 11 - 1。

表 11 -1　各级（光）照度计的技术要求

技术要求项目	标准照度计	一级照度计	二级照度计
相对示值误差（%）	≤ ±1.0	≤ ±4	≤ ±8
$V(\lambda)$ 匹配误差（%）	≤3.5	≤6	≤8
余弦特性误差（%）	≤2	≤4	≤6
非线性误差（%）	≤ ±0.3	≤ ±1	≤ ±2.5
换档误差（%）	≤ ±0.2	≤ ±1	≤ ±2
疲劳误差（%）	≤ -0.2	≤ -0.5	≤ -1
红外响应误差（%）	≤1	≤2	≤4
紫外响应误差（%）	≤0.5	≤1.5	≤2.5
温度系数 /（%/℃）	≤ ±0.2	≤ ±0.5	≤ ±1.0

表 11 - 1 中的数据均应在标准环境条件下测得。JJG 245—2005《光照度计检定规程》规定的"环境条件"是："测光系统所在的房间应为暗室，温度应保持在 (20 ± 5)℃。电测系统如果使用电位差计及标准电池等配套设备，所在的房间温度应保持在 (20 ± 2)℃，湿度小于 85% RH"。

2. 使用（光）照度计的注意事项

（光）照度计通常是由光电池探头和微安表组成，使用时应注意以下问题。

1）光电池所产生的光电流在很大程度上依赖于环境温度，而且光电池又是在一定的环境温度（一般为 20℃ ± 5℃）下标定的，因此，当实测照度时的环境温度与标定时的环境温度差别很大时，就需要对温度影响进行修正。其修正系数一般由制造厂家提供。

2）由于（光）照度计的光度头是作为一个整体［包括余弦修正器、$V(\lambda)$ 修正滤光器和光电接收器］进行标定或校准的，因此，使用时不能拆下 $V(\lambda)$ 滤光器或余弦修正器不用，否则就会得到不正确的测试结果。

3）由于光电池表面各点的灵敏度不尽相同，因此，测量时应尽可能使光均匀布满整个光电池面，否则也会引起测量误差。

4）由于光电池长期使用后会逐渐老化，因此，照度计要进行定期或不定期的校准，校准间隔要视（光）照度计的质量和使用频率而定，一般应一年校准一次。

5）在潮湿空气中，光电池有吸收潮气的趋向，有可能会变质或完全失去光灵敏度。因此，要将光电池保存在干燥环境中。

6）（光）照度计在使用一段时间后，应经国家认可的专业检测部门重新进行标定，以保证其测量精度。

11.2.2 （光）亮度计

（光）亮度计是一种用来测光和测色的仪器，是最能直观衡量人眼对光感受的测量仪器。（光）亮度计有多种用途，在城市照明工程中，主要用于道路照明中路面亮度，城市景观照明中建筑物立面亮度，广场照明地面亮度及眩光指数等的测量。

1.（光）亮度计分类

（光）亮度计有多种类型。按测光原理分，有成像式（光）亮度计和遮光筒式（光）亮度计；按测量功能分，有（光）亮度计和彩色（光）亮度计。典型（光）亮度计外观如图 11 - 5 所示。

光谱图像亮度计

成像亮度计

手持式光谱图像亮度计

暗场亮度计

瞄点式亮度计

"点"亮度计

图 11-5　典型（光）亮度计外观

2. （光）亮度计技术要求

GB/T 5700—2008《照明测量方法》规定：亮度测量应采用不低于一级的（光）亮度计。道路照明测量中只要求测量平均亮度时，可采用积分亮度计；除测量平均亮度外，还要求得出亮度总均匀度和亮度纵向均匀度时，宜采用带望远镜头的（光）亮度计，其在垂直方向的视角应小于或等于 2′，在水平方向的视角应为 2′~20′。

由于（光）亮度计的关键测光部件——光电探测器与（光）照度计的光电探测器相同，均为经过修正的光电池，因此，对（光）照度计光电探测器的技术要求（如：光谱响应特性、角度响应特性、响应的线性、对温度的敏感性以及疲劳特性等）同样适用于（光）亮度计的光电探测器。同时，（光）亮度计应按 JJG 211—2005《亮度计检定规程》进行检定。亮度计计量性能要求见表 11-2。

表 11 -2　亮度计计量性能要求

技术性能要求项目	标准亮度计	一级亮度计	二级亮度计
示值误差（Δx，Δy）（%）	$\leq \pm 2.5$ （0.01）	$\leq \pm 5$ （0.02）	$\leq \pm 10$ （0.04）
线性误差（%）	$\leq \pm 0.5$	$\leq \pm 1.0$	$\leq \pm 2.0$
换档误差（%）	$\leq \pm 0.5$	$\leq \pm 1.0$	$\leq \pm 2.0$
疲劳特性（%）	$\leq \pm 0.5$	$\leq \pm 1.0$	$\leq \pm 2.0$
稳定度（%）	$\leq \pm 1.0$	$\leq \pm 1.5$	$\leq \pm 2.5$
测量距离特性（%）	$\leq \pm 0.5$	$\leq \pm 1.0$	$\leq \pm 2.0$
色校准系数变化量	$\leq \pm 0.01$	$\leq \pm 0.02$	$\leq \pm 0.04$
视觉匹配误差 $u(y)$（%）	≤ 3.5	≤ 5.5	≤ 8.0

表 11 -2 中的数据均应在标准环境条件下测得。JJG 211—2005《亮度计检定规程》规定的"环境"是："检定温度（23 ±5）℃""检定湿度 <85% RH"。

11.2.3　光谱辐射计

光谱辐射计用于测定辐射源的光谱分布，能够同时建立目标或背景的强度、光谱特性，测定主动发光物体（光源）或被动发光物体（反射）的相对光谱能量分布（光的辐射强度与波长的关系曲线），以及"三度学"（辐射度学、光度学和色度学）中的关有参数，如光谱辐射能量（或强度）、亮度、照度、色坐标、色温、主波长、色纯度及显色指数等。

光谱辐射计一般由收集光学系统、光谱元件、探测器和电子部件等组成，其典型外观如图 11 -6 所示。

图 11 -6　典型光谱辐射计外观

1. 光谱辐射计技术要求

GB/T 5700—2008《照明测量方法》规定：照明现场测量色温、显色指数和色度参数应采用光谱辐射计。在照明现场测量色温、显色指数的光谱辐射计应满足以下条件。

1）波长范围为 380 ~ 780nm，测光重复性应在 1% 以内。

2）波长示值绝对误差：≤ ±2.0nm。

3）光谱宽带：≤8nm。

4）光谱测量间隔：≤5nm。

5）对 A 光源的色品坐标测量误差：$|\Delta x| \leqslant 0.0015$，$|\Delta y| \leqslant 0.0015$。

光谱辐射计应按 JJG 768—2005《发射光谱仪检定规程》进行检定。按照激发光源和检测系统不同，光谱辐射计可分为 ICP 光谱仪、直读光谱仪和摄谱仪三种类型。各种光谱辐射计的性能要求分别见表 11 -3 ~ 表 11 -5。

表 11 -3　ICP 光谱仪计量性能要求

级别		A 级	B 级
波长/nm	示值误差	±0.03	±0.05
	重复性	≤0.05	≤0.01
最小光谱带宽		Mn 元素的 257.610nm 谱线的半高宽≤0.015nm	Mn 元素的 257.610nm 谱线的半高宽≤0.030nm
检出限 /(mg/L)		Zn 元素的 213.856nm 谱线≤0.003 Ni 元素的 231.604nm 谱线≤0.01 Mn 元素的 257.610nm 谱线≤0.002 Cr 元素的 267.716nm 谱线≤0.007 Cu 元素的 324.754nm 谱线≤0.007 Ba 元素的 155.403nm 谱线≤0.001	Zn 元素的 213.856nm 谱线≤0.01 Ni 元素的 231.604nm 谱线≤0.03 Mn 元素的 257.610nm 谱线≤0.005 Cr 元素的 267.716nm 谱线≤0.02 Cu 元素的 324.754nm 谱线≤0.02 Ba 元素的 155.403nm 谱线≤0.005
重复性（%）		Zn、Ni、Cr、Mn、Cu、Ba （浓度为 0.05 ~ 2.00 mg/L）≤1.5	Zn、Ni、Cr、Mn、Cu、Ba （浓度为 0.05 ~ 2.00 mg/L）≤3.0
稳定性（%）		Zn、Ni、Cr、Cu、Ba （浓度为 0.05 ~ 2.00 mg/L）≤2.0	Zn、Ni、Cr、Cu、Ba （浓度为 0.05 ~ 2.00 mg/L）≤4.0

表 11 -4　直读光谱仪计量性能要求

级别	A 级	B 级
波长示值误差 及重复性	各元素谱线出射狭缝的不一致性≤ ±10 μm 示值误差 ±0.05nm 重复性≤0.02nm	

（续）

级别	A 级		B 级	
检出限（%）	C≤0.005　　Si≤0.005 Mn≤0.003　Cr≤0.003 Ni≤0.005　　V≤0.001		C≤0.02　　Si≤0.02 Mn≤0.02　Cr≤0.01 Ni≤0.02　　V≤0.01	
重复性（%）	C、Si、Mn、Cr、Ni、Mo （含量为：0.1%~0.2%）≤2.0		C、Si、Mn、Cr、Ni、Mo （含量为：0.1%~0.2%）≤5.0	
稳定性（%）	C、Si、Mn、Cr、Ni、Mo （含量为：0.1%~0.2%）≤2.0		C、Si、Mn、Cr、Ni、Mo （含量为：0.1%~0.2%）≤5.0	

表 11-5　摄谱仪计量性能要求

仪器密光性	同一感光板曝光和未曝光之间 $\Delta D \leq 0.05$
谱线质量和分辨力	谱线应上下均匀一致，垂直于感光板且无楔状和毛刺 在全谱面4/5范围内应能清晰分辨线对［Fe/nm］：234.8303 与 234.8099； 285.3774 与 285.3688；310.0665 与 310.0304
谱线光密度均匀性	$\Delta D \leq 0.1$
检出限	目视可见 Sn 元素的 283.98nm 谱线（Sn 含量≤0.003%）和 Zn 元素的 334.502nm 谱线（Zn 含量≤0.003%）谱线
重复性	纯铜光谱分析标准物质，其 Ni 连续 10 次测量值（0.01%~0.02%）的相 对标准偏差≤20%

表 11-3、表 11-4 和表 11-5 中的数据均应在标准环境条件下测得。JJG 768—2005《发射光谱仪检定规程》规定的"环境条件"："检定温度（15-30）℃""检定相对湿度<80%，或按照一起说明书规定""电源电压 AC（220±22）V 或（380±38）V，频率（50±1）Hz"。

2. 光谱辐射计主要性能参数

光谱辐射计的主要性能参数有光谱波长范围、波长分辨率、波长准确度、灵敏度及测量动态范围等。

（1）光谱波长范围　光谱仪能响应的波长范围有多种，如红外光波长、紫外光波长等。各种光谱仪用途各异，光谱波长范围受光路响应、传感器响应影响。

（2）波长分辨率　波长分辨率是光谱仪能分辨的最小波长差值，它与仪器的色散系统、谱线的真实轮廓、狭缝宽度及光学系统的像差等因素有较大关系，在实际应用中较难描述。实际使用时，一般采用半峰带宽（光强为最大值 1/2 的两点波长之间的差）来考查这一指标。半峰带宽反映了光谱仪的分辨率。半峰带宽的测试一般通过测量汞灯的光谱来实现，汞灯中汞原子激发的谱线，是不连续的线状谱，汞灯的特征谱线有

404.7nm、435.8nm、546.0nm、577.0nm 和 579.7nm 等。

（3）波长准确度　波长准确度是指波长的实际测定值与理论值（真值）的差。若波长准确度误差大，将产生很大的分析误差。实际操作中，一般将汞灯产生的特征谱线作为标准值。若波长误差较大，一般可通过软件进行修正。

（4）灵敏度　灵敏度反映光能转换成电能，最终被仪器识别的能力。灵敏度作为仪器响应能力的重要指标，主要取决于整个光路系统和电子采集系统。有的光谱仪倾向于强光的测量，有的光谱仪灵敏度高，倾向于弱光的测量。

（5）测量动态范围　测量动态范围主要取决于电子线路的信噪比及电荷耦合器件图像（CCD）传感器的性能。动态范围大，表示仪器能够测量的从弱光到强光的范围大。

11.2.4　功率计

功率计也称瓦特计，是用来测量直流电路和交流电路中电功率的仪器。功率计由功率传感器和功率指示器两部分组成。功率传感器也称功率计探头，它把高频电信号通过能量转换变为可以直接检测的电信号。功率指示器包括信号放大、变换和显示器。显示器直接显示功率值。典型功率计的外观如图 11 -7 所示。

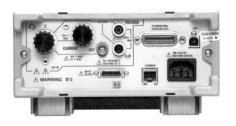

图 11 -7　典型功率计外观

1. 功率计技术要求

GB/T 5700—2008《照明测量方法》要求：电功率测量应采用精度不低于 1.5 级的数字功率计。功率计的检定应符合 JJG 780—1992《交流数字功率表检定规程》规定。数字功率计的技术要求具体如下：

1）数字功率计的电压量限应优先在下列系列中选择：15V，30V，75（60）V，100V，150V，200V，300V，400V，450V 和 600V。

2）数字功率计的电流量限应优先在下列系列中选择：0.1A，0.25（0.2）A，0.5A，1 A，2.5（2）A，5A，10A 和 20A。

3）数字功率计的功率因数范围应优先在下列系列中选择：0 ~ ±1，0 ~ 1，0.5 ~ 1，0 ~ 0.2，0 ~ 0.1 和 0 ~ 0.05；当被测功率的功率因数在上述范围内时，数字功率计的准确度应符合技术条件的全部要求。

4）数字功率计的工作频率范围应优先在下列系列中选择：45～65Hz，40～400Hz，40～1000Hz，40～2000Hz，40～5000Hz 和 40～10 000Hz。

5）数字功率计可有几个不同的电压、电流量限和几个工作频率范围，并具有不同的准确度要求。其中，准确度最高的工作频率范围称为基本频率范围，准确度最高的量限称为基本量限。交流数字功率计的基本频率范围通常为工频范围，即 45～65Hz。

2. 功率计误差检定条件

JJG 780—1992《交流数字功率表检定规程》规定：当对数字功率计进行检定时，要在一定的误差范围内。具体的误差检定条件见表 11－6。

表 11－6　数字功率计基本误差检定条件

被检表准确度级别（%）			0.02	0.05	0.1	0.2	0.5
检定时测量被测功率的引用误差允许值（%）			0.05	0.01	0.02	0.05	0.1
影响量	额定值	单位	允许偏差值				
被检电表使用条件	供电电压	220	V	±10V				
	供电频率	50	Hz	±2Hz				
	温度	20（23）	℃	±1℃	±2℃	±2℃	±2℃	±5℃
	相对湿度	55	%	±20%				
	预热时间	由技术条件规定	h	≥规定值				
被测功率有关参数	电压	电压量限额定值	%	±2%				
	电压、电流失真度	0	%	<0.5%		<1%		
	频率	变化范围上限值或指定值	%	±2%				
	功率因数	变化范围上限值、0 或指定值	－	±(0.05|cosϕ|+0.01)				
	三相相电压、线电压及电流的幅值不对称度	0	%	±1%				
	各相相位差相对差值	0	°	±2°				
被检表连线	电压、电流同名端间电位差	0	V	±12V				
	输出低端电位	三相为零电位单相为电压回路非同名端电位	V	±12V				

11.3　道路照明现场测量

11.3.1　照度测量

照度测量主要包括对机动车道路面、交会区、人行道路面、人行地下通道路面和广场等进行的照度测量。道路照明现场测量宜选择在灯具的间距、高度、悬挑、仰角和光源一致性等方面能代表被测道路的典型路段。

1. 机动车道路面照度测量

机动车道路面照度测量范围及布点方法如下。

（1）测量范围　在道路纵向应为同一侧两根灯杆之间的区域。在道路横向，当路灯采用单侧布灯时，应为整条路宽；当采用对称布灯、中心布灯和双侧交错布灯时，宜取二分之一的路宽。

（2）布点方法　布点的原则是将测量路段划分为若干大小相等的矩形网格。当两根灯杆间距不超过50m时，宜沿道路（直道和弯道）纵向将间距10等分；当两灯杆间距大于50m时，宜按每一网格边长不超过5m的等间距划分。在道路横向宜将每条车道3等分。当路面的照度均匀度较好或对测量的准确度要求较低时，划分的网格数可少些。测量点可按四角点法或中心点法布置，如图11-8所示，其中"○"表示测量点，测量点高度应为路面。

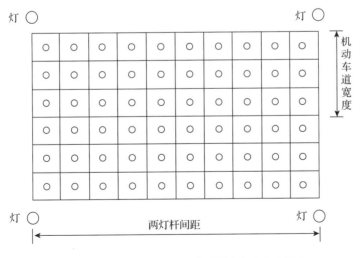

图 11-8　机动车道路面照度测量中心布点法示意

平均照度按式（11-1）进行计算。按下式计算照度均匀度，即

$$U_2 = E_{\min}/E_{av} \tag{11-7}$$

式中　U_2——照度均匀度；

$E_{\min}$——最小照度（lx）；

E_{av}——平均照度（lx）。

2．其他路面照度测量

（1）交会区路面照度测量 交会区的照明测量点可按车道宽度均匀分布，车道未经过的区域上测量点可由车道上的测量点均匀外延形成，照度测量应测量地面水平照度。

（2）人行道路面照度测量 应测量人行道地面水平照度和 1.5m 高度上的垂直照度。人行道路照明测量应选择具有代表性的路段，根据照明布置测量两灯杆间距，当车行道的照明对人行道的照明有影响时，照明测量路段应关联考虑。布置照度测量点时，在道路横向宜将道路 2 等分，在道路纵向宜将两灯杆间距距离 10 等分，但测量点间隔不应大于 5m。

（3）人行地下通道的路面照度测量 应测量人行地下通道地面水平照度和 1.5m 高度上的垂直照度；测量点间距按 2～5m 均匀布点。对于上下台阶通道或坡道，应测量台阶面水平照度和台阶踢板垂直照度或坡道面的照度；测量点在上下台阶通道或坡道横向 2 等分或 3 等分，纵向宜将上下台阶通道或坡道间距按 5～10 等分。

（4）广场的照度测量 应选择广场的典型区域或整个场地进行照度测量，对于完全对称布置照明装置的规则场地，可只测量 1/2 或 1/4 的场地。照度测量布点时，通常宜将场地划分为边长 5～10m 的由许多网格组成的矩形、单个网格形状宜为正方形，可在网格中心或四角上测量照度。照度测量的平面和高度应在已划分网格的测量场地地面水平位置，也可根据广场实际情况确定所需测量平面的高度。

11.3.2 亮度测量

亮度的测量范围、观测点、布点方法及平均亮度、亮度均匀度的计算方法如下。

1．测量范围

道路纵向应为从一根灯杆起 100m 距离以内的区域，至少应包括同一侧两根灯杆之间的区域；对于交错布灯，应为观测方向左侧灯下开始的两根灯杆之间区域。道路横向应为整条路宽。

2．观测点

亮度计的观测点高度距路面 1.5m。对于中心布灯、单侧布灯、双侧交错布灯和在中间分车带布灯四种布灯方式，亮度计观测点布置方式相同，如图 11-9 所示。观测点的纵向位置距第一排测量点 60m，纵向测量长度 100m；横向位置上，对于平均亮度和亮度总均匀度的测量，应位于观测方向路右侧路缘内侧 1/4 路宽处；对于亮度纵向均匀度的测量，应位于每条车道的中心线上。

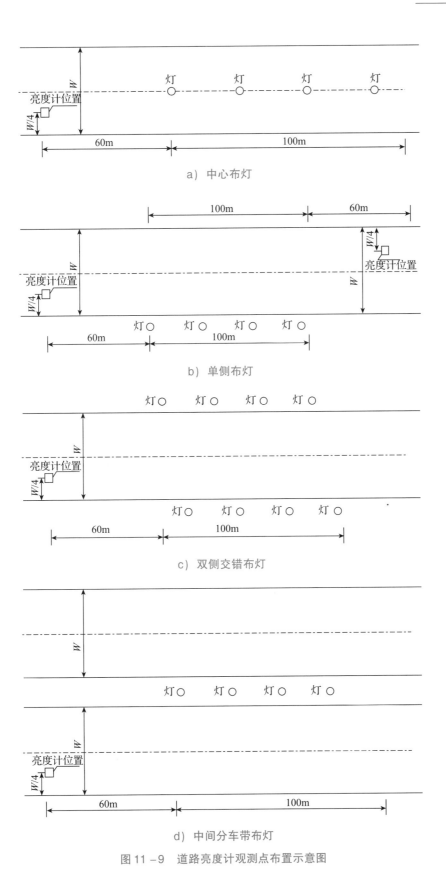

a) 中心布灯

b) 单侧布灯

c) 双侧交错布灯

d) 中间分车带布灯

图 11-9　道路亮度计观测点布置示意图

3. 布点方法

道路纵向方面，当同一侧两灯杆间距不超过 50m 时，通常应在两灯杆间按等间距布置 10 个测量点；当两灯杆间距大于 50m 时，应按两测点间距不超过 5m 的原则确定测点数；道路横向方面，每条机动车道横向应布置 5 个测点，其中间一点应位于机动车道中心线上，两侧最外面的两个点应分别位于距每条机动车道两侧边界线的 1/10 车道宽处。当亮度均匀度较好或对测量的准确度要求较低时，在每条机动车道横向可布置 3 个点，其中间一点应位于每条机动车道中心线上，两侧的两个点应分别位于距每条机动车道两侧边界线的 1/6 车道宽处。

4. 平均亮度及亮度均匀度的计算

（1）平均亮度的计算　采用亮度计逐点测量时，按下式计算平均亮度，即

$$L_{av} = \frac{\sum_{i=1}^{n} L_i}{n} \qquad (11-8)$$

式中　L_{av}——平均亮度（cd/m^2）；

　　L_i——各测点的亮度（cd/m^2）；

　　n——测点数。

（2）亮度均匀度的计算　按下式计算亮度总均匀度，即

$$U_0 = \frac{L_{min}}{L_{av}} \qquad (11-9)$$

式中　U_0——亮度总均匀度；

　　L_{min}——从规则分布测点上测出的最小亮度（cd/m^2）；

　　L_{av}——平均亮度（cd/m^2）。

计算亮度纵向均匀度，即

$$U_L = \frac{L_{min}}{L_{max}} \qquad (11-10)$$

式中　U_L——亮度纵向均匀度；

　　L_{min}——分别测出的每条机动车道的最小亮度（cd/m^2）；

　　L_{max}——分别测出的每条机动车道的最大亮度（cd/m^2）。

11.4　景观照明测量与评价

11.4.1　照明测量

根据 GB/T 5700—2008《照明测量方法》，景观照明测量条件、方法及仪器如下。

1. 测量条件

现场进行照明测量时，宜在额定电压下进行，同时应监测电源电压，若实测电压偏差超过相关标准规定的范围，应对测量结果做相应修正。照明测量应在清洁和干燥的场地进行，不宜在场地有积水或积雪时进行；测量应选择较晴朗的夜晚，不宜在有雾的天气进行。

2. 测量方法与仪器

景观照明的测量方法及仪器与道路照明测量相同。测量点布置方法有中心布点法和四角布点法，测量仪器包括（光）照度计、（光）亮度计、光谱辐射计、功率计、电压表和电流表等。在夜景照明测量中应注意以下几个方面。

（1）亮度测量　应按设计分近（正）视点亮度、中（正）视点亮度和远（正）视点亮度进行测量。测量仪器应放在主要视点位置，测量内容应包括代表点的位置及亮度。测量景物细部时，应将亮度计安放在距建筑景物 20～30m 处与景物最高点的夹角不小于 45°的近视位置；测量景物主体时，应将亮度计安放在距景物 30～100m 处与景物最高点的夹角不小于 27°的中视位置。测量宜采用带望远镜头的彩色亮度计或光谱辐射亮度计。

对造型不复杂的景物在高度方向的测量一般分为 3～5 个段，每段的亮度测试点不应少于 9 个，并应采取均匀布点方式；对没有车辆通行和彩电转播要求的景观广场和桥梁（道路）的照明，仅进行水平照度检测即可，测量点的数量不应少于 20 点/100m²，应采用均匀布点法。

（2）照度测量　照度测量仅在亮度指标不能反映设计意图时采用，测量点应按设计要求选择，间距可按计算间距的 2 倍考虑。

进行广场夜景照明的照度测量时，应选择典型区域或整个场地进行。对于完全对称布置照明装置的规则场地，可只测量 1/2 或 1/4 的场地。布点时，宜将场地划分为边长 5～10m 的由许多网格组成的矩形，单个网格形状宜为正方形，可在网格中心或网格四角点上测量照度。应在已划分网格的测量场地地面上测试照度，也可根据广场实际情况确定所需测试平面的高度。

（3）颜色测量　按 GB/T 7922—2008《照明光源颜色的测量方法》，宜采用光谱辐射计测量现场灯光的光谱，计算出色度参数。照明功率密度的测量区域应与照明测量区域相一致。

（4）光污染测试　测量夜景照明设施在居住建筑（含住宅、公寓、旅馆和医院病房楼等）外窗表面因夜间照明产生的光污染时，应测量居室外窗表面的垂直照度。应在居室外窗洞面上均匀选择 6～9 个测量点，取其照度平均值作为夜景照明设施光污染的测量值。

11.4.2 照明评价

对景观照明进行评价,是提高景观照明质量、保障照明安全、加强节能环保并促进景观照明与城市文化协调发展的重要手段。各城市应根据实际情况,建立景观照明评价指标体系,对景观照明质量进行科学有效的评价。

1. 照明评价指标

根据 JGJ/T 163—2008《城市夜景照明设计规范》,城市景观照明的亮度或照度、颜色、均匀度、对比度、立体感及眩光限制等是进行照明评价的主要指标。

(1) 亮度或照度 建(构)筑物和其他景观元素的照明评价指标应采取亮度或与照度相结合的方式。CIE 干扰光技术委员会在 CIE/TC 5—12《限制室外照明干扰光影响指南》等相关技术文件中,按区域性质不同将环境亮度划分为四级(见表 11 - 7)。

表 11 - 7 城市环境(背景)亮度的区域划分

环境亮度类型	E1 (暗环境)	E2 (低亮度环境)	E3 (中亮度环境)	E4 区 (高亮度环境)
对应区域	公园、自然风景区	居住区、休闲区	一般公共区	城市中心区、 商业中心区

步道和广场等室外公共空间的照明评价指标宜采用地面水平照度(简称地面照度 E_h)和距地面 1.5m 处半柱面照度(E_{sc})。

JGJ/T 163—2008《城市夜景照明设计规范》和国际照明委员会(CIE)《城市照明指南》规定:光源在给定空间一点的一个假想的半圆柱面上产生的平均照度,称为半柱面照度,用 E_{sc} 表示。半柱面照度需采用配有专用探测器的半柱面照度计进行测量。在广场出入口、各种公园的公共活动场所,需要在夜景中能清晰地识别行人面貌或景物立面,因而需要使用半柱面照度作为照明质量的评价指标。

(2) 颜色 夜景照明光源色表可按其相关色温分为三组,光源色表分组见 4.3.4 中表 4 - 3 要求确定。

夜景照明光源显色性应以一般显色指数 R_a 作为评价指标,光源显色性分级见 4.3.4 中表 4 - 4 要求确定。

(3) 均匀度、对比度和立体感 广场、公园等场所公共活动空间和采用泛光照明方式的广告牌宜将照度(或亮度)均匀度作为评价指标之一。建筑物和构筑物的入口、门头、雕塑、喷泉和绿化等,可采用重点照明突显特定目标,被照物的亮度和背景亮度的对比度宜为 3 ~ 5,且不宜超过 10 ~ 20。当需要突出被照明对象的立体感时,主要观察方向的垂直照度与水平照度之比不应小于 0.25。夜景照明中不应出现不协调的颜色对比;

当装饰性照明采用多种彩色光时，宜事先进行验证照明效果的现场试验。

（4）眩光限制　夜景照明应以眩光限制作为评价指标之一。对机动车驾驶人的眩光限制程度应以阈值增量（TI）度量，城市道路的非道路照明设施产生的阈值增量不应大于 15%。居住区和步行区的夜景设施应避免对非机动车人员产生眩光。夜景照明灯具的眩光限制值应满足表 11 - 8 的规定。

表 11 - 8　居住区和步行区夜景照明灯具的眩光限制值

安装高度 H/m	L 与 $A^{0.5}$ 的乘积
$H \leqslant 4.5$	$LA^{0.5} \leqslant 4000$
$4.5 < H \leqslant 6$	$LA^{0.5} \leqslant 5500$
$H > 6$	$LA^{0.5} \leqslant 7000$

注：1. L 为灯具在与向下垂线成 85° 和 90° 方向间的最大平均亮度（$\mathrm{cd/m^2}$）。

2. A 为灯具在与向下垂线成 90° 方向的所有出光面积（$\mathrm{m^2}$）。

2. 照明评价指标体系

根据城市景观照明的实际需要，可从照明功能、环境效益、经济效益及社会效益等方面，建立景观照明评价指标体系（见表 11 - 9）。关于城市照明节能方面的专项评价，可依据 JGJ/T 307—2013《城市照明节能评价标准》，从照明质量、节能与能源利用、节材与材料资源利用、安全、环境保护和运营管理等方面进行评价。

表 11 - 9　景观照明评价指标体系

一级指标	二级指标	三级指标	指标性质	
			定量指标	定性指标
照明功能	安全保障	符合相关设计标准的规定		√
		照明方式合理		√
		照明设施安全性		√
	照明质量	亮度（照度）	√	
		色温	√	
		显色性指数	√	
		照度均匀度	√	
		对比度	√	
		立体感	√	
		眩光限制值	√	

（续）

一级指标	二级指标	三级指标	指标性质	
			定量指标	定性指标
环境效益	环境保护	不产生光污染		√
		对自然生态的影响低		√
	节约能源	功率密度值	√	
		未使用国家或地方有关部门明令禁止和淘汰的高耗低效材料和设备		√
		提高节电率水平	√	
		照明产品能效达到国家现行标准能效等级 2 级以上水平		√
		泛光灯灯具效率不低于70%	√	
		合理使用太阳能、风能等可再生能源产品新技术情况		√
经济效益	管理维护收益	投资控制收益	√	
		维护管理收益	√	
	附加收益	带动旅游业发展	√	
		带动商业发展	√	
		提高城市吸引力		√
社会效益	文化体现	符合载体特征		√
		符合城市定位		√
		展现城市文化特色		√
	设计创新	照明设施与环境融合程度		√
		设计理念创新		√
		表现形式创新		√

　　景观照明评价指标可分为定性和定量指标两类。对于定量指标，可根据实测值与标准值的偏离程度进行评价；对于定性指标，可通过实地考察和调研方式，进行专家打分。最后，应用加权平均、模糊评价等方法得出景观照明综合评价结果。进而根据分析评价结果，进行有针对性的建设和改善。

第 12 章
城市照明节能

12/

进入 21 世纪以来，城镇化建设突飞猛进，城市照明总体工程规模也越来越大，不可避免地带来能源消耗的增长。为了实现绿色照明，需要开发利用先进节能技术，完善节能政策及标准体系，积极探索有效的市场化节能管理模式。

12.1　城市照明节能技术

城市照明的节能潜力主要体现在"光源"选择、照明"配电"、照明"控制""新能源"应用等四个方面，因此，城市照明节能技术的发展也需要围绕着"光源""配电""控制""新能源"进行。

12.1.1　光源方面的节能技术

光源和灯具的选用是城市照明节能的重要内容，如果选用不当，可能会产生大量的能源浪费。在城市照明节能体系中，选用高效节能光源是降低照明用电的重要手段。

光源节能主要取决于发光效率，选择高效率的光源有利于减少照明电能的消耗，传统的白炽灯、高压汞灯由于光效低、寿命短，已经被各种高效光源所取代。高效光源是指光效高、使用寿命长且显色性满足特定使用要求的光源，主要包括荧光灯、高压钠灯、金属卤化物灯和 LED 灯等。城市照明系统应根据不同功能需求、应用领域，选用不同的光源和照明器具，以符合照明节能要求。

1. 荧光灯

紧凑型荧光灯又称为节能灯，不仅可以用于商城、写字楼，也可以用于许多公共场所的照明。随着绿色照明工程的推进，白炽灯开始彻底退出市场，紧凑型荧光灯由于灯头规格、使用条件与传统白炽灯基本相同，可以大规模替代传统光源产品，是目前城市照明的主流光源之一。

2. 高压钠灯

高压钠灯具有寿命长、光效高和透雾性强等特点，适用于城市快速路、主次干路、支路和广场照明等功能照明场所。目前，市场上常用的光源产品中，高压钠灯的光效是比较高的，普通高压钠灯的光通量在 110lm/W 以上，而一些高端产品光通量可达 130lm/W，且使用寿命均可达到 12000h 以上。用高压钠灯替代高压汞灯，在相同照度下可节电 30% 以上。此外，高压钠灯透雾能力强、光通维持率高，是目前城市道路照明占比最大的一类光源。

3. 金属卤化物灯

金属卤化物光源具有光效高、显色性好等特点，适用于对显色性要求较高的厂房、大型卖场和机场等场所的照明。由于金属卤化物灯的光谱是在连续光谱的基础上迭加了密集的线状光谱，故显色指数很高，彩色还原性好，具有良好的视觉效果。一般认为，在同等照度下冷色温的白光照明比低色温的黄光照明具有更好的显色性、更高的可见度和对比度。从照明效果的角度看，选用显色性好的金卤灯不仅有利于节能，也有利于光环境质量的改善。

4. LED 灯

LED 灯具有节能、环保、寿命长、体积小和响应速度快等特点，目前已在城市景观照明中得到广泛应用。与白炽灯相比，LED 灯的节电效率可达 90% 以上。但由于制造工艺、经济效益等原因，在大规模应用于城市道路照明中还不占优势。根据中国市政工程协会城市照明专业委员会的统计，截至 2015 年，全国 1065 个城市有路灯 2317 万盏，其中 LED 路灯占比 13.57%。传统的 LED 路灯的封装主要有点阵和大功率集成封装（COB）两种结构，其问题是功率密度大、散热困难且眩光严重。随着 LED 散热技术、封装技术及驱动电源相关技术的不断发展，LED 灯将进一步提升发光效率、延长使用寿命，提升经济和节能环保效益。

12.1.2　照明配电方面的节能技术

电力系统在输送和分配电能到城市照明灯的过程中，线路遍布各处，且线路上各个环节的电器元件都存在电阻，会对流通的电流产生功率耗损，在传输过程产生的大量能耗会造成资源浪费，因此，利用输配电技术对城市照明进行节能管理也是一种有效手段。对此，需要管理部门要做好日常管理，加强研究和应用输配电线路的节能降耗技术，应用先进的节能技术和节能设备，合理规划，不断优化输配电线路，最大限度地降低浪费。目前，配电线路节能降耗的主要措施包括电容补偿技术节能、调压技术节能、电子镇流器节能、变压器节能和规划电网节能等。

1. 电容补偿技术节能

电容补偿也称为无功补偿，电力系统的用电设备在使用时会产生无功功率，而且通常是电感性的，会使电源的容量使用效率降低，进而使线路上的用户电压降低。为此，可在系统中适当增加电容改善，调整无功功率的分布，保持最佳运行电压，降低线路损耗。实践中，主要包括集中补偿和单灯分散补偿两种方式。

（1）集中补偿　集中补偿是指在路灯专用变压器的低压侧，根据单相或三相路灯干线负荷的大小和功率因数，配置以单相或三相电力电容器，实施道路照明电气系统的补偿。

（2）单灯补偿　单灯补偿是指在各个灯具内装设相应规格的单灯补偿电容器，实现城市路灯照明电气系统的无功补偿。以 400W 的高压钠灯为例，为其分配容量为 $50\mu F$ 的 CBB60 串联补偿电容后，功率因数由 0.46 提高到 0.91，工作电流由 4.6A 降为 2.29A。即配置补偿电容装置后，电流可减少一半，功率因数增加近一倍，线路损耗和压降都显著降低，既可以节约电能，又能提高设备利用效率。

无论是选择集中补偿还是单灯补偿，都能有效提高城市照明电气系统的功率因数，从而节约能源，提高变压器和线路利用率，改善城市照明电气系统供电质量。然而，补偿方案的具体选择应根据现场条件确定。目前，对已投入运营的照明电气系统的改造多采用单灯补偿方式，从而实现真正的就地补偿，以达到最佳补偿效果。

2. 调压技术节能

调压节能技术是指全数字式智能调压节电控制技术。通过降压、稳压，适当地降低照明灯具电压，从而在满足城市照明需求的情况下达到节电效果，同时还可延长灯具使用寿命，是一种经济实用的照明节能方案。调压技术在经过可控硅降压、自耦降压的使用阶段后，未来主要向智能调压方向发展。

智能调压的原理是在微计算机技术和高可靠性软件、硬件设计的辅助下，对在线电源实时动态跟踪，观察电压波动情况，通过在电源侧加装智能调压装置调节输出最佳照明电压和功率，从而稳定电压、减少电流、提高电力质量，节约照明用电，并结合实际城市照明需求，运用多种方式，多时段节能运行。通过电源软启动，完成调压、稳压，使光源不受或少受电压、电流冲击，从而保障光源寿命。这种调压技术能够实现智能照明调控，延长灯具寿命，节能效果明显，适合城市照明技术发展要求，可有针对性地对现有照明工程进行改造，加装智能调压装置，智能调节设备输出电压幅值，从而达到节能效果。目前，已经有一些地方采用智能调压方式的智能照明节电产品，并取得良好效果。

3. 电子镇流器节能

电子镇流器是采用电子技术驱动电光源，使之产生所需照明的电子设备。与传统的电感式镇流器相比，其在节能方面起着较为突出的作用。传统电感镇流器功率因数为0.5左右，电子镇流器可达0.92~0.99，其功率因数比传统电感镇流器几乎提高了一倍，显著提高设备效率。此外，电子镇流器还具有体积小、重量轻、无频闪、无噪声、起动可靠、允许电压偏差大和可调光等优点。虽然电子镇流器仍存在寿命较低、制造成本较高等缺点，但随着电子技术水平的快速发展，技术可靠性的提高，以上问题会陆续得到改善，可在城市照明系统中广泛应用，以提高照明节能效果。

目前，国内部分城市和地区已尝试以电子镇流器替换电感镇流器。实践表明，在选用电子镇流器并更换高效反射罩后，灯具效率得到有效提升，同时提高了单灯功率因数，减少了损耗。

4. 变压器节能

配电变压器的损耗是配电网损耗的重要组成部分，降低配电变压器的损耗对于降低整个配电网的损耗效果非常明显。主要方法有：使用低损耗的新型变压器、采用合理的变压器运行方式和控制铁损等。

（1）使用低损耗的新型变压器　根据《国家电网公司第一批重点推广新技术目录》，节能型配电变压器是指"S13及以上型号的系列配电变压器、非晶合金铁心变压器和调容变压器"。

S13立体卷铁心变压器是一款铁心变压器，具有空载损耗低、空载电流低和噪声低等优点，节电效果显著。S14型配电变压器与S13型相比，空载损耗相同，负载损耗下降15%；S15型与S13型相比，空载损耗相同，负载损耗下降30%；SH15型非晶合金配电变压器与S13型相比，空载损耗约下降50%，负载损耗相同。

非晶合金铁心变压器中，以非晶态磁性材料2605S2作铁心的非晶合金变压器是目前较为节能的变压器，其铁心损耗仅为常规硅钢片铁心变压器损耗的1/5，空载损耗比普通变压器下降80%，能起到很好的节能效果。由于其非常低的空载损耗，非晶合金变压器受到城市照明管理部门的关注。

（2）采用节能效果好的变压器运行方式　变压器在运行过程中，其自身产生的空载损耗和负载损耗共同形成变压器运行的有功损耗，会随负载的变化而发生非线性变化。在多台变压器联合运行过程中，应根据配电系统的实际情况，计算出变压器的最佳符合运行工况点和经济负荷区，采取多台配电变压器联合经济调度运行，按照负载从小到大的运行特性，计算出不同负载区域的最佳变压器运行搭配台数和调控运行方式。

（3）采用有载调压变压器　有载调压变压器是指在负载运行中能完成分接头电压切

换的变压器。电压过高或过低会对照明灯具和电气设备的正常运行带来不利影响，不仅会增加设备能耗和线损，而且会缩短其使用寿命。因此，当电压升高时，要及时调节变压器的分接开关。对于无载调压变压器，若要调节分接开关，必须停电，影响正常运行，因此，采用有载调压变压器，可以不停机、带载调节，起到节约电能的作用。

5. 规划电网节能

合理有效地规划电网是指利用先进的自动化技术和在线动态监测技术，对电网进行合理的调整与优化，减少电网运行时所造成的能源浪费。运行中根据实际情况不断优化和调整配电电压。电网处于高压和低压状态下对电能消耗有所区别，电压过低会影响用户的用电需求，过高又会造成电能的浪费，因此，必须加强电压的合理设置，提高线路的节能降耗效果。

12.1.3　照明监控方面的节能技术

城市照明监控系统采用计算机、通信和数据传输等多项先进技术，对城市照明实现远程监测和控制。系统一般是由微计算机、智能监控终端和通信传输等部分组成。

1. 控制节能

通过远程监控终端对路灯周围环境（包括自然条件、环境照度、路段和交通流量等）数据进行收集，将数据传输到监控中心，进而得到反馈和命令，保证严格的开关灯时间控制和调光控制，因而能够减少电能损耗，达到节能目的。目前，单灯控制系统是较为先进的一种控制系统。该控制系统可根据道路行人和车流量的变化，自动选择不同照度，实现城市照明节能降耗。在道路车流量下降、行人稀少时，熄灭部分（通常不超过50%）路灯，此方法节电效果显著，综合节电效率可达到40%以上。目前，控制形式主要有单侧亮灯、间隔亮灯、双光源调节亮灯等。

（1）单侧亮灯　单侧亮灯是在后半夜，关掉道路一侧的路灯，如图 12 - 1 所示。这种控制方法简单且操作方便，但关灯一侧的路面照度降低过大，对行车安全影响较大。该控制方法适用于路幅宽度较窄、车流量较少的道路。

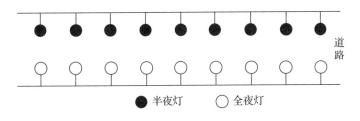

图 12 - 1　单侧亮灯

（2）间隔亮灯　在后半夜车少人稀时，采用间隔亮灯的控制方式关掉不超过半数的灯具，如图 12-2 所示。这种控制方法简单实用，可以起到明显的节能效果，但有可能造成照度、亮度不均匀的情况。

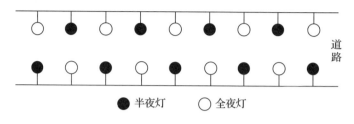

图 12-2　间隔亮灯

（3）双光源调节亮灯　双光源路灯是在前半夜车流量较大时，两个光源同时点亮运行，而到后半夜车流量较小时，则灭掉其中的一个光源（如图 12-3 所示）。这种双光源调节控制方式，同样可以达到较好的照明节能效果，且与单侧亮灯和间隔亮灯的控制方式相比，双光源调节亮灯对道路的照明均匀度影响很小。

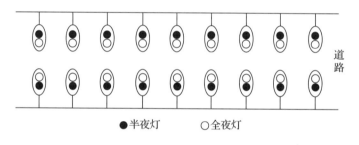

图 12-3　双光源调节亮灯

2. 管理节能

管理节能主要体现在智能化路灯照明控制系统能够精准定位故障位置，减少巡检人员数量和车辆损耗，降低管理成本，节能降耗。以单灯控制系统为例，与原有照明控制方式相比，单灯控制器具备故障报警功能，任意一盏路灯出现问题，都能将远程数据第一时间传输到后台的控制中心，再以语音或短信方式告知工作人员，方便维修管理，确保及时修复熄灯，保证亮灯率。单灯控制系统可对照明设施实行智能监控、筛选，及时发现路灯老化、短路及断路等问题，监测亮灯率、故障率等数据，彻底改变传统的人工巡查模式，实现城市照明精细化动态管理，进而达到节能降耗的目的。

3. 城市照明监控技术的应用

城市照明监控技术已在全国范围内得到较为广泛的运用，极大地促进了城市照明的节能发展。

从节能效果来说，智能照明控制系统能够延长光源寿命，节电效果非常明显，一般可达 30% 以上，且能够提高照明质量、维护管理方便。随着信息技术的发展，在原有

"三遥""五遥"系统基础上进行提升和完善，以 GIS 平台为基础，融合大数据、云计算和物联网技术的动态、智能化综合管理系统已开始进入城市照明领域，今后将成为城市照明节能控制和管理的重要手段。

12.1.4　新能源方面的节能技术

新能源是世界新技术革命的重要内容，是未来世界持久能源系统的基础。目前，城市照明采用的新能源技术主要包括太阳能光伏发电技术、风光互补发电技术等。

1. 太阳能光伏发电技术

由于太阳能发电具有火电、水电和核电所无法比拟的清洁性、安全性、资源的广泛性和充足性等优点，因而被认为是 21 世纪最重要的新能源。太阳能光伏发电技术是利用太阳能发电的重要形式。

（1）太阳能照明系统的组成　采用太阳能光伏发电技术的太阳能照明系统由太阳能电池板、蓄电池、太阳能充电控制器、LED 驱动器和 LED 照明灯构成，如图 12 - 4 所示。太阳能电池可分为单晶硅、多晶硅和非晶硅三大类，除此之外，还包括多元化合物太阳能电池、聚合物多层修饰电极型太阳能电池和纳米晶化学太阳能电池等。太阳能充电控制器的功能是控制充电程度，电池充满即停止充电，不使蓄电池过充损坏，延长其使用寿命。LED 驱动器是系统的核心控制电路，其功能有三个：完成 LED 灯管的恒流驱动控制；具有光控功能，天亮时自动关灯，天黑时自动开灯；低电压保护，当电池电压下降到设定值时输出关闭，以免过放电损坏蓄电池。

图 12 - 4　太阳能路灯照明系统构成

（2）太阳能照明系统的工作原理　太阳能照明系统如图 12 - 5 所示，由光电池组件作为发电系统，白天当阳光照射到光电池上时，由于光生伏特效应产生电能，通过控制器存储在蓄电池中。夜晚，当控制器检测到电池组件电压低至系统设定值时，则连接蓄电池给光源供电，达到"光控开"目的；自蓄电池开始给光源供电起，控制器开始计时，计时时间到则切断蓄电池与光源的通路，达到"时控关"目的。

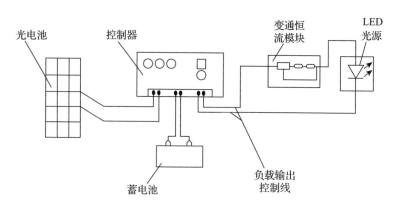

图 12 - 5　太阳能照明系统工作原理

尽管太阳能路灯本体比普通灯具造价要高，但省去了配电柜、动力电缆和敷设电缆等成本，运行成本低。因此，相对于燃煤发电技术，采用太阳能光伏发电技术的城市照明系统，环境效益高，节能效果明显。

（3）太阳能市电互补照明系统　目前，太阳能光伏发电技术在城市照明中存在受天气影响较大、造价较高和同一批灯具起动时间相差较大等缺点。太阳能市电互补系统是一种采用市电进行补充的照明系统，当太阳能贮存的电能不能满足照明要求时，系统自动切换到市电工作，能有效地防止蓄电池的过放电，增强系统的可靠性，保证灯具的正常使用。太阳能市电互补照明系统设计如图 12 - 6 所示。

太阳能市电互补系统由于引入市电进行工作，使得施工变得复杂。尤其在不方便接入市电的地区，相对于独立太阳能系统来说，施工难度

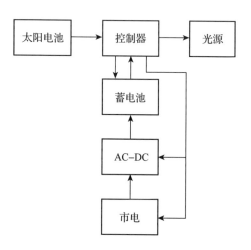

图 12 - 6　太阳能市电互补照明系统设计

有所增加，限制了该种系统的推广应用。同时，由于太阳能系统本身的限制，还需要注意互补系统的安装位置：不能安装在有遮挡的地段，光源配置不能太高。故在市区的主干道不推荐使用，比较适合用于庭院、公园等场所。

（4）太阳能路灯应用现状　目前，太阳能路灯多用于街头游园、乡村道路等亮度和

照度要求不高的地方，应用比例不足 1%，大部分仍处于试验阶段。

2. 风光互补发电技术

风力发电是将风能转化为电能的一种技术。理论上，部分城市和地区风能资源丰富，可利用风力发电技术将大量风能转化为电能，用于城市照明，但由于其适用环境条件过于苛刻，导致其在各个城市的使用率较低，普及度不高。并且，不管是光电系统还是风电系统，两个独立系统的发电量均会受到天气影响，导致系统的蓄电池组长期处于亏电状态，从而会降低蓄电池组的寿命。由于太阳能和风能的互补性很强，风光互补发电技术在资源上弥补了这两个独立系统的缺陷。

（1）风光互补发电系统原理　风光互补发电系统是集风能、太阳能发电技术及系统智能控制技术为一体的复合可再生能源发电系统。风光互补发电系统主要由风力发电机组、太阳能光伏电池组、控制器、蓄电池、逆变器和交流直流负载等部分组成，如图 12 - 7 所示。控制部分根据日照强度、风力大小及负载的变化，不断对蓄电池组的工作状态进行切换和调节。该系统是利用太阳能电池方阵、风力发电机将发出的电能存储到蓄电池组中，当用户需要用电时，逆变器将蓄电池组中储存的直流电转变为交流电，通过输电线路送到用户负载处。

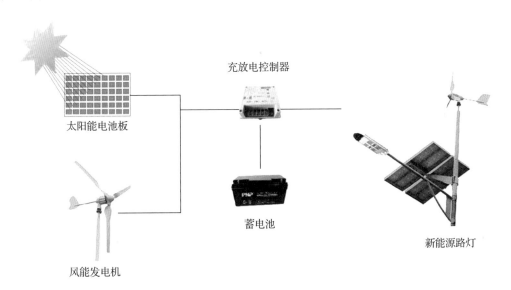

图 12 - 7　风光互补新能源路灯构成

采用风光互补发电技术的新能源路灯，可根据不同的气候环境配置不同型号的风力发电机，在有限条件下达到风能利用最大化的目的。与传统路灯照明系统相比，风光互补路灯系统不仅无需埋设电缆、架线，而且成本低、维护简单、无须专人控制和管理，具备较高的经济效益和社会效益。此外，风光互补发电系统对环境的适应力强，具有昼

303

夜互补、季节性互补的优点。

（2）风光互补路灯发展前景　目前，我国已有部分城市试验性地将风光互补路灯系统用作城市道路照明。风光互补路灯在城市道路照明节能工作上有较大的发展潜力，还有待进一步试验与探索应用。

12.2　节能政策及标准

当前，城市照明节能工作的顺利开展，离不开相关政策及标准的引导和促进。

12.2.1　节能政策

近年来，政府有关部门发布和实施了许多城市照明节能的相关规划，并通过实施配套政策予以支持，以促进城市照明节能工作的开展。具体来说，主要体现在发展半导体照明产业，大力推广示范工程，推广应用节能照明产品及节能技术，建立照明能耗考核制度等四个方面。

1. 发展半导体照明产业

半导体照明受到世界各国的普遍关注和高度重视，很多国家立足国家战略层面进行系统部署，推动半导体照明产业进入快速发展期。我国多部门、多举措共同推进半导体照明技术创新与产业发展，将半导体照明产业作为重点培育和发展的战略性新兴产业进行系统部署，推动半导体照明产业持续健康快速发展，推进照明节能工作稳步前进。

2006 年，中华人民共和国国务院发布《国家中长期科学和技术发展规划纲要》，高效节能、长寿命的半导体照明产品被列入中长期规划第一重点领域（能源）的第一优先主题（工业节能），为我国半导体照明产业提供了发展契机。2009 年，国务院发布的《电子信息产业调整和振兴规划》中明确提出，要推广 LED 节能照明产品。与此同时，中华人民共和国国家发展和改革委员会等六部门联合发布《半导体照明节能产业发展意见》，提出半导体照明节能产业发展的七大政策措施，这些政策的出台为半导体照明产业发展开辟了广阔的市场空间。2012 年，国务院印发《节能减排"十二五"规划》；2013 年，多部委联合发布《半导体照明节能产业规划》；2017 年，国务院印发《"十三五"节能减排综合工作方案》（国发〔2016〕74 号）；十三部委联合印发《半导体照明产业"十三五"发展规划》（发改环资〔2017〕1363 号），都在引导和推动半导体照明产业健康可持续发展。

2. 大力推广示范工程

《关于进一步加强城市照明节电工作的通知》（建城函〔2005〕234 号）中指出，要"做好城市绿色照明工程和道路照明及景观照明节电改造，总结推广城市绿色照明示范工程和节电改造示范工程经验"，并将推广示范工程作为城市照明节电的重点工作。2009 年以来，国家相关部门开展了一系列 LED 示范工程。2009 年初，中华人民共和国科学技术部推出"十城万盏"半导体照明应用示范城市项目；2010 年多部委联合组织了"半导体照明产品应用示范工程"项目，在全国选定了 15 个道路照明项目进行试点示范。2013 年发布的《半导体照明节能产业规划》要求，在户外照明领域重点开展 LED 路灯等产品和系统的示范应用，并将照明产品应用示范与推广工程作为四大重点工程之一。

此外，一些地方政府和相关行业组织也进行了大量 LED 道路照明的试点示范工程。如北京市发布的《"十三五"绿色照明工程实施方案》中提出，到 2020 年，累计推广 LED 高效照明产品 200 万只（套）以上。完成百家博物馆、千所学校和千个停车场的智能照明示范工程，在市政道路、市级产业园区、学校和医院等区域示范推广智能路灯控制系统，通过示范引领，促进全市公共区域 LED 高效照明产品普及应用。

3. 推广应用节能照明产品及节能技术

国家产业政策和能源政策鼓励发展节能照明电器产品。2008 年，中华人民共和国财政部和国家发展改革委员会发布《高效照明产品推广财政补贴资金管理暂行办法》，2009 年，国务院通过《轻工业调整和振兴规划》，2013 年国家发改委发布《产业结构调整指导目录（2011 年本）》（2013 年修改版）等一系列文件，均体现了推进绿色节能照明产品及应急照明产品开发的发展战略。

政府有关部门连续出台政策推动节能环保新型灯具的使用，先后发布《中国逐步淘汰白炽灯路线图》（发改委〔2011〕28 号）、《"十城万盏"半导体照明应用城市方案》（国科函高〔2011〕69 号）、《半导体照明科技发展"十二五"规划》（国科发计〔2012〕772 号）等政策，提出逐步用节能环保型灯具代替传统的高耗能灯具等目标。

此外，政府有关部门还出台多项政策支持城市照明节能新技术的研发，如《"十二五"城市绿色照明规划纲要》（建城〔2011〕178 号）、《节能减排"十二五"规划》（国发〔2012〕40 号）、《半导体照明科技发展"十二五"专项规划》（国科发计〔2012〕772 号）、《半导体照明产业"十三五"发展规划》（发改环资〔2017〕1363 号）等，都明确指出要加大对照明技术研发的支持力度，加快照明新技术、新产品的应用研究，提高城市绿色照明技术和管理的科技创新能力。

近年来，推广节能照明产品和支持照明节能技术主要政策见表 12 - 1。

表 12 –1　推广节能照明产品和支持照明节能技术主要政策

政策名称	文号	发布单位	发布年份	相关内容
《节能减排综合性工作方案》	国发〔2007〕15号	中华人民共和国国务院	2007	推广高效照明产品5000万只，中央国家机关率先更换节能灯
《高效照明产品推广财政补贴资金管理暂行办法》	财建〔2007〕1027号	中华人民共和国财政部、中华人民共和国国家发展和改革委员会联合	2008	"十一五"期间通过财政补贴方式推广高效照明产品1.5亿只
《国务院关于进一步加强节油节电工作的通知》	国发〔2008〕23号	中华人民共和国国务院	2008	加快淘汰低效照明产品；制定实施淘汰低效照明产品、推广高效照明产品计划，加大利用财政补贴推广高效照明产品的力度
《国务院关于进一步加大工作力度确保实现"十一五"节能减排目标的通知》	国发〔2010〕12号	中华人民共和国国务院	2010	大力推广节能技术和产品，推广节能灯1.5亿只以上，东中部地区和有条件的西部地区城市道路照明、公共场所和公共机构全部淘汰低效照明产品
《"十二五"城市绿色照明规划纲要》	建城〔2011〕178号	中华人民共和国住房和城乡建设部	2011	加大对照明技术研发的支持力度，加快照明新技术、新产品的应用研究，提高城市绿色照明技术和管理的科技创新能力
《节能减排"十二五"规划》	国发〔2012〕40号	中华人民共和国国务院	2012	实施"中国逐步淘汰白炽灯路线图"，分阶段淘汰普通照明用白炽灯等低效照明产品；加快半导体照明关键设备、核心材料和共性关键技术研发
《半导体照明科技发展"十二五"专项规划》	国科发计〔2012〕772号	中华人民共和国科学技术部	2012	到2015年，实现从基础研究、前沿技术和应用技术到示范应用全创新链的重点技术突破；重点开发新型健康环保的半导体照明标准化、规格化产品，实现大规模的示范应用
《半导体照明产业"十三五"发展规划》	发改环资〔2017〕1363号	中华人民共和国国家发展和改革委员会等13个部门	2017	强化创新引领，推进关键技术突破，加强技术创新及应用示范；实现从基础前沿、重大共性关键技术到应用示范的全产业链创新设计和一体化组织实施

4. 建立照明能耗考核制度

我国《城市照明管理规定》明确了城市照明的考核制度和工作方法，在强调节能意识的同时，首次引入了照明设施维护市场的竞争机制。提出以市场为导向，建立推动和实施节能措施的新机制，推动城市照明节能的产业化进程，提高能源利用效率，并要求城市照明主管部门建立城市照明能耗考核制度，定期对城市景观照明能耗等情况进行检查。同时，提出城市照明可以采取合同能源管理方式，选择专业性能源管理公司管理城市照明设施。

各个城市和地区也逐渐意识到监督考核的重要性，陆续建立了城市照明能耗考核制度，限时全部淘汰低效照明产品，并对城市景观照明中有过度照明等超能耗标准行为的，规定了相关处罚措施。

12.2.2 节能标准

我国正积极开展有关照明节能标准的研究和制定工作，不仅促进了我国城市照明标准体系的逐步完善，也极大地促进了城市照明节能工作的开展。

与城市照明节能相关的标准可划分为三类，即：照明设计及节能评价标准、节能测量标准和照明技术及产品性能要求。

1. 照明设计及节能评价标准

我国目前实施的照明设计及节能评价标准见表 12 - 2。

表 12 - 2　照明设计及节能评价标准

序号	标准名称	标准编号	实施时间
1	《城市道路照明设计标准》	CJJ 45—2015	2016 - 06 - 01
2	《城市夜景照明设计规范》	JGJ/T 163—2008	2009 - 05 - 01
3	《城市照明节能评价标准》	JGJ/T 307—2013	2014 - 02 - 01
4	《照明设施经济运行》	GB/T 29455—2012	2013 - 10 - 01

（1）CJJ 45—2015《城市道路照明设计标准》　该行业标准自 2016 年 6 月 1 日起实施。其中，第七部分"节能标准和措施"规定，机动车道照明应以照明功率密度（LPD）值作为照明节能的评价指标。对于设置连续照明的常规路段，机动车道的照明功率密度限值应符合表 12 - 3 的规定。当设计照度高于表 12 - 3 的照度值时，LPD 值不得相应增加。

表 12 -3　机动车道照明功率密度限值

道路级别	车道数/条	照明功率密度（LPD 限值）/（W/㎡）	对应照度值/lx
快速路主干路	≥6	≤1.00	30
	<6	≤1.20	
	≥6	≤0.70	20
	<6	≤0.85	
次干路	≥4	≤0.80	20
	<4	≤0.90	
	≥4	≤0.60	15
	<4	≤0.70	
支路	≥2	≤0.50	10
	<2	≤0.60	
	≥2	≤0.40	8
	<2	≤0.45	

当不能确定灯具的电器附件功耗时，高强度气体放电灯灯具的电器附件功耗可按光源功率的 15% 计算，LED 管灯具的电器附件功耗可按光源功率的 10% 计算。

（2）JGJ/T 163—2008《城市夜景照明设计规范》　该行业标准自 2009 年 5 月 1 日起实施。其中，第六部分"照明节能"中规定，建筑物立面夜景照明应采用功率密度值作为照明节能的评价指标，且不宜大于表 12 -4 的规定。

表 12 -4　建筑物立面夜景照明功率密度值

建筑物饰面材料		城市规模	E2 区		E3 区		E4 区	
名称	反射比 ρ		对应照度/lx	功率密度/（W/m²）	对应照度/lx	功率密度/（W/m²）	对应照度/lx	功率密度/（W/m²）
白色外墙涂料，乳白色外墙釉面砖，浅冷、暖色外墙涂料，白色大理石	0.6～08	大	30	1.3	50	2.2	150	6.7
		中	20	0.9	30	1.3	100	4.5
		小	15	0.7	20	0.9	75	3.3
银色或灰绿色铝塑板、浅色大理石、浅色瓷砖、灰色或土黄色铝塑板等	0.3～06	大	50	2.2	75	3.3	200	8.9
		中	30	1.3	50	2.2	150	6.7
		小	20	0.9	30	1.3	100	4.5

（续）

建筑物饰面材料		城市规模	E2 区		E3 区		E4 区	
名称	反射比 ρ		对应照度/lx	功率密度/（W/m²）	对应照度/lx	功率密度/（W/m²）	对应照度/lx	功率密度/（W/m²）
深色天然花岗石、大理石、瓷砖、混凝土、褐色、暗红色釉面砖、人造花岗石和普通砖等	0.2～03	大	75	3.3	150	6.7	300	13.3
		中	50	2.2	100	4.5	250	11.2
		小	30	1.3	75	3.3	200	8.9

注：1. E1 区为天然暗环境区，如国家公园、自然保护区和天文台所在地区等；E2 区为低亮度环境区，如乡村的工业或居住区等；E3 区为中等亮度环境区，如城郊工业或居住区等；E4 区为高亮度环境区，如城市中心和商业区等。

　　2. 为保护 E1 区（天然暗环境区）的生态环境，建筑立面不应设置夜景照明。

（3）JGJ/T 307—2013《城市照明节能评价标准》　该行业标准自 2014 年 2 月 1 日起实施，适用于单项或区域的城市照明节能评价。新建、扩建与改建的城市照明项目的节能评价，应在竣工验收并使用一年后进行，并由申请评价方进行项目全寿命期技术和经济分析，提交规划设计、施工建设和维护管理阶段全过程的文件资料。评价内容包括城市照明管理体系建设、照明质量、节能与能源利用、节材与材料资源利用、安全、环境保护和运营管理等。评价指标分为控制项、一般项和优选项三类。控制项为必要条件，应全部满足要求。根据一般项和优选项的总得分，节能等级可划分为一、二、三星级。

（4）GB/T 29455—2012《照明设施经济运行》　该标准自 2013 年 10 月 1 日起实施，规定了照明设施经济运行的基本要求、照明设施维护、照明设施管理和照明设施经济运行评价等内容，指出照明设施要符合相应的产品性能、安全、能效标准和照明设计标准，要选用符合能效标准节能评价值的照明设备和节电设备，并在选用之前应进行经济评价分析。在技术要求部分对照明光源、电器附件及灯具等使用提出了相关要求：在使用高强度气体放电灯的场所不应选用荧光高压汞灯，所使用的镇流器应与照明光源合理匹配。道路照明灯具、庭院灯具及隧道灯具的灯具效率不得低于 70%，泛光灯具不低于 65%。

2. 节能测量标准

我国目前实施的城市照明节能测量标准见表 12-5。

表 12 - 5　城市照明节能测量标准

序号	标准名称	标准编号	实施时间
1	《照明测量方法》	GB/T 5700—2008	2009 - 01 - 01
2	《节能量测量和验证技术要求 照明系统》	GB/T 31348—2014	2015 - 07 - 01
3	《照明工程节能监测方法》	GB/T 32038—2015	2016 - 04 - 01

（1）GB/T 5700—2008《照明测量方法》　该国家标准自 2009 年 1 月 1 日起实施，主要规定了室内外照明场所的照明测量仪器、测量方法和测量内容。

（2）GB/T 31348—2014《节能量测量和验证技术要求 照明系统》　该国家标准自 2015 年 7 月 1 日起实施，适用于室内和室外照明系统节能技术改造项目节能量的测量和验证，规定了照明系统节能量测量和验证的项目边界划分和能耗统计范围、基本要求、测量和验证方法，以及测量和验证方案等。在进行项目边界划分时，应根据照明系统节能项目内容和照明系统的现场条件，合理确定照明边界，通常应包括灯、灯具和控制系统。照明系统基期能耗和统计报告期能耗应包括系统边界内灯、灯具和照明控制系统的能耗。此外，该标准还对测量合规性、基期和统计报告期、测量和验证方法的选取、测量和验证方案等提出要求，明确了"基期能耗—影响因素"模型法、直接比较法等测量和验证方法。

（3）GB/T 32038—2015《照明工程节能监测方法》　该国家标准自 2016 年 4 月 1 日起实施，适用于新建和扩、改建的室内照明、室外工作场所照明、城市道路照明和城市夜景照明工程的节能监测，规定了照明工程节能监测的内容、技术要求和评价方法，明确了抽样法、照明指标测量、电参数测量、照明功率密度计算、电能量测量与计算等监测方法。

3. 照明技术及产品性能要求

有关照明技术及产品性能要求的标准主要包括对照明灯具、光源、电器附件和控制系统等的性能要求和能效限定等。其中，性能要求类标准主要从产品的分类、型号、技术要求及验收规则等方面进行规范，严格把控技术和产品的质量；能效标准主要包括能效等级、光通维持率、能效限定值及节能评价值等技术要求，以及试验方法、校验规则等。通过制定照明技术及产品能效标准，淘汰了高能耗产品，促进了技术和产品的规范发展。

我国目前实施的照明技术及性能标准见表 12 - 6。

表 12 - 6　照明技术及性能标准

序号	标准名称	标准编号	实施时间
1	《高压钠灯能效限定值及能效等级》	GB 19573—2004	2004 - 12 - 02
2	《高压钠灯用镇流器能效限定值及节能评价值》	GB 19574—2004	2004 - 12 - 02
3	《金属卤化物灯能效限定值及能效等级》	GB 20054—2015	2017 - 01 - 01
4	《金属卤化物灯用镇流器能效限定值及能效等级》	GB 20053—2006	2017 - 01 - 01
5	《普通照明用自镇流无极荧光灯 性能要求》	GB/T 21091—2007	2008 - 05 - 01
6	《太阳能光伏照明装置总技术规范》	GB 24460—2009	2010 - 12 - 01
7	《道路照明用 LED 灯 性能要求》	GB/T 24907—2010	2011 - 02 - 01
8	《智能照明节电装置》	GB/T 25125—2010	2011 - 02 - 01
9	《风光互补供电的 LED 道路和街路照明装置》	QB/T 4146—2010	2011 - 04 - 01
10	《照明节电装置及应用技术条件》	GB/T 25959—2010	2011 - 05 - 01
11	《太阳能光伏照明用电子控制装置 性能要求》	GB/T 26849—2011	2011 - 12 - 15
12	《管形荧光灯镇流器能效限定值及能效等级》	GB 17896—2012	2012 - 09 - 01
13	《普通照明用自镇流无极荧光灯能效限定值及能效等级》	GB 29144—2012	2013 - 06 - 01
14	《单端无极荧光灯用交流电子镇流器能效限定值及能效等级》	GB 29143—2012	2013 - 06 - 01
15	《普通照明用双端荧光灯能效限定值及能效等级》	GB 19043—2013	2013 - 10 - 01
16	《普通照明用非定向自镇流 LED 灯能效限定值及能效等级》	GB 30255—2013	2014 - 09 - 01
17	《城市照明自动控制系统技术规范》	CJJ/T 227—2014	2015 - 05 - 01
18	《LED 城市道路照明应用技术要求》	GB/T 31832—2015	2016 - 01 - 01
19	《道路与街路照明灯具性能要求》	GB/T 24827—2015	2016 - 04 - 01

部分城市和地区根据自身需要，在国家标准基础上制定了适应本地区实际需求的地方标准，在此不赘述。

12.3　节能管理模式

随着我国城市规模不断扩大，城市照明得到长足发展，其管理市场化也在逐步推进，正由"建、管、养"一体化向管养分离过渡。目前，在"建"与"管"方面已基本实现分离，"建"已推向市场，而在"管"方面，则主要以政府管理为主，有些地方已开始引入公私合作管理（合同能源管理 EMC 或政府与社会资本合作 PPP）模式。

12.3.1 政府公共部门管理模式

城市照明管理单位承担照明设施的管理和养护工作，负责城市照明的节能管理。其管理模式主要可以划分为两类，即协同管理模式及单独管理模式。

1. 协同管理模式

协同管理模式是指城市照明由政府城市建设管理部门和电力部门共同管理的模式，北京、武汉等城市便是这种管理模式。

（1）代表性示例

1）北京。北京市城市照明管理中心是由国网北京市电力公司设立，并隶属于北京市城市管理委员会的事业单位，主要负责北京市道路照明和景观照明管理，包括全市路灯和景观照明规划、设计、设备运行维护与服务管理。在节能管理方面，北京市区两级城市照明行政主管部门负责制定照明节能计划和节能技术措施。北京市城市照明管理中心负责的城市照明所用的光源、灯具和配电线路等设备的技术指标充分满足相关节能技术标准，并禁止在新建道路照明中使用多光源无控光器的低效灯具，禁止在景观照明中使用强力探照灯和大功率泛光灯等产品。

2）武汉。武汉路灯管理局是武汉市区唯一的路灯管理机构，各区、功能区没有设置路灯管理机构，实行市一级统一管理。武汉路灯管理局受武汉市建委和武汉供电公司双重领导，市建委主管建设和维护计划，供电公司主管人事。负责全市 7 个中心城区和东湖新技术开发区、经济技术开发区（汉南区）范围内的路灯日常维护管理和路灯工程建设工作。在节能管理方面，武汉市城市行政主管部门负责设计、安装景观灯光设施，应用新技术、新工艺、新光源和新能源，确保节能环保和安全措施。

（2）管理模式特点　电力部门管理有业务上的便利，可以根据配电网规划，确定照明系统电源点的就近接入，能够降低建设成本；变压器的安装、照明线路的延长，不需要较长时间的报告、审批。电力部门管理照明，可以根据用电情况，灵活调配照明开关时间，特别在用电紧张时期，通过照明高峰让电、低谷用电，可以较大幅度地降低总电费和调度电力供需关系。电力部门一直坚持"安全第一、预防为主、综合治理"的方针。用电部门的安全规定，加上行业规定管理照明，能较好地保证安全维护、安全用电。

2. 单独管理模式

主管部门和养护主体均为政府城市管理部门，如重庆、深圳和南京等城市便是采取该管理模式。

（1）代表性示例

1）重庆。重庆市城市照明主管部门为重庆市市政管理委员会，其下设的照明灯饰管理处，承担城市照明设施维护管理工作，主要对区县城市照明工作进行指导，拟订主城区城市照明专项规划并监督实施；参与夜景灯饰设计方案审查；参与城市道路照明设施和夜景灯饰的竣工验收工作；承担市夜景灯饰建设管理工作领导小组办公室的日常工作。

重庆市城市照明的养护主体为重庆市市政管理委员会下属的重庆市城市照明管理局。重庆市城市照明管理实行"市管"和"区管"相结合的管理模式。主城区城市照明设施由重庆市城市照明管理局负责管理维护，其担负重庆主城区市管道路、街巷等城市照明的规划设计、工程建设、维护管理和行政执法等工作，以及全市各区照明行业指导。在节能管理方面，重庆市"市管"和"区管"单位负责设置能源管理岗位，实行能源管理岗位责任制，并在重点用能系统、设备操作岗位配备专业技术人员。已有部分项目采用合同能源管理方式，委托专业节能服务机构进行节能诊断、设计、融资、改造和运行管理。

2）深圳。深圳市城市照明主管部门是深圳市城市管理局，养护主体是深圳市城市管理局下属的深圳市灯光环境管理中心。其管理职能包括参与拟定城市照明设施建设和管理的政策法规、标准及规范、城市照明规划，促进能源节约，改善和美化城市照明环境；承担城市道路照明设施统一监督管理等事务性工作，负责对管理范围内的道路照明设施日常维护监管、考核检查和大修改造等；负责组织城市照明行业技术业务指导、技术人员业务培训、节能宣传推广和量化考核。在景观照明方面，承担市级投资的景观照明建设，承担规划一级区域内政府投资建设的景观照明设施维护管理和电费补贴等事务性工作；组织评审全市重大景观照明项目方案，监督、指导全市景观照明建设；负责各区城市照明管理部门的行业技术指导、量化考核；承担市级投资的节日灯饰项目工作，指导、监督各区节日灯饰营造等工作。节能管理方面，负责推广使用节能环保的照明新技术、新产品，并开展绿色照明示范试点活动。同时根据城市照明规划，负责制定城市照明节能计划，严格控制城市景观照明的范围、亮度和能耗密度。

3）南京。南京市城市照明主管部门为南京市城市管理局，与城市照明相关的职责主要包括：承担城市基础设施建成移交后的日常管养和维修责任；协助有关部门做好城市基础设施建成后的验收和移交工作；承担城市道路路面（含地下通道）、人行道、公共场所、路灯、公共照明及其附属设施的管养和维修；负责照明节能减排工作。南京市城市管理局的直属单位南京市市政综合养护管理处是城市照明管理的职能部门，主要职责为：承担市政设施的行业管理、养护考核、养护招投标及综合养护管理工作。南京市城市照明养护主体为南京市路灯管理处，也是南京市城市管理局的直属单位。负责照明设施建设、运行和维护工作，并对外承接城市照明规划、设计、施工和智能化集中监控管理业务。

（2）管理模式特点 有利于市政建设资金的统一安排，保证照明维护资金到位，满足日常照明维护所需费用（包括人工开支）；管理职能清晰，将景观照明与道路照明统一管理，有利于城市整体照明的规划，提高城市整体形象。

12.3.2 公私合作管理模式

目前，城市照明节能管理市场化运作是对城市照明节能管理的一种有益探索，通过采用合同能源管理、政府和社会资本合作等市场化运作模式，可有效提升城市照明节能管理水平。

1. 合同能源管理模式

合同能源管理（Energy Performance Contracting，EPC）也称为 EMC（Energy Management Contracting）模式，起源于20世纪70年代，是一种先进的能源管理模式和市场化节能运作机制。1997年，在世界银行"中国节能促进项目"的支持下，我国成立了三家示范性能源服务公司（Energy Services Company，ESCO）。2010年8月，我国发布《合同能源管理技术通则》（GB/T 24915—2010），明确给出合同能源管理定义，即："合同能源管理是指节能服务公司与用能单位以契约形式约定节能项目的节能目标，节能服务公司为实现节能目标向用能单位提供必要的服务，用能单位以节能效益支付节能服务公司的投入及其合理利润的节能服务机制。"随着相关政策的不断完善，合同能源管理（EPC/EMC）模式得到广泛应用。

（1）合同能源管理的基本流程　合同能源管理模式的基本流程如下。

1）能源审计。ESCO针对用户具体情况，对各种耗能设备和环境进行评价，裁定当前照明的能耗水平。本阶段是ESCO为用能单位提供服务的起点，由专业技术人员对用户照明方面的能源状况进行现场勘察，获取数据，了解客户的照明标准或要求，针对所获取的数据对节能改造的可行性进行评估，提出节能改造的大体措施，并与客户进行沟通。

2）节能改造方案设计。在能源审计基础上，由ESCO依据第一阶段获取的数据，确定改造的合格标准，进行详细的节能方案设计。对于照明项目，改造的合格标准主要是照度值，辅以统一眩光值、显色性等其他标准。不同于单纯的产品销售模式，ESCO提供的改造方案中除技术方案和商务内容外，还需包括项目实施方案和改造后节能效益的分析及预测，可以让用能单位从总体上了解节能方案带来的整体效果。

3）能源管理合同的谈判与签署。在能源审计和节能改造方案设计完成后，ESCO与客户进行节能服务合同谈判。谈判的内容主要包括收益分成比例、合同期等。

4）项目投资。合同签订后，项目进入实施阶段，用户在节能改造项目实施过程中，一般无需进行任何投资，所有的照明设备采购服务、照明安装服务均由ESCO来提供，而 ESCO 为支付这些费用，需要在项目前期通过自身融资渠道来获取资金。

5）施工、设备采购、安装及调试。根据合同，节能改造项目施工由 ESCO 负责。施工过程中，用能单位要为 ESCO 的施工提供必要的便利条件。ESCO 为用能单位提供综合性服务，包含设计、供货、施工、安装和调试等服务。

6）人员培训、设备运行、保养及维护。在完成设备安装及调试后，即进入试运行阶段。ESCO 负责培训用户相关人员，以确保能够正确操作、保养及维护改造。在合同期内，由于照明设备（例如灯具）或系统本身原因而造成的损坏，将由节能服务公司负责维护，并承担有关费用。

7）节能效益的监测和保证。改造工程完工后，节能服务公司与用户按照合同能源管理中规定的方式对节能量及节能效益进行实际监测，确认在合同中由 ESCO 方面提供的项目节能水平，作为双方效益分享的依据。

8）节能效益分享。用户将节能效益中应由 ESCO 分享的部分逐季或逐年向 ESCO 支付项目费用。

（2）合同能源管理模式的优缺点

1）优点。用户在"零投资、零风险、零浪费、高效益"保证下开展节能项目，享受节能效益；ESCO 以财产抵押来确保项目节能效益的承诺，规避了节能项目的资金风险、质量风险和安全风险；用户用浪费的资源，转化为"零投资"的新技术设备，用浪费的能源，来投资节能改造，ESCO 用新技术设备来换取用户浪费的能源，变废为宝，实现多赢；在国家、企事业单位专项节能改造投资资金不足的情况下，用户可用外来资金完成节能改造项目，消除用户对节能投资的财务压力和对节能效果的担心；除了项目节能的直接效益，合同能源管理有利于推广新技术、新产品和新设备，降低维护成本，延长设备使用寿命，提高工作效率，提高能源管理水平。

2）缺点。ESCO 是项目的最大风险承担者，同时由于每个项目的具体情况不同，提供改造的光源、供电方式、照明质量和照明复杂性等也都不相同，因此，对 ESCO 提出很高的技术要求；由于相关标准的缺失，ESCO 可能会采用降低照明标准值的手段来达到节能目的，如使用的产品质量不过关，以次充好，造成照明效果下降；由于缺少独立第三方对项目节能量进行评估，实践中容易造成用户与 ESCO 产生纠纷。

2. 政府和社会资本合作模式

政府和社会资本合作（Public-Private Partnership，PPP）模式是指通过政府授权社会资本特许经营权来提供公共产品或服务，双方在合作过程中发挥各自优势，共同分担风险，提高项目建设效率，最终共享利益。我国自 2015 年起，开始大力推进 PPP 项目建设，PPP 模式逐渐成为城镇化建设的主流融资渠道之一。PPP 与 EPC 的不同之处在于，

EPC 模式中企业和政府角色相对独立，ESCO 主要从节能效果中获得收益；而 PPP 是企业和政府共同作为项目股东，建立了长远的利益关联，共担风险，共享利益，所得的利益不仅限于节能收益，还包括项目自身产生的所有收益。

（1）PPP 项目分类　　从付费模式来看，PPP 项目可分为三类。

1）经营性项目（使用者付费项目）。对于具有明确的收费基础，且经营收费能够完全覆盖投资成本的项目，可通过政府授予特许经营权，采用建设—运营—移交（BOT）、建设—拥有—运营—移交（BOOT）等模式推进。

2）准经营性项目（使用者付费加一定政府补贴的项目）。对于经营收费不足以覆盖投资成本，需政府补贴部分资金或资源的项目，可通过政府授予特许经营权附加部分补贴或直接投资参股等措施，采用建设—运营—移交（BOT）、建设—拥有—运营（BOO）等模式推进。

3）非经营性项目（政府付费项目）。对于缺乏"使用者付费"基础，主要依靠"政府付费"回收投资成本的项目，可通过政府购买服务，采用建设—拥有—运营（BOO）、建设—维护—移交（BRT）等模式推进。

（2）PPP 模式优缺点

1）优点。为政府节省大部分建设与维护资金，缓解公共部门增加预算、扩张债务的压力；参与 PPP 项目的私营机构通常在相关领域积累了丰富的经验和技术，在特定的合同条件下建设其施工、技术和运营管理等方面的相对优势得以充分发挥；实现了管养分离的目标，可打破行业垄断；企业与政府有长远的利益关联，共同运营，共担风险，共享收益，有效避免产品质量和尾款问题。

2）缺点。与公共部门相比，金融市场对私营机构信用水平的认可度通常略低，导致私营机构的融资成本通常要高于公共机构的融资成本；目前 PPP 项目审批程序过于复杂，决策周期长，成本高。项目批准后，难以根据市场变化对项目的性质和规模进行调整；由于照明电费是由财政与电力部门按实结算的，在推向市场承包时，不排除外接照明用电、增加电费支出的可能。

附 录

常用术语索引

317

参考文献

[1] 蔡利平. 基于物联网技术的智能路灯控制系统设计 [D]. 成都：成都理工大学，2012.

[2] 陈春光. 浅议北京市道路照明设施管理 [J]. 城市照明，2010，14 (2)：53 – 57.

[3] 邓辰华. 城市照明设施管养分离改革若干问题的探讨 [J]. 江西建材，2017 (24)：283 – 284.

[4] 杜利超，张大为，胡详文，等. 城市道路照明灯杆的优化设计 [J]. 光源与照明，2012 (1)：17 – 19.

[5] 郭源芬，何秉云. 中国（天津）第二届现代城市光文化论坛论文集 [C]. 天津：天津人民出版社，2006.

[6] 郝敬全，刘思彬. 智慧照明：为智慧城市建设点一盏灯——浅谈城市照明智能监控及单灯控制系统 [J]. 建设科技，2014，17：44 – 45.

[7] 郝洛西，杨秀，曾堃，等. 中国城市照明规划的探索与实践——中国城市照明规划 20 年回顾 [J]. 照明工程学报，2012 (S1)：17 – 26.

[8] 何葳. 照明公共艺术化趋势影响下的城市公共空间研究 [D]. 北京：中央美术学院，2013.

[9] 居家奇. 现代景观照明 [M]. 合肥：安徽科学技术出版社，2015.

[10] 李凌郁. 城市照明管理中心物资供应系统优化研究 [D]. 北京：华北电力大学，2015.

[11] 李农. 城市照明总体规划与实例详解 [M]. 北京：人民邮电出版社，2012.

[12] 李农. 地域文化在城市照明中的作用与表现 [J]. 照明工程学报，2006 (B2)：5 – 7.

[13] 李农. 景观照明设计与实例详解 [M]. 北京：人民邮电出版社，2011.

[14] 李文华. 建筑与景观照明设计 [M]. 北京：中国水利水电出版社，2014.

[15] 李兆寅. 基于 GPRS 技术的景观照明远程监控系统的研究 [D]. 南昌：南昌航空大学，2012.

[16] 刘廷章，王健，杨晓. 基于 Web 的城市景观照明远程监控技术研究 [J]. 电气应用，2009，28 (3)：32 – 35.

[17] 刘晓丽，赵兵，李宜武，等. 中国照明论坛——城市照明节能规划、设计与和谐发展科技研讨会专题报告文集 [C]. 2009.

[18] 刘伊生. 建设工程招投标与合同管理 [M]. 2 版. 北京：北京交通大学出版社，2007.

[19] 刘伊生. 建设项目管理 [M]. 3 版. 北京：北京交通大学出版社，2014.

[20] 马振良. 配电线路运行维护与检修 [M]. 北京：中国电力出版社，2013.

[21] 秦鹏. 基于 ZigBee 的 LED 道路照明智能控制系统 [D]. 哈尔滨：哈尔滨工业大学，2015.

[22] 曲腾. 基于城市智能照明感知系统的数据融合研究 [D]. 大连：大连理工大学，2013.

[23] 王林玉. 面向智慧城市建设的道路照明监控管理系统研究与开发 [D]. 杭州：浙江大学，2013.

[24] 王世伟. 景观照明灯具品质及应用研究 [D]. 北京：清华大学，2005.

[25] 王旭. 自然光照度远程监测系统对城市道路照明管理应用研究 [J]. 数字技术与应用，2012 (9)：60 – 61.

[26] 王有锁，沈少鹏，王友保. 一种互联网 + LED 路灯分布式控制系统 [J]. 照明工程学报，2016，

27（5）：118－121.

[27] 相华. 关于城市照明设施维护与管理的思考 [J]. 城市照明，2008（2）：59－60.

[28] 肖辉乾，赵建平. 中国城市照明发展与照明节能对策 [J]. 建设科技，2009（18）：22－27.

[29] 谢秀颖，孙晓红，王克河，等. 实用照明设计 [M]. 北京：机械工业出版社，2011.

[30] 许嵘. 城市照明中自动化智能监控系统的应用探析 [J]. 江西建材，2015（4）：281.

[31] 于海成. 物联网在智能化城市照明节能监控管理系统中的应用 [J]. 自动化博览，2013（4）：50
－52.

[32] 张彬桥，姚维为. 集成 GPRS 和 GIS 的路灯综合管理系统 [J]. 数字技术与应用，2013（7）：135
－136.

[33] 张华. 城市照明设计与施工 [M]. 北京：中国建筑工业出版社，2012.

[34] 张华. 我国城市照明现状和发展趋势思考 [J]. 城市照明，2016（3）：42－44.

[35] 赵晶晶. 城市景观照明设计研究 [D]. 沈阳：沈阳航空航天大学，2013.

[36] 周志敏，纪爱华. LED 照明工程设计与施工 [M]. 2 版. 北京：机械工业出版社，2015.